普通高等教育机械类特色专业规划教材

机械工程软件技术基础

主　编　陶元芳
参　编　卫良保　王　彪　杨　睿　李宏娟
主　审　张雪英

机 械 工 业 出 版 社

作为一本入门型、综合性的教材，本书避免讨论过于深奥的计算机基础理论，强调实用性的编程方法和应用，旨在帮助学生提高使用高级语言的能力，完成从 TC2.0/DOS 平台到 VC++6.0/Windows 平台的速成式直接跨越。通过编程实例巩固结构化程序设计思想，使学生初步建立面向对象程序设计的概念，得到除了计算机等级证书之外真正的编程能力，能够结合机械工程基础和相应的专业基础及专业课方面的知识，利用计算机编程解决实际问题，进而开发机械工程专业领域具有专业用途的软件。

本书以 TC2.0 和 VC++6.0 为描述语言，第 1 章和第 2 章介绍"常用数据结构"和"算法基础"，第 3 章为"软件工程学简介"，第 4 章以速成的方式介绍"VC++基本操作"，在此基础上进一步介绍第 5 章"软件界面设计"和第 6 章"文件与数据库操作"，最后，在第 7 章"机械工程算例"和"附录"中用一系列算例和资料，手把手地教学生解决工程实际问题，具有很强的应用性、资料性和案例性。

本书适用于非计算机类专业，尤其是工科机械类专业，可作为第一门算法语言课程如"C 语言"的后续课程"软件技术基础"的教材。

本书也可供机械或材料类专业硕士研究生和企业从事信息化工作的同志参考。

图书在版编目（CIP）数据

机械工程软件技术基础/陶元芳主编．—北京：机械工业出版社，2010.5（2011.2 重印）

普通高等教育机械类特色专业规划教材

ISBN 978-7-111-30192-9

Ⅰ.①机… Ⅱ.①陶… Ⅲ.①机械工程-应用软件 Ⅳ.①TH-39

中国版本图书馆 CIP 数据核字（2010）第 050564 号

机械工业出版社（北京市百万庄大街 22 号 邮政编码 100037）
策划编辑：刘小慧 责任编辑：刘小慧 任正一
版式设计：霍永明 责任校对：李 婷
封面设计：张 静 责任印制：杨 曦
保定市中画美凯印刷有限公司印刷
2011 年 2 月第 1 版第 2 次印刷
184mm×260mm · 14.75 印张 · 357 千字
标准书号：ISBN 978-7-111-30192-9
定价：27.00 元

凡购本书，如有缺页、倒页、脱页，由本社发行部调换

电话服务
社服务中心：(010) 88361066
销 售 一 部：(010) 68326294
销 售 二 部：(010) 88379649
读者服务部：(010) 68993821

网络服务
门户网：http://www.cmpbook.com
教材网：http://www.cmpedu.com
封面无防伪标均为盗版

普通高等教育机械类特色专业规划教材

编写委员会

序

一、编写背景和依据

随着国民经济的高速发展，面向21世纪社会发展的需求，面对激烈的市场竞争，高等教育应适时转变观念和理念，不断进行教学改革和创新，以期更好地适应我国高等教育跨越式的发展需要，满足我国高校从精英教育向大众化教育的重大转型中社会对高校应用型人才培养的差异性要求，探索和建立适应我国高等教育应用型人才培养体系和工程教育体系。"高等工科教育回归工程"，"应用型本科教育"，"强化能力导向原则"等基于社会需求及人才培养和教学改革的教育理念，是《高等教育法》提出的"高等教育教学改革务必根据不同类型、不同层次高等学校自身实际"要求、《高等学校本科教学质量与教学改革工程项目管理暂行办法》（简称"质量工程"）所坚持的"分类指导、注重特色"原则的创新成果和实践载体。

高等教育分为教学型、教学研究型、研究型，要求高校按照"质量工程"对人才培养目标进行合理定位，对教学过程进行科学创新，发挥自身优势，形成各自特色，从而满足社会多样化的人才需求。人才培养目标的差异化，直接要求教学内容、教材建设具有针对性。《高等教育法》第34条明确规定："高等学校根据教学需要，自主制定教学计划、选编教材、组织实施教学活动。"教育部在2007年提出本科教育、教学"质量工程"，鼓励和支持高等学校在教学理念等方面进行创新，形成有利于多样化人才成长的培养体系，满足国家对社会紧缺的创新型和应用型人才的需要。

"百年大计，教育为本；教育大计，教师为本；教师大计，教学为本；教学大计；教材为本；教材大计，适用为本。"针对人才培养目标的差异化和教学内容、教材建设的同质化的矛盾，国内具有机械行业特色专业的相关高校与机械工业出版社共同协商，专题研讨，成立机械类特色专业系列教材编写委员会，以"打造特色精品教材，促进专业教育发展"的理念规划出版的"普通高等教育机械类特色专业规划教材"，是对"质量工程"中所要求的"重点规划、建设多种基础课程和专业课程教材，促进高等学校教学内容更新、教材建设工作"的落实。

在教材选题设计思路上贯彻教育部关于培养适应地方、区域经济和社会发展需要的"本科应用型高级专门人才"的指示精神，突出了教材建设与办学定位、教学目标的一致性与适应性。教材立足的培养目标是加强工程意识的培养，加强理论与实践的结合，加强实践教学和工程训练，面向培养生产第一线从事设计、制造、运行、研究和管理实际工作、解决具体问题、保障工作有效运行的高等应用型人才。

在教材编写中既严格遵照学科体系的知识构成和教材编写的一般规律，又针对应用型本科人才培养目标及与之相适应的教学特点，精心设计写作体例，科学安排知识内容，注重解决现行教材存在的问题：如教材缺乏连续性修订，库存早已用完殆尽；现行国家标准已经与国际接轨，现行教材中相关内容陈旧过时；企业和研究院所本专业工程技术人员对特色专业教材的日益需求。充分体现"基本理论够用，专业理论雄厚，注意实践环节，培养工程能

力"的内涵和尺度的把握。

二、机械类特色专业（方向）

面向机械工业和重型机械行业的本科特色优势专业（方向）包括但不限于起重输送机械、工程机械、矿山机械、港口装卸机械、物流工程（装备与技术）、特种设备安全工程。

研究生特色优势学科包括但不限于机械设计及理论、车辆工程、机械制造及其自动化、机械电子工程。

工程硕士学科领域包括但不限于机械工程、车辆工程。

三、机械类特色专业教材规划

由于起重输送机械和工程机械方面的教材专业性强，用量少，出版难，距前一版出版时间大多数已超过十年，涉及相关标准和技术已经更新，旧版教材已经全部用完，许多企业与研究院所作为继续教育和新大学生的技术培训或设计参考，现急需出版新教材和修订版。根据市场调研和急需程度，机械类特色专业规划教材编写委员会提出第一批特色专业系列教材出版规划如下：

序　号	教材名称	适用专业（方向）	字数/万
1	机械装备金属结构设计	起重输送机械 工程机械 矿山机械 机械 CAD 物流工程 特种设备安全工程	50
2	叉车构造与设计	起重输送机械 机械 CAD 物流工程	30
3	连续输送机械	起重输送机械 机械 CAD 矿山机械 港口装卸机械	45
4	起重机械	起重输送机械 机械 CAD 港口装卸机械	40
5	土方运输机械	工程机械 矿山机械	40
6	矿井提升机械	起重输送机械 矿山机械	30
7	液压挖掘机	工程机械 矿山机械	40
8	工程机械设计基础	工程机械 起重机械 矿山机械 机械 CAD	40
9	特种设备安全技术	起重机械 工程机械 特种设备安全工程	30

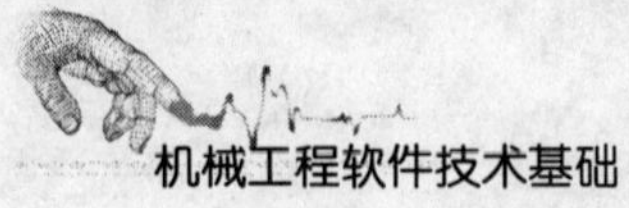

（续）

序　号	教材名称	适用专业（方向）	字数/万
10	机械装备金属结构课程设计	起重输送机械 工程机械 矿山机械 机械 CAD 物流工程 特种设备安全工程 港口装卸机械	30
11	起重机械课程设计	起重机械 工程机械 矿山机械 港口装卸机械	30
12	输送搬运机械课程设计	起重输送机械 机械 CAD 物流工程 特种设备安全工程	30
13	机械 CAD 课程设计	起重输送机械 机械 CAD 物流工程 特种设备安全工程	30
14	机械装备金属结构习题集	起重输送机械 工程机械 矿山机械 机械 CAD 物流工程 特种设备安全工程	10
15	起重机械习题集	起重机械 矿山机械 物流工程 港口装卸机械	10
16	机械工程软件技术基础	机械设计制造及其自动化专业各方向	30
17	机械 CAD 应用技术	机械设计制造及其自动化专业各方向	30
18	散体力学及工程应用	输送机械 工程机械 物流工程 矿山机械 港口装卸机械	30
19	机械类特色专业实验教学指导书	起重输送机械 工程机械 矿山机械 机械 CAD 物流工程 特种设备安全工程	20

前　言

根据原国家教委《工科非计算机专业计算机基础教学指南》的精神，工科非计算机类专业计算机基础课程分为文化基础、技术基础和应用基础三个层次。“软件技术基础”这门课程的目的是以“计算机文化”和“C 语言”为基础，属于计算机技术基础的软件部分。通过学习软件设计技术，为解决工程实际问题，编制专业应用软件打基础。

由于学生是初次接触算法语言，讲计算机语言的教材往往只能讲计算机语言本身，很少讲编程与算法。本课程和计算机语言课的区别就是要讲编程而不仅仅是计算机语言。要讲一些算法，讲一些软件的界面，要以工程实际问题为例，训练学生的语言运用和软件开发能力。

作为新世纪的大学生，必须掌握计算机这个现代信息社会的重要工具，否则就会变成“新时代的文盲”。如果把学习计算机操作比喻为学习走路，把学习算法语言比喻为认字的话，那么学习软件编程与开发就相当于学习写作文了。

科学与技术是由许多不同的发展阶段组成的，就好像爱因斯坦发现了质能关系式 $E=mc^2$，不等于发明了原子弹，也不等于发明了核电站一样。科学技术的每一个发展阶段都有它自身的特点与规律。学会一种高级语言并不等于学会了编程，更不等于学会了软件开发。

软件与硬件同为计算机系统不可缺少的组成部分。由于软件具有灵活可变的特点，对于专业应用非常重要，在某些情况下还可以“以软代硬”。因此，学习软件开发是非计算机专业人士涉足信息技术的一个捷径。

近年来，随着微机 Windows 操作系统平台的普及，计算机进入了一个图形用户界面、多媒体、娱乐化、家电化、大众化的时代，使用越来越方便，但编程的门槛却越来越高了。大学毕业生往往只会某种算法语言，不会编程序解决实际问题；或只会编程序，不会开发相应的软件；或只会编 DOS 程序，不会编 Windows 程序；或只会用 VB 编程，不会用 VC 编程；或只会结构化编程，不会面向对象编程，甚至连结构化编程都不会；学习现代设计方法时只注重理论，不注重实践；解决实际问题时没有算法的概念，没有系统的观念，没有全局的观念，不注重软件的商品性，不注重软件工程学；对于编程或软件开发既没有经验，也没有教训，当然也就没有体会。本书就是为解决上述问题而编写的。

本书是为高等院校机械设计制造及其自动化专业和材料成型及控制工程专业“软件技术基础”课程编写的教材，适用于非计算机类专业，尤其是工科机械类专业，可作为第一门算法语言课程如“C 语言”的后续课程的教材。与同类教材相比，本教材避免讨论过于深奥的计算机基础理论，强调实用性的编程方法和应用，旨在帮助学生提高使用高级语言的能力，完成从 TC2.0/DOS 平台到 VC++6.0/Windows 平台的速成式直接跨越。通过编程实例巩固结构化程序设计思想，使学生初步建立面向对象程序设计的概念，得到除了计算机等级证书之外真正的编程能力，能够结合机械工程基础和相应的专业基础及专业课方面的知

识，利用计算机编程解决实际问题，进而开发机械工程领域具有专业用途的软件。

在 Windows 操作系统上编程，历来有 VB 和 VC 两种常用的开发平台。采用 VC 语言，一方面可以继承 C 语言方面的基础，另一方面 VC 在面向对象、可视化、开发能够独立运行的绿色软件以及向 JAVA、C++. NET 等平台过渡等方面都具有独特的优势。VC 的唯一缺点是比较难学，这个拦路虎吓倒了一大批初学者。通过本书特有的速成式教学方法，相信读者能够快速跨越 Windows 编程门槛，取得突破性的进展。

学习 C++往往需要三本书，第一本是介绍面向对象程序设计方法的，重点是面向对象的概念，以短小的 DOS 程序为例子，不涉及 Windows 操作系统界面、VC++的操作和控件；第二本是 C++的 API 函数集，像字典一样很厚的一本，资料性比较强，适合于专门搞软件的人使用，初学者只涉及到其中很少的一些函数；第三本是介绍 VC++6.0 操作、控件、界面设计的书，重点是操作，不详细讲解面向对象的概念，也不涉及数据结构、算法、软件工程学的概念。笔者希望把这三本书的内容有选择地揉和在一起，再补充一些数据结构、算法和软件工程学的概念，内容要根据初学者的需要来取舍，难易程度要与工科非计算机类专业学过 C 语言的学生的实际水平相适应，力争做到超过 50% 的内容学生能够看懂并接受，直接对他们通过编程解决机械工程专业领域的实际问题有所帮助，并使其编制的程序具有一些商品化软件的风格。

对于面向对象程序设计（Object Oriented Programming，OOP），其概念比较生涩，初学者往往难以理解。本书以结构化程序设计为基础，在程序框架、向导操作、构造函数、定义对象、消息响应函数等方面直接引入相关的概念，建议读者在学习时不要排斥，可以先接受下来，然后通过反复操作，反复应用，逐渐地熟悉并建立起相应的概念。

关于软件工程学方面的概念，对于初学者来说确实存在既没有软件开发的经验，也没有这方面的教训，当然也就没有体会的问题。但是，本着理论指导实践、思路先行的原则，笔者还是将其纳入了本书的内容。初学者可以先跳过第 3 章，直接学习第 4、第 5 和第 7 章也是可以的。

在开发软件的定位方面，笔者认为一是要侧重开发专业软件，即不急于开发通用软件，如办公自动化、网络、图形支撑等软件，因为我们没有这方面的长处，而是要开发针对专业机械产品的软件，如起重机、输送机等重型机械产品的 CAD 软件，因为我们有这方面的长处，别人无法与我们竞争，行业内的竞争也不激烈。二是学生要把专业知识和计算机知识实现内部结合，学工科比如学机械的人补充一些软件设计的知识就能开发出专业机械 CAD 软件。对于这一点，要有充分的自信，不要妄自菲薄，用信息技术改造传统机械工程专业的重担就落在学机械的学生肩上，没有别的救世主会来替我们做这件事情，要有“舍我其谁?”的勇气和信心。

本书以 TC2.0 和 VC++6.0 为描述语言，第 1 章和第 2 章介绍“常用数据结构”和“算法基础”，第 3 章为“软件工程学简介”，然后，第 4 章以速成的方式介绍“VC++基本操作”，在此基础上进一步介绍第 5 章“软件界面设计”和第 6 章“文件与数据库操作”，最后在第 7 章“机械工程算例”和“附录”中用一系列算例和资料，手把手地教学生解决工程实际问题，具有很强的应用性、资料性和案例性。

本书由太原科技大学（原太原重型机械学院）陶元芳教授主编，并编写第 2 章、第 6 章、第 7 章和附录；卫良保教授编写第 4 章；李宏娟老师编写第 3 章；中北大学王彪教授编

写第1章；大连理工大学杨睿副教授编写第5章。太原理工大学张雪英教授任主审。太原科技大学的徐格宁副校长、曾建潮副校长对本书的编写与出版工作给予了很大的帮助；中北大学的杨福合老师在第1章的编写中做了许多工作；太原科技大学的张亮有教授对本书第1章和第2章的定稿提出了宝贵意见，研究生张长利、苗苗、郝君起、吴韶建、苏文瑾等同学帮助进行了大量文本录入、校对、程序验证等工作，在此一并表示感谢。

编　者

2009年11月于太原

目录

第 1 章

常用数据结构

计算机解决一个具体问题时，大致需要经过下列几个步骤：首先要从具体问题中抽象出一个适当的数学模型，然后设计一个解此数学模型的算法，最后编出程序、进行测试、调整，直至得到最终解答。寻求数学模型的实质是分析问题，从中提取操作的对象，并找出这些操作对象之间含有的关系，然后用数学的语言加以描述。有些问题的数学模型是数学方程，如线性方程组，可以用数值运算求解。然而，随着计算机应用领域的扩大，更多的非数值计算问题无法用数学方程加以描述，如文献检索、金融管理、产品数据管理、CAD/CAM等以图论为基础的图像模式识别等。描述非数值计算问题的数学模型不再是数学方程，而是诸如表、树和图之类的数据结构。因此，简单而言，数据结构是一门研究非数值计算的程序设计问题中计算机的操作对象以及它们之间的关系和运算等的学科。

1.1 数据及数据结构

1. 什么是数据

什么是数据？国际标准化组织（ISO）对数据所下的定义是："数据是对事实、概念或指令的一种特殊表达形式，可以用人工的方式或者自动化的装置进行通信，翻译转换或者进行加工处理"。通俗地讲，数据是对客观事物的符号表示，在计算机中是指所有能输入到计算机中并被计算机程序处理的符号总称。

通常人们认为某些常数是数据，如圆周率等于3.1416，钢材的密度等于7.8t/m^{3}等。另外，还认为某些统计结果或测量结果是数据，比如中国的人口数量，中国人的平均身高，某地的气温等。然而，从软件的角度来说，数据更多地是指变量，所谓数据结构是指变量的结构及其在计算机中的存储方式。

除了常量、变量等数值类型的数据外，还有字符类型的数据，分为单个字符和字符串。数值类型的常数，它的每一位是由0到9的数字组成。而字符类型的常数数据，是字符表中的任何一个字符，包括A到Z，a到z，0到9，+、-等各种符号，甚至空格，见附录A中的ASCII码表。经过扩展的字符串常数还可以包括双字节的字符，比如汉字。所谓字符串，就是一连串的字符，最常见的例子是汽车牌号，里面既有汉字，又有数字，还有字母。

数据绝不仅仅是数学中讲的数或数字，它具有更广泛的意义。数据可以是数字、文字或其他符号，也可以是图画、表格、活动图像，甚至是声音。数据用来表示数值、状态、形状和条件等。广义的数据又称为信息，人们常说的"数据采集"、"信息处理"、"信息技术"其实就是在和数据打交道。

这样我们对于数据的认识就得到了扩展：数据通常是指变量，它既包括数值型的数据，又包括字符型的数据。

2. 什么是数据结构

数据结构是指计算机存储、组织数据的方式。数据是计算机处理的对象，结构是指数据元素之间存在的一种或多种特定关系。数据结构所研究的内容包括数据的逻辑结构、数据的存储结构、数据的运算。

数据结构的基本概念和术语叙述如下：

1）数据：数据是信息的载体，它可以用计算机表示并处理。

2）数据元素：数据元素是数据的基本单位，在计算机程序中通常作为一个整体考虑。一个数据元素由若干个数据项组成。数据项是数据的不可分割的最小单位。有两类数据元素：一类是不可分割的原子型数据元素，如：集合 $N=\{1, 2, 3, 4, 5\}$ 中整数1~5均为数据元素，集合英文字母 $E=\{a, b, c, \cdots, z\}$ 中每个英文字母均为数据元素；另一类是由多个数据项构成的数据元素，如描述一个学生的信息可由下列5个数据项组成：学号、姓名、班级、性别、出生日期。每一个学生的上述5个信息组成一个数据元素。根据数据结构的类型，数据元素有时也称为节点或记录。

3）数据对象：数据对象是性质相同的数据元素的集合，是数据的一个子集。数据对象可以是有限的，也可以是无限的。

4）数据结构：数据结构是指同一数据元素类中各数据元素之间存在的关系。

数据结构包括三方面，即数据的逻辑结构、数据的存储结构（物理结构）和数据的运算。数据的逻辑结构是对数据之间关系的描述，有时就把逻辑结构简称为数据结构。逻辑结构形式地定义为

$$S=(D, R)$$

数据结构 S 是一个二元组，其中 D 是数据元素的有限集，R 是定义在 D 上的关系的有限集。

数据元素之间有四种基本结构：集合、线性结构、树形结构、图状结构（网状结构）。树形结构和图形结构为非线性结构。集合结构中的数据元素除了同属于一种类型外，别无其他关系。线性结构中元素之间存在一对一关系，树形结构中元素之间存在一对多关系，图形结构中元素之间存在多对多关系。在图形结构中每个节点的前驱节点数和后续节点数可以任意多个。

数据结构在计算机中的表示（映像）称为数据的物理（存储）结构。它包括数据元素的表示和关系的表示。数据元素之间的关系有两种不同的表示方法：顺序映像和非顺序映像，并由此得到两种不同的存储结构：顺序存储结构和链式存储结构。顺序存储结构：它是把逻辑上相邻的节点存储在物理位置相邻的存储单元里，节点间的逻辑关系由存储单元的邻接关系来体现，由此得到的存储表示称为顺序存储结构。顺序存储结构是一种最基本的存储表示方法，通常借助于程序设计语言中的数组来实现。链式存储结构：它不要求逻辑上相邻的节点在物理位置上亦相邻，节点间的逻辑关系是由附加的指针表示的。由此得到的存储表示称为链式存储结构。链式存储结构通常借助于程序设计语言中的指针类型来实现。

5）数据处理：数据处理是指对数据进行查找、插入、删除、合并、排序、统计以及简单计算等的操作过程。

6）数据类型：数据类型是一个值的集合和定义在这个值集上的一组操作的总称。数据类型可分为两类：原子数据类型（基本数据类型）、结构数据类型。一方面，在程序设计语言中，每一个数据都属于某种数据类型。类型明显或隐含地规定了数据的取值范围、存储方式以及允许进行的运算。可以认为，数据类型是在程序设计中已经实现了的数据结构。另一方面，在程序设计过程中，当需要引入某种新的数据结构时，总是借助编程语言所提供的数据类型来描述数据的存储结构。

1.2 C 语言中的基本数据类型

1. 简单变量

简单变量一般可分为字符型、整型、无符号整型、长整型、浮点型及双精度型等变量。它们占存储单元的数及取值范围见表 1-1。字符型变量是比较特殊的，可以存放 1 个 ASCII 字符，参见附录 A。当需要在各种类型变量之间进行赋值时，应采用强制类型转换，这样比较可靠，不容易出错。例如 x 是一个双精度变量，而（int）x 则把 x 的值强制转换成整型（自动存放在一个临时中间变量当中）然后参加运算。

2. 数据在计算机中的存储

不同类型的数据，或者说不同类型的变量在计算机中占据的存储单元的多少是不同的。比如字符型变量占 1 个字节。所谓 1 个字节是指能够存储一个 ASCII 字符，也就是 8 位 2 进制数，能区分 256 种状态。1 位 2 进制数能区分 0 和 1 两种状态，两位有 00、01、10、11 等 4 种状态，3 位 8 种，4 位 16 种，5 位 32 种，6 位 64 种，7 位 128 种，8 位就有 256 种。256 种状态可以代表 256 种字符，见附录 A 中的 ASCII 码表。

数值型变量要占据较多的存储单元，比如整型变量占 2 个字节。这 2 个字节是由 16 位 2 进制数组成的，其中有 1 位是符号位，另 15 位可以表示的最大数是 $2^{15}=32768$。故整型变量能够表示从 -32768 到 $+32767$ 的整数。

浮点型变量占 4 个字节，对应 32 位 2 进制数，可提供 7 位有效数字。

表 1-1　各种变量占据的存储单元数及取值范围

变量类型	字符型	整型	无符号整型	长整型	浮点型	双精度型
占字节数	1	2	2	4	4	8
最小数据	256	-32768	0	-2147483648	3.4×10^{-38}	1.7×10^{-308}
最大数据	种字符	32767	65535	2147483647	3.4×10^{38}	1.7×10^{308}

注：浮点型（7 位十进制精度）和双精度型（15 位十进制精度）变量既可以存放正数也可以存放负数。

1.3 C 语言中的指针数据类型

1. 指针

指针是一种特殊的数据，指针变量当中存放的是变量的地址，而不是变量的值。根据所存放变量值的类型，有指向整型变量的指针、指向浮点型变量的指针、指向双精度型变量的指针以及指向函数的指针和指向文件的指针。

指针变量当中存放的是变量的地址，这类似于住宅的地址。许多寻宝游戏中的标准情节是：经过千辛万苦，找到一个盒子，打开盒子，里面没有宝物，只有一个写着藏宝物地址的纸条。指针变量就相当于这个盒子。

C 语言由于有了指针变量增加了许多灵活性，同时也增加了出错的风险。笔者建议：对于常规用途，比如数组，不妨按照一般高级语言的规范使用，回避其指针的属性；对于一些特殊用途，比如需要通过函数的参数向函数外传值，则可以小心地使用指针。了解指针的概念对于熟练使用字符数组和字符串函数等都很有帮助。在实际应用中，要避免使用指向指针的指针。

(1) 指针变量

在C语言中，允许用一个变量来存放指针，这种变量称为指针变量。指针变量的值就是某个内存单元的地址或称为某内存单元的指针。

对指针变量的类型说明包括三个内容：

1) 指针类型说明，即定义变量为一个指针变量；

2) 指针变量名；

3) 变量值（指针）所指向的变量的数据类型。

其一般形式为：

类型说明符 * 变量名；

其中，变量名是指针变量的名字，变量名前加了 * 号，表示该变量是指针变量，而其前面的类型标识符表示该指针变量所指向的变量的类型。一个指针变量只能指向同一种类型的变量，也就是讲，我们不能定义一个既指向整型变量又指向双精度型变量的指针变量。

例如，定义一个指向整型变量的指针变量：

```
int * p1;
```

表示 p1 是一个指针变量，它的值是某个整型变量的地址，或者说 p1 指向一个整型变量，至于 p1 究竟指向哪一个整型变量，应由向 p1 赋予的地址来决定。

指针变量同普通变量一样，使用之前不仅要定义说明，而且必须赋予具体的值。未经赋值的指针变量不能使用，否则将造成系统混乱，甚至死机。指针变量的赋值只能赋予地址，不能赋予任何其他数据，否则也将引起错误。在C语言中，变量的地址是由编译系统分配的，对用户完全透明，用户不需要知道变量的具体地址。C语言中提供了地址运算符 & 来表示变量的地址。其一般形式为：& 变量名；如 &a 表示变量 a 的地址，&b 表示变量 b 的地址。变量本身必须预先说明。设有指向整型变量的指针变量 p，如要把整型变量 a 的地址赋予 p 可以有以下两种方式：

1) 指针变量初始化的方法

```
int a;
int * p = &a;
```

2) 赋值语句的方法

```
int a;
int * p;
p = &a;
```

不允许把一个数赋予指针变量，故下面的赋值是错误的：

```
int * p;
p = 1000;
```

被赋值的指针变量前不能再加 * 号，如写为 * p = &a 是错误的。

(2) 指针变量作为函数的参数

简单变量作为函数的参数时只能向函数内传递数据，不能从函数中传出运算结果（单向传值），而如果将指针变量用做函数的参数，则既能向函数内传值，又能从函数中传出运算结果（双向传值），这在需要传出不止一个运算结果时很有用。

传递指针的函数调用实现过程为：

1） 函数声明中指明指针参数；

2） 函数调用中传递变量的地址；

3） 函数定义中对形参进行间接访问。

例如，要实现通过函数实现整数值的交换，程序如下：

```
#include < iostream. h >
void swap( int * Num1 ,int * Num2)//指明指针参数
{
    int temp = * Num1 ;
    * Num1 = * Num2;
    * Num2 = temp;
}

void main( void)
{
    int a =3 , b =9 ;
    cout << " Original…… \n" ;
    cout << " a = " << a << " b = " << b << endl;
    swap( &a, &b) ;//传递变量的地址
    cout << " After swap…… \n" ;
    cout << " a = " << a << " b = " << b << endl;
}
```

2. 函数指针

一个函数总是占用一段连续的内存区，而函数名就是该函数所占内存区的首地址。我们可以把函数的这个首地址（或称入口地址）赋予一个指针变量，使该指针变量指向该函数。然后，通过指针变量就可以找到并调用这个函数。我们把这种指向函数的指针变量称为“函数指针变量”。

函数指针变量定义的一般形式为：

类型说明符 （ * 指针变量名)( )；

其中“类型说明符”表示被指函数的返回值的类型。“（ * 指针变量名)”表示“ * ”后面的变量是定义的指针变量。最后的空括号表示指针变量所指的是一个函数。

例如：int （ * pf) ( )；

表示 pf 是一个指向函数入口的指针变量，该函数的返回值（函数值）是整型。

下面通过例子来说明用指针形式实现对函数调用的方法。

```
#include" stdio. h"
int max( int a ,int b)
{
    if( a > b) return a;
    else return b;
```

```
}
void main(void)
{
    int max(int a,int b);
    int(*pmax)(int,int);
    int x,y,z;
    pmax = max;
    printf("input two numbers:\n");
    scanf("%d%d",&x,&y);
    z = (*pmax)(x,y);
    printf("maxmum = %d\n",z);
}
```

从上述程序可以看出用函数指针变量形式调用函数的步骤如下：

1）先定义函数指针变量，如程序中 int (*pmax)(int, int)；定义 pmax 为函数指针变量。

2）把被调函数的入口地址（函数名）赋予该函数指针变量，如程序中 pmax = max；

3）用函数指针变量形式调用函数，如程序中 z = (*pmax)(x, y)；

调用函数的一般形式为：(*指针变量名)(实参表)

使用函数指针变量还应注意以下两点：

1）函数指针变量不能进行算术运算，这是与数组指针变量不同的。数组指针变量加减一个整数可使指针移动指向后面或前面的数组元素，而函数指针的移动是毫无意义的。

2）函数调用中"(*指针变量名)"的两边的括号不可少，其中的*号不应该理解为求值运算，在此处它只是一种表示符号。

3. 文件指针

文件指针是一种用来指向某个文件的指针。某个文件指针指向某个文件，是表示该文件指针指向某个文件存放在内存中的缓冲区的首地址。每一个被使用的文件都要在内存中开辟一个区域，用来存放有关的信息，包括文件名字、文件状态和文件当前位置等。这些信息被保存在一个结构变量中，该结构变量所对应结构模式被系统定义为 FILE，它被放在 stdio. h 文件中。有些版式的 FILE 被定义如下：

```
type struct
{
    int fd;            /*文件号*/
    int cleft;         /*缓冲区内剩余的字符*/
    int mode;          /*文件操作模式*/
    char *mexic;       /*下一个字符位置*/
    char *huff;        /*文件缓冲区位置*/
}FILE;
```

在有文件操作的程序中，要使用 FILE 来定义文件指针，并且将打开的文件缓冲区的首地址赋给文件指针，让它指向该文件。例如

```
FILE *fp;
```

其中，fp 是一个指向文件的指针。

fp = fopen(" ahc. txt" , " r") ;

给 fp 赋值，使它指向 abc. txt 文件，于是 fp 便是一个指向 abc. txt 文件的指针。有了文件指针以后，对文件的操作（读、写和关闭等）都使用文件指针，而不使用文件名。

对文件（设备）进行操作（关闭、读、写等）可参见第 6 章及附录 C 和附录 D。

1.4 C 语言中的数组与字符串

1. 数组

数组是有序数据的集合，数组中的每一个元素都属于同一种数据类型。从数据类型的角度同样分为整型、无符号整型、浮点型及双精度等类型。在算法语言中由于数组这种数据结构的引入，极大地方便了循环等算法的使用。数组可分为一维数组、二维数组和多维数组。C 及 C + + 语言不支持可调数组，也就是说数组在定义时必须指定它的大小。

（1）一维数组

数组必须先定义再使用。定义一维数组时，一般包括类型说明符、数组名称和常量表达式，其中常量表达式用于确定数组中元素的个数。如 C 语言中，要定义一个包含 10 个元素、名称为 Array 的整型数组，可采用语句：

int Array[10] ;

不同的编程语言定义数组的规则有所区别，但基本方法是一样的。

数组定义后就可以使用了，一般程序员不能引用整个数组而是逐个引用其数组元素。一般的引用形式为

数组名［下标］

其中下标可以是整型常量或整型表达式。

需要注意的是，在 C 语言当中具有 N 个元素的数组其下标是从 0 开始的，当然第 0 号元素可以不被使用，但是最后一个元素是第 N-1 号元素，而不是第 N 号元素。如上面定义的数组 Array 中包括 Array ［0］、Array ［1］、Array ［2］、…、Array ［9］ 等 10 个元素，而没有 Array ［10］。C 语言对于数组超界使用是不加检查和保护的，使用时一定要格外小心。

在程序设计中，可以用赋值语句或输入语句使数组中的元素得到值，但可能会占用运行时间。为此，可以在程序运行之前完成数组的初始化，使之在编译阶段就能得到初值。

（2）二维数组

二维数组的定义和一维数组基本一致，如 C 语言中二维数组的定义形式为：

类型说明符　数组名［常量表达式］［常量表达式］

可以把二维数组看做是一种特殊的一维数组，它的每一个元素本身又是一个一维数组。如：

int Array[2][3] ;

我们可以把 Array 看做一维数组，包括两个元素 Array ［0］、Array ［1］，其中每个元素又是一个包含 3 个元素的一维数组，Array ［0］ 和 Array ［1］ 就是数组名称。如 Array ［0］ 有 3 个元素分别是 Array ［0］［0］、Array ［0］［1］ 和 Array ［0］［2］。

在 C 语言中，二维数组是按行存放的，即在内存中先存放第一行元素，再存放下一行

的元素。如数组 Array［2］［3］的存放顺序如图 1-1 所示。

$Array_{00}$
$Array_{01}$
$Array_{02}$
$Array_{10}$
$Array_{11}$
$Array_{12}$

图 1-1 二维数组的存放顺序

二维数组在定义时若要赋初值也要按行进行初始化。如：

Static int Array[2][3] = {{1,2,3},{4,5,6}};

这种赋值方法中，第一个大括号内的数值赋给第一行，第二个大括号内的数据赋值给第二行，以此类推。

在实际使用中也可以将所有的数据都写在一个大括号内，系统会根据元素的排列顺序自动对各个元素赋值。如：

Static int Array[2][3] = {1,2,3,4,5,6};

这两种方式效果相同，但第二种方法不如第一种方法直观，在程序设计中容易写错，也不容易检查。

如果在赋值时能够像上述两种赋值方法中提供全部数据，则在定义数组时可不指定行数，只需指定列数即可，如：

Static int Array[ ][3] = {1,2,3,4,5,6};

系统会自动将 6 个元素分配成两行，每行三列。

在二维数组使用时，也可以只对部分元素赋初值，如：

Static int Array[2][3] = {{0,4},{0,0,8}};

初始化后数组元素的值如下：

$$\begin{bmatrix} 0 & 4 & 0 \\ 0 & 0 & 8 \end{bmatrix}$$

在处理矩阵等数学运算、非零元素较少时用这种方法非常方便。

学习了二维数组的基本使用方法，多维数组的使用就不是困难的事情了，在此不再多述。

2. 字符数组

顾名思义，字符数组就是用来存放字符数据的数组。字符数组中的每一个元素用来存放一个字符。

字符数组的定义与普通数组类似，如 C 语言中定义字符数组的语句为：

char s[10] = {'H','E','L','L','O','!'};

在给字符数组赋初值时，如果大括号内提供的数据大于数组长度时，会出现语法错误；如果初值数据的个数小于数组长度，系统会将这些数据按顺序赋值给前面的元素，其余元素自动赋值为空格。如上面定义的数组 s［10］在内存中的状态如图 1-2 所示。

s[0]	s[1]	s[2]	s[3]	s[4]	s[5]	s[6]	s[7]	s[8]	s[9]
H	E	L	L	O	!	␣	␣	␣	␣

图 1-2 数组的存放

定义字符数组时也可以省略数组长度，让系统根据初值个数确定数组长度，如：

char s[ ] = {'H','E','L','L','O','!'};

系统将自动确定数组 s 的长度为 6。

C 语言中的一维字符数组相当于 VB 中的字符串变量，也就是说 C 语言将字符串作为字符数组来处理。根据C语言中字符串的处理方法，我们对字符数组初始化时也可以用字符串常量来完成。如：

```
char s[] = {"HELLO!"};
```

也可以将大括号省略掉，写成：

```
char s[] = "HELLO!";
```

这种写法更直观、方便，也更符合我们的习惯。需要注意的是，这种方法定义的数组长度为7，这是因为字符串常量的最后被系统加上了一个字符串结束标志'\0'。

C语言通过字符串函数来进行赋值等操作可参考附录C TC2.0常用库函数表。

3. 数组与指针

数组的每个元素都在内存中占用存储单元，都有相应的地址。所以指针变量也可以指向数组，假如有：

```
int a[5];
int *ptr;
```

有了以上定义，对于数组a，则有a=&a[0]。若指针ptr进行赋值为

```
ptr = &a[0];
```

则表示将a[0]元素的地址赋给指针变量ptr，我们称ptr为指向数组a的指针。

由于数组的名称代表数组元素存放区域的首地址，即数组第一个元素的地址。所以下列两条语句是等价的：

```
ptr = &a[0];
ptr = a;//将数组a的首地址赋值给指针变量ptr
```

在用数组作为参数传递到函数时，除常规方法外，还可以用指针来操作。例如下列程序实现求数组中元素的平均值。

```
#include"stdio.h"
double average(double *a,int n)
{
    if(n==0)return 0;
    double sum=0;
    for(int i=0;i<n;i++)sum+=a[i];
    return sum/n;
}

void main(void)
{
    double arr[5] = {1,2,3,4,5};
    printf("%f\n",average(arr,5));
}
```

程序中，求平均值函数int average（int *a，int n）中定义了两个参数：指针a和数组元素的个数n。由于数组名就是数组的首地址，实质上也是一个指针，所以在average（arr，5）直接用数组名arr将数组的首地址传递给指针变量a。

4. 数组的定维

（1）数组在程序中必须具有确定的大小

C语言中数组的长度是预先定义好的，在整个程序中固定不变。C语言中不允许在程序中动态定义数组的长度。例如：

```
int n;
scanf("%d",&n);
int a[n];
```

其中，用变量n表示长度，想对数组的大小作动态说明，这是错误的。当然，有时为了编程方便，用宏定义来统一规定一些数组的大小是可以的。

（2）数组作为函数的参数

数组作为函数的参数时，在申明和定义函数时可以不确定大小，但当调用函数时，填入函数参数表中的那个数组必须是一个经过定维的具有固定大小的数组。

由于C语言中二维数组在内存当中是按行存放的，因此，当二维数组作为函数的参数时不能省略对第二维的说明。

通常定义大一些的数组并不妨碍使用，但会浪费一些内存，这对于某些有限元类的分析程序可能会感觉内存紧张，系统自动调用磁盘空间来模拟内存后又会产生存取速度慢的问题。因此，就产生了对可调数组的需要。

5. 一维可调数组

在实际的编程中，往往会发生这种情况，即所需的内存空间取决于实际输入的数据，而无法预先确定。对于这种问题，用数组的办法很难解决。为了解决上述问题，C语言提供了一些内存管理函数，这些内存管理函数可以按需要动态地分配内存空间，也可把不再使用的空间回收待用，为有效地利用内存资源提供了手段。这就是可调数组，或称动态数组，其核心就是利用内存的申请和释放函数，在程序的运行过程中，根据实际需要指定数组的大小，其本质是一个指向数组的指针变量。

动态数组需要用到内存管理函数，主要有：

（1）分配内存空间函数malloc（）

调用形式：（类型说明符*）malloc（size）

功能：在内存的动态存储区中分配一块长度为“size”字节的连续区域。函数的返回值为该区域的首地址。“类型说明符”表示把该区域用于何种数据类型。（类型说明符*）表示把返回值强制转换为该类型指针。“size”是一个无符号数。例如：pc=(char*) malloc (100)；表示分配100个字节的内存空间，并强制转换为字符数组类型，函数的返回值为指向该字符数组的指针，把该指针赋予指针变量pc。

（2）分配内存空间函数calloc（）

calloc也用于分配内存空间。

调用形式：（类型说明符*）calloc（n，size）

功能：在内存动态存储区中分配n块长度为“size”字节的连续区域。函数的返回值为该区域的首地址。（类型说明符*）用于强制类型转换。calloc函数与malloc函数的区别仅在于一次可以分配n块区域。例如：ps=(struct stu*) calloc (2, sizeof (struct stu))；其中的sizeof（struct stu*）是求stu的结构长度。因此，该语句的意思是：按stu的长度分配两块连续区域，强制转换为 stu 类型，并把其首地址赋予指针变量 ps。

（3）释放内存空间函数 free（）

调用形式：free（void * ptr）

功能：释放 ptr 所指向的一块内存空间，ptr 是一个任意类型的指针变量，它指向被释放区域的首地址。被释放区域应是由 malloc 或 calloc 函数所分配的区域。

我们先看下面这个实现可调数组的程序。

```
#include < stdio. h >
#include < malloc. h >
#include < stdlib. h >
void main(void)
{
    int * array =0,num,i;
    printf("Please input the number of element:");
    scanf("%d",&num);
    array =((int * )malloc(sizeof(int) * num));//申请动态数组使用的内存块
    if(array = =0)//内存申请失败,提示退出
    {
        printf("Out of memory,press any key to quit... \n");
        exit(0);//终止程序运行,返回操作系统
    }
    printf("Please input %d integer elements ended by ENTER:\n",num);//提示输入 num
                                                                    个数据
    for(i =0;i < num;i + +)scanf("%d",&array[i]);
    printf("All of %d elements are:\n",num);//输出提示
    for(i =0;i < num;i + +)printf("%d,",array[i]);//输出刚输入的 num 个数据
    printf("\b\n");//删除最后一个数字后的分隔符逗号
    free(array);//释放由 malloc 函数申请的内存块
}
```

在程序中，先由用户输入数组的大小，分配内存空间后，对数组进行赋值等操作。分配内存空间时要根据数组的类型确定每一个下标变量所占据的内存空间大小。假如要在内存中开一个大小为 N 的整型一维数组，则需要占用 8 * N 个字节的内存，程序中用 sizeof（int）获取整型变量所占内存的空间，用 malloc（sizeof（int） * num）计算并分配此数组所需的内存空间，完成后就可以当做普通数组一样进行赋值等操作。

6. 二维可调数组

利用开辟内存空间来实现一维可调数组的技术也可以被利用来实现二维可调数组。只要找出一套下标的折算公式即可。也就是说设法将一个二维数组的所有元素，根据某种规则，投影到一维数组中，让这个二维数组中的每一个元素都与一维数组中的某个元素产生一一对应的关系，采用这套算法，能够存取这个虚拟二维数组的每个元素，也就实现了二维可调数组。

表1-2 二维数组与一维数组下标对照

	第0列	第1列	…	第j列	…	第n-1列
第0行	第0个数据	第1个数据	…	第j个数据	…	第n-1个数据
第1行	第n个数据	第n+1个数据	…	第n+j个数据	…	第2n-1个数据
⋮	⋮	⋮		⋮		⋮
第i行	第i*n个数据	第i*n+1个数据	…	第i*n+j个数据	…	第（i+1)n-1个数据
⋮	⋮	⋮				⋮
第m-1行	第（m-1)n个数据	第（m-1)n+1个数据	…	第（m-1)n+j个数据	…	第m*n-1个数据

从表1-2中可以找出规律，即 $A[i*n+j]=AB[i][j]$，$0 \leqslant i < m$，$0 \leqslant j < n$，这样就能用一维数组来存放二维数组中的数据了。

变长的n维数组实现起来有些麻烦，但是在工程与软件设计应用中常使用的是二维数组，所以在这里着重介绍变长的二维数组，变长的n维数组可以按照类似的方法实现。在工程上数组进行矩阵、线性方程组求解的应用也非常广泛。下面程序演示如何动态创建数组并赋值显示。

```
#include"stdio.h"
#include"malloc.h"
#include"process.h"

void DispArray(float *arr,int rows,int cols)
{
    int i,j;
    int length = rows * cols;
    //读入数据
    for(i=0;i<rows;i++)
    {
        printf("请顺序依次输入第%d行系数的值(共%d项):",i+1,cols);
        for(j=0;j<cols;j++)
            scanf("%f",&arr[i*cols+j]);//接收各行的数据
    }
    //输出数据
    printf("\n");//换行
    printf("您输入方程组的增广矩阵为:\n");
    for(i=0;i<rows;i++)
    {
        for(j=0;j<cols;j++)
            printf("%.5f      ",arr[i*cols+j]);//输出各行的数据
        printf("\n");//换行
    }
```

```
}

int main(int argc,char * argv[])
{
    int x,y;
    float * a;
    printf("请输入你所求解的线性方程组的行数 x:x = ");
    scanf("%d",&x);
    printf("请输入你所求解的线性方程组的列数 y:y = ");
    scanf("%d",&y);
    a = (float * )malloc(sizeof(float) * x * y);//分配数组空间
    if(a == NULL)//内存申请失败,提示退出
    {
        printf("内存不够,按任意键退出...\n");
        exit(0);//终止程序运行,返回操作系统
    }
    DispArray(a,x,y);//调用函数,输入输出各行的数据
    free(a);//释放内存空间
    return 0;
}
```

主程序中，用户首先输入线性方程组的行、列数，通过 malloc 分配内存空间建立动态多维数组 a，以数组名 a、数组行数 x、列数 y 为实参，调用 DispArray 将数组地址传递给指针形参 arr，由用户输入增广矩阵并将其显示出来。在此基础上可以修改添加计算程序段，实现方程组的求解。

1.5 C 语言中的结构数据类型

数组是相同类型数据的集合，它的每一个元素都必须是相同的类型。然而，很多时候需要将不同类型、但又有紧密联系的数据组合成一个有机的整体以便于引用。例如，公司职员的编号、姓名、性别、年龄、家庭地址、所在部门等每个数据项都与某一职员相关联。由于各数据项类型不同，无法采用数组来存储；如果采用独立变量又无法表达各项之间的相互关系。对于这种情况可以采用结构体（structure）这一数据结构来实现。结构体是由用户定义的新数据类型，可以与整型、浮点型等基本数据类型同等看待。

通过结构体就可以将不同类型但紧密联系的各项数据组织起来。例如，上述公司职员的各项资料可以用如下结构体表达：

```
struct employee
{   int iNumber;
    char cName[20];
    char cSex;
```

```
    int iAge;
    char cAddr[50];
};
```

通过关键字 struct，声明了一个新的数据类型 employee，其中包括 iNumber、cSex 等成员。需要注意的是，声明了一个结构体只是定义了一个数据类型，并不分配内存，只有在定义这个新数据类型的变量时才分配内存。

（1）结构体的定义

C 语言中定义一个结构体的一般形式为：

```
struct  结构体名称
{   类型标示符   成员名 1;
    类型标示符   成员名 2;
    ⋮
    类型标示符   成员名 n;
};
```

定义了结构体类型后就可以用它来定义变量了，如：

```
struct employee employee1,employee2;
```

在 C++中，关键字 struct 可以省略。

也可以在定义结构体类型的同时定义变量，如：

```
struct employee
{   int iNumber;
    char cName[20];
    char cSex;
    int iAge;
    char cAddr[50];
} employee1,employee2;
```

（2）访问结构体成员

一旦定义了结构变量，分配了内存空间，我们就可以使用结构成员操作符“.”（圆点）来访问结构体中的成员。引用方式为：

结构体变量名．成员名

如 employee. iAge 表示雇员的年龄，在程序设计中可以把这个成员变量当做普通变量来进行各种运算或赋值，如用 employee. iNumber = 700809 对变量的成员赋值。

（3）结构体数组

一般结构体变量中可以存放一组数据（如职工的编号、姓名等），若有多名职工的数据需参加运算可以用结构体数组。结构体数组与之前学过的普通数组的主要区别在于每个数组元素都是一个结构体类型的数据，分别包括了各个成员项。

定义结构体数组和定义结构体变量类似，只需说明其为数组即可。如某公司有 100 名职工，可定义如下结构体数组：

```
struct employee
{   int iNumber;
```

```
    char cName[20];
    char cSex;
    int iAge;
    char cAddr[50];
}empl[100];
```

这样就定义了一个数组 empl，有 100 个 struct employee 类型的元素，empl 存放内存映像如图 1-3 所示。

	iNumber	cName	cSex	iAge	cAddr
empl[0]	700800	ZhangSan	M	31	Xuyuan road
empl[1]	700801	LILi	F	23	Wuyi road
empl[2]	700802	WangWu	M	22	jiwfang road
⋮	⋮	⋮	⋮	⋮	⋮
empl[99]	700899	Warrior	M	45	jiwfang road

图 1-3　结构体数组 empl 的数据存放内存映像图

在内存中，结构数组中的数据是连续存放的，即先顺序存放第一个元素的各成员数据，然后存放第二个元素的各成员数据，以此类推。

由上述内容可见，结构体变量类似于数据库二维表中的一条记录，而结构体数组类似于数据库中的二维表。

结构体是 C++语言中类概念的基础。

（4）结构体指针

凡是变量都有地址，我们可以定义一个指向结构体变量的指针来表示该变量占据内存段的起始地址。指针变量也可以指向结构体数组中的元素。

下面通过一个例程来学习结构指针的定义及通过结构指针来访问结构成员：

```
#include <iostream. h>
#include <string. h>

struct employee
{
    int iNumber;
    char cName[20];
    char cSex;
    int iAge;
    char cAddr[50];
};                              //声明结构体

void main(void)
{
```

```
    employee empl1;                //定义结构体变量
    employee * pointer;            //定义指针
    pointer = &empl1;              //将结构变量的地址赋值给指针
    strcpy(pointer->cName,"ZhangSan");
    pointer->iNumber = 700800;
    pointer->iAge = 31;
    cout << pointer->iNumber << "   "
         << pointer->cName << "   "
         << pointer->iAge << endl;
}
```

通过例程可以看出，通过取地址“&”操作得到结构变量的地址，将这个地址赋值给结构指针后就可以通过箭头操作符“- >”（或称结构成员操作符）来访问结构的成员。

箭头操作符和点操作符是可以互换的，如在上述例程中 pointer- > iAge 可写为 empl1. iAge或（ * pointer）. iAge，但是后两种写法不如第一种直观，一般使用箭头操作符。需要注意是：使用点操作符时，它的左边应当是一个结构体变量，当使用箭头操作符时，它的左边应当是一个结构指针。

1.6　链表

用数组存放数据时，必须事先定义固定的长度（即元素个数）。比如，我们要存储一个班级学生的某科分数，总是定义一个 float 型数组：

float score[30];

但是，在很多的情况下我们可能并不知道该班级的学生人数，也就是说并不能确定要使用多大的数组，那么就要把数组定义得足够大。这样程序在运行时就申请了固定大小的我们认为足够大的内存空间，显然这样会浪费内存空间。即使知道该班级的学生数，但是如果因为某种特殊原因人数增加或者减少时，又必须重新去修改程序，改变数组的存储范围。遇到这种情况，可以使用链表这一数据结构。

链表是一种常用的组织有序数据的数据结构，它通过指针将一系列数据节点连接成一条数据链，是线性表的一种重要实现方式。链表有一个头指针，它存放一个指向一个元素的地址。链表中每一个元素称为“节点”，每个节点都包括两部分内容：一部分是这个节点的实际数据，这部分称作数据域；另一部分是下一个节点的地址，一般使用指针实现，这部分称作指针域。也就是说，链表中的头指针指向第一个元素，第一个元素中有一个指针指向第二个元素，第二个元素指向第三个元素……直到最后一个元素。最后一个元素称为“表尾”，它不再指向其他元素，所以其地址部分存放一个空地址 NULL。链表结构如图 1-4 所示。

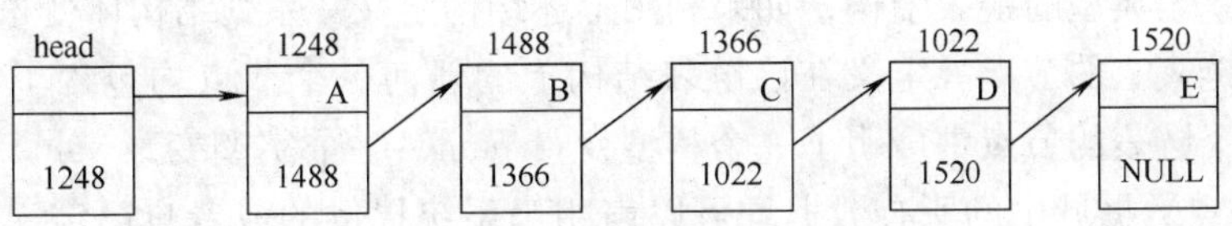

图 1-4　链表结构示意图

可以看到链表中各节点在内存中可以不是连续存放的。要找到某一节点 C，必须先找到其上一个节点 B，根据节点 B 提供的下一个结点地址才能找到 C。链表有一个“头指针”，因此通过“头指针”可以按顺序往下找到链表中的任一节点，如果不提供“头指针”，则整个链表都无法访问。链表如同一条铁链一样，一环扣一环，中间是不能断开的。打个比方，幼儿园的老师带领孩子出来散步，老师（作为头指针）牵着第一个小孩的手，第一个小孩的另一只手牵着第二个孩子……这就是一个“链”，最后一个孩子有一只手空着，他是“链尾”。要找这个队伍，必须先找到老师，然后按顺序找到每一个孩子。

图 1-4 的链表每个节点中只有一个指向后继节点的指针，该链表称为单链表。其实节点中可以有不止一个用于链接其他节点的指针。如果每个节点中有两个用于链接其他节点的指针，一个指向前趋节点（称前趋指针），另一个指向后继节点（称后继指针），则构成双向链表。双向链表如图 1-5 所示。

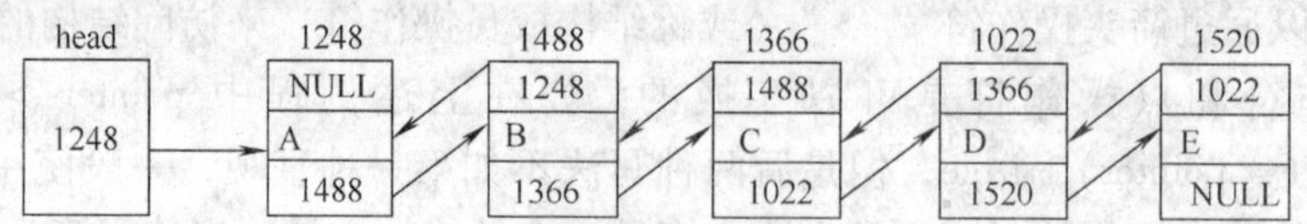

图 1-5　双向链表示意图

相对于数组，链表具有更好的动态性，建立链表时无需预先知道数据总量，可以随机分配空间。链表的另一个重要特点是插入、删除操作灵活方便，不需移动节点，只需改变节点中指针域的值即可。而数组由于用存储单元的邻接性体现数组中元素的逻辑顺序关系，因此对数组进行插入和删除运算时，可能需要移动大量的元素，以保持这种物理和逻辑的一致性。如数组中有 m 个元素，往第 i（i<m）个元素后面插入一个新元素，需要将第 i+1 个元素至第 m 个元素共 m-i 个元素向后移动。链表的开销主要是访问的顺序性和组织链的空间损失。

链表是链式存储的，那么如何实现链式存储呢？解决的办法是定义一个结构体，保存链表节点的数据，这个结构体中包含有指向下一个同结构节点的指针。

链表节点的结构定义方式举例如下：

```
struct stu
{
    int num;
    float value;
    char name[20];
…
    struct stu * next;
};
```

上述结构就是典型的链表结构，如果利用上述结构定义一系列结构体变量，则这些变量可以认为是该链表上的节点。定义在该链表结构上的任何一个节点均包含了 struct stu 的所有属性，在这个链表的节点中声明了一个整型变量 num、一个实型变量 value 和一个字符型数组 name。节点数据域中的所有数据均可以声明为系统提供的或者自己定义的任何类型的变量。在 struct stu 结构中，又声明了一个该节点类型的指针变量 next，这个指针是一个动态指针，用来指向下一个节点，通过 next 指针，一个个节点被依次连接起来，就形成了链表。

定义好了链表的结构之后，只要在程序运行的时候在数据域中存储适当的数据，如有后继节点，则把链域指向其直接后继，若没有，则置为 NULL。

下面是一个建立带表头的单链表的完整程序：

```
#include"stdio. h"
#include"process. h"
#include"malloc. h"//包含动态内存分配函数的头文件
#define N 10            //N 为人数
typedef struct node
{
    char name[20];
    struct node * link;
}stud;
stud * creat(int n)//建立单链表的函数,形参 n 为人数
{
    stud * p, * h, * s;   // * h 保存表头节点的指针, * p 前一个节点, * s 指向当前节点
    int i;                //计数器
    if((h = (stud * )malloc(sizeof(stud))) = = NULL)//分配空间并检测
    {
        printf("不能分配内存空间!");
        exit(0);
    }
    h- >name[0] = '\0 ';//把表头节点的数据域置空
    h- >link = NULL;      //把表头节点的链域置空
    p = h;                //p 指向表头节点
    for(i = 0;i < n;i + + )
    {
        if((s = (stud * )malloc(sizeof(stud))) = = NULL)//分配新存储空间并检测
        {
            printf("不能分配内存空间!");
            exit(0);
        }
        p- >link = s;//把 s 的地址赋给 p 所指向的节点的链域,把 p 和 s 所指向的节点
                     连接起来
        printf("请输入第%d 个人的姓名:",i +1);
        scanf("%s",s- >name);//在当前节点 s 的数据域中存储姓名
        s- >link = NULL;
        p = s;//p 指向了 s
    }
```

```
    return(h);
}

void main(void)
{
    int number;//保存人数的变量
    stud * head;//head 是保存单链表的表头节点地址的指针
    stud * p;      //输出链表用的指针
    number = N;
    head = creat(number);//把所新建的单链表表头地址赋给 head
    p = head->link;          //指向第一个名字
    for(number = 0;number < N;number ++)
    {
        printf("第%d 个人的姓名:%s\n",number + 1,p->name);//输出名字
        p = p->link;//指向下一个名字
    }
}
```

这样就写好了一个可以建立包含 N 个人姓名的单链表了。写动态内存分配的程序时应注意，请尽量对分配是否成功进行检测。

第2章

算法基础

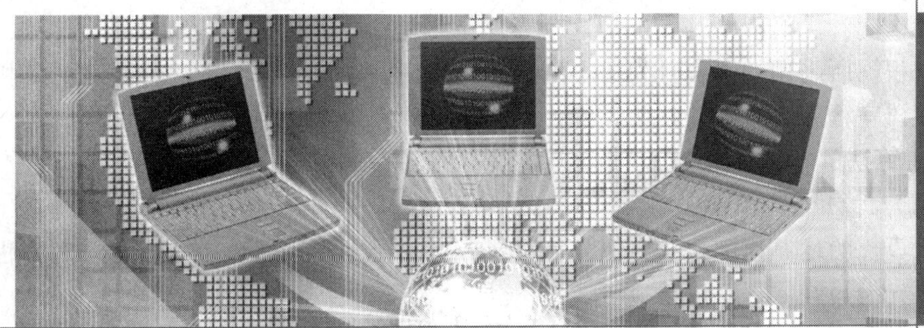

设计程序首先要了解需要研究解决的问题，提出适当的计算模型并列出解决问题的方法和步骤。许多问题的计算模型是显然的，以至于我们从未感觉到需要建立模型。但是有更多的问题需要靠分析来构造计算模型。模型一旦建立起来，就要选择合适的算法，并将解题步骤表述出来；若要计算机去执行这些步骤，就得用计算机语言将步骤转化为计算机可以“读懂”的计算机程序，即所谓的“编程”。编写出来的程序能不能正确地运行？是否符合问题的要求？这需要我们对它不断地进行测试和修改。上一章中介绍了算法的处理对象——数据结构，本章将介绍解决问题的核心——算法。

2.1 算法的意义

1. 程序的概念

“程序”这个词汇其实是早于计算机出现的，比如会议议程，司法程序，表示先做什么再做什么。计算机程序其实也是这个意思，它是指计算机能够执行的指令序列，由多条语句组成。根据所采用的语言分为机器指令、汇编语言、高级语言程序。现在计算机程序通常特指高级语言程序。

2. 算法的概念

（1）计算机的特点

计算机的运算速度很快，但是计算机不会自己解决问题，也不会自己解方程，只会根据人们事先编写好的程序逐条执行。

十几年前两个美国孩子的评价很形象地描述了计算机的特点：一个孩子说“计算机真聪明，能帮我做许多事情”；另一个孩子却说“计算机真笨，离开了软件什么也不会做”。

因此，软件是计算机的灵魂，而算法则是软件的核心。界面固然很重要，但界面终究是外表，不是核心，算法才是核心。

（2）计算机的冯·诺依曼结构

计算机的工作过程就是执行程序的过程。怎样组织程序，涉及到计算机体系结构问题。现在的计算机都是基于“程序存储”概念设计制造出来的。冯·诺依曼是美籍匈牙利数学家，他在 1946 年提出了关于计算机组成和工作方式的基本设想。到现在为止，尽管计算机制造技术已经发生了极大的变化，但是就其体系结构而言，仍然是根据他的设计思想制造的，这样的计算机称为冯·诺依曼结构计算机。冯·诺依曼结构如图 2-1 所示。

1）计算机应包括运算器、存储器、控制器、输入设备和输出设备五大基本部件。

2）计算机内部应采用二进制来表示指令和数据。每条指令一般具有一个操作码和一个地址码。其中操作码表示运算性质，地址码指出操作数在存储器中的地址。

3）采用存储程序方式。将编好的程序送入内存储器中，然后启动计算机工作，计算机无需操作人员干预，就能自动逐条取出指

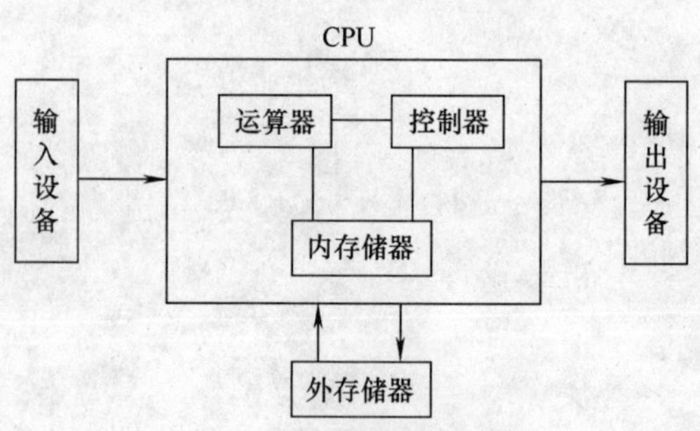

图 2-1　冯·诺依曼结构

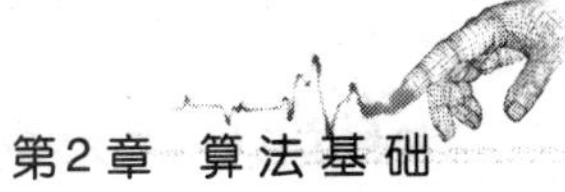

令和执行指令。

冯·诺依曼设计思想最重要之处在于明确地提出了“程序存储”的概念，他的全部设计思想实际上是对“程序存储”概念的具体化。

了解了“程序存储”，再去理解计算机工作过程就变得十分容易。如果想让计算机工作，就得先把程序编出来，然后通过输入设备送到存储器中保存起来，即程序存储。接下来就是执行程序的问题了。

计算机中基本上有两种信息在流动。一种是数据，即各种原始数据、中间结果和程序等。原始数据和程序要由输入设备输入并经运算器存于存储器中，最后结果由运算器通过输出设备输出。在运行过程中，数据从存储器读入运算器进行运算，中间结果也要存入存储器中。人们用机器自身所具有的指令编排的指令序列，即程序，也是以数据的形式由存储器送入控制器，再由控制器向机器的各个部分发出相应的控制信号。另一种信息是控制信息，它控制机器的各部件执行指令规定的各种操作。

总之，程序就是让计算机有计划、有步骤地完成某项工作而编写的指令序列。类似于“锦囊妙计”或“应急预案”，是对数据——信息进行加工处理的“加工规程”或“工艺卡片”。

3. 算法的意义

计算机中进行计算的基础是算法，包括一些最基本的数学函数都是采用泰勒级数算出来的。通过某种算法可以指挥计算机一步一步地解决实际问题。好的算法能够节省机时，节约内存资源，在较小规模的计算机上解决较大的问题，例如有限元分析、天气模拟等。好的算法还能够保证计算的精度。

任何解题过程都是由一定的步骤组成的。通常，把解题过程中准确而完整的描述称作解决该问题的算法（Algorithm）。通俗而言，算法就是解决给定问题的方法，处理的对象是该问题所涉及的相关数据，程序就是用计算机语言表述的算法。

既然算法是解决给定问题的方法，算法的处理对象就必然是该问题涉及的相关数据。因而，算法与数据是程序设计过程中密切相关的两个方面。程序的目的是加工数据，而如何加工数据是算法的问题。PASCAL 语言发明者 N. 沃思（Niklaus Wirth）首次提出了“结构化程序设计”概念，提出著名公式：

程序 = 算法 + 数据结构

这个公式的重要性在于不能离开数据结构去抽象地分析程序的算法，也不能脱离算法去孤立地研究程序的数据结构，而只能从算法与数据结构的统一上去认识程序。换言之，程序就是在数据的某些特定的表示方式和结构基础上对抽象算法的计算机语言的具体表述。算法描述的工具，可以是自然语言，也可以是非自然语言（如流程图、N-S 图、高级语言、伪代码）。鉴于自然语言有时难于做到意义唯一、叙述准确，人们往往采用意义精确唯一且已形式化的计算机语言（或者自然语言与计算机语言兼而有之的准自然语言或准计算机语言）来描述一个算法。当用一种计算机语言来描述一个算法时，则其表述形式就是一个计算机语言程序。因而，算法是程序的前导与基础。由此可见，从算法的角度，可将程序定义为：为解决给定问题的计算机语言有穷操作规则（即低级语言的指令，高级语言的语句）的有序集合。

4. 算法的要素

算法由操作和控制这两个要素组成。

操作包括逻辑运算（与、或、非），算术运算（加、减、乘、除），比较运算（大于、小于、等于、不等于）和数据传送（输入、输出、赋值）等。

算法的控制结构决定了各操作的执行次序。按结构化程序设计方法，一个程序只能用顺序、分支选择、循环三种基本控制结构组合而成，这样做的目的是使算法的流程更清晰简洁，增强可读性。

1）顺序结构：按书写顺序执行的操作。

2）分支选择结构：根据指定条件做出决策，从两条或多条分支路径中选择其中的一条分支路径执行。

3）循环结构：根据是否满足指定的条件而决定是否重复执行指定操作。

实际上，任何复杂的处理过程都可以用这三种基本控制结构组合实现。也就是说，一种计算机语言中如果有了这三种基本控制结构，就可以解决任何复杂的问题。因此，掌握算法的这三种基本控制结构，是算法设计的基础。这部分内容可参见第 3 章第 5 节结构化程序设计。

5. 算法的基本特征及设计要求

算法具有如下一些基本特征：

1）有穷性：一个算法必须总是（对任何合法输入值）在执行有穷步之后结束，且每一步都可在有穷时间内完成。

2）确定性：算法中每条指令必须有确切含义，不能有二义性，且在任何条件下算法只有一条执行路径。

3）有效性：算法中的每条指令如果被执行了，就必须被有效地执行。例如，计算 X 除以 Y，Y 为非 0 值，则可有效执行，但 Y 为 0 值，则就无法有效执行。

4）有零个或多个输入：有些算法在实现过程中需要输入一些原始数据，而有些算法可能不需要输入原始数据。

5）有一个或多个输出：设计算法的最终目的是为了解决问题，因此，任何算法至少应有一个输出结果，来反映问题的最终结果。

可见，算法不仅是一种方法，也是一个过程，这个过程由一套明确的规则组成，这些规则指定了一个操作的顺序，以便在有限的时间内用有限的步骤提供特定类型问题的解答。

同一问题可用不同算法解决，而一个算法的质量优劣将影响到算法乃至程序的效率。因此，在设计算法时有下列基本要求：

1）正确性（Correctness）：不含语法错误；程序对 N 组输入数据能够得到满足规格说明要求的结果；对精心选择的典型、苛刻而带有刁难性的几组输入数据能得到满足规格说明要求的结果；程序对于一切合法的输入数据都能够产生满足规格说明的结果。

2）可读性（Readablility）：算法主要是为了人们的阅读与交流，其次才是机器执行。可读性好有助于人们对算法的理解，易于调试和修改。

3）健壮性（Robustness）：也称为鲁棒性。当输入数据非法时，算法也能适当地作出反应或进行处理，而不会有莫名其妙的结果。

4）算法的时间和空间性能：高效率与低存储空间要求。

6. 算法的描述

一个算法可以有多种方法来描述，常见的有以下几种：

（1）自然语言

描述算法最简单的一种工具就是自然语言，如汉语、英语等，其优点是通俗易懂、易于掌握，一般人都会用；其缺点是：①易产生歧义性；②语句繁琐冗长，难于清楚地表达算法的逻辑流程；③目前计算机尚不能处理用自然语言表示的算法。

（2）流程图

流程图采用不同的几何图形来描述算法的逻辑结构，每个几何图形表示不同性质的操作，用线表示操作的执行顺序。流程图相对于自然语言来说更简洁直观。

（3）N-S 图

N-S 图是描述算法的另一种常见方法，主要是省掉了流程图中的流程线，使得图形更紧凑。N-S 图的优点是能直观地用图形表示算法，自然地去掉了导致程序非结构化的流线；缺点是不便于修改。

（4）高级计算机语言

人与人之间交流要用自然语言，人与计算机交流要用专门的、能被计算机直接或间接识别的语言，即计算机语言。计算机语言通常是一个能完整、准确和规则地表达人们的意图，并用以指挥或控制计算机工作的“符号系统”。按计算机语言的发展过程，可分为机器语言、汇编语言、高级语言和甚高级语言（4GL）。这里我们以高级语言中的 C 语言或 VC++ 为例来说明对算法进行描述。

用语言去描述算法的好处是可以在计算机上运行（任何一个算法最终都要变成计算机可识别的代码或程序，以便能够在机器上实现），但不论是何种语言，一般都有自己的规定或规范、有不同的格式要求、语法限制等，这也给用户带来了一定的不便。

（5）伪代码

流程图、N-S 图是描述算法的图形工具，这些图形工具描述的算法直观、易懂、逻辑关系清楚，但制作比较繁杂，修改起来困难；同时，自然语言、流程图、N-S 图等与最终通过计算机实现算法的程序相比，存在的差异比较大，不利于转化为程序代码。另外，如果直接用计算机语言去编写程序的话，又需要掌握相应计算机语言的语法规则，比较烦琐。为此，在描述算法时还经常用到一种工具——伪代码。

“伪代码”是介于自然语言与计算机语言之间的将文字和符号结合起来描述算法的工具，形式上与计算机语言比较接近，但没有严格的语法规则限制，通常是借助某种高级语言的控制结构，中间的操作可以用自然语言，也可以用程序设计语言描述，这样，既避免了严格的语法规则，又比较容易最终转换成程序。

下面为用伪代码表示的输入三个数，输出最大数的算法：

```
Begin(算法开始)
输入 A,B,C
IF A>B 则
A→Max
否则 B→Max
IF C>Max 则 C→Max
```

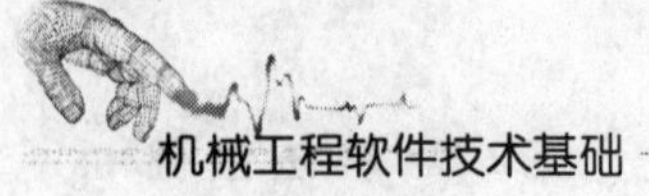

Print Max

End(算法结束)

算法的描述这部分内容可参见第3章第4节程序框图。

7. 算法的评价

一个可执行的算法不一定是最好的算法。评估一个算法的优劣，主要看执行算法时所需要占用的计算机空间的大小和计算过程需要花费的计算机 CPU 时间的多少。一个算法的评价主要从时间复杂度和空间复杂度来考虑。

(1) 时间复杂度

1) 时间频度：一个算法执行所耗费的时间，从理论上是不能算出来的，必须上机运行测试才能知道。但我们不可能也没有必要对每个算法都上机测试，只需知道哪个算法花费的时间多，哪个算法花费的时间少就可以了。并且一个算法花费的时间与算法中语句的执行次数成正比，哪个算法中语句执行次数多，它花费时间就多。一个算法中的语句执行次数称为语句频度或时间频度。记为 T (n)。

2) 时间复杂度：在时间频度中，n 称为问题的规模，当 n 不断变化时，时间频度 T (n) 也会不断变化。但有时我们想知道它变化时呈现什么规律。为此，我们引入时间复杂度概念。一般情况下，算法中基本操作重复执行的次数是问题规模 n 的某个函数，用 T (n) 表示，若有某个辅助函数 f (n)，使得当 n 趋近于无穷大时，T (n)/f (n) 的极限值为不等于零的常数，则称 f (n) 是 T (n) 的同数量级函数。记作 T (n) = O (f (n))，称 O (f (n)) 为算法的渐进时间复杂度，简称时间复杂度。

在各种不同算法中，若算法中语句执行次数为一个常数，则时间复杂度为 O (1)，另外，在时间频度不相同时，时间复杂度有可能相同，如 $T(n)=n^2+3n+4$ 与 $T(n)=4n^2+2n+1$ 它们的频度不同，但时间复杂度相同，都为 $O(n^2)$。按数量级递增排列，常见的时间复杂度有：常数阶 O (1)，对数阶 $O(\log_2 n)$，线性阶 O (n)，线性对数阶 $O(n\log_2 n)$，平方阶 $O(n^2)$，立方阶 $O(n^3)$，…，k 次方阶 $O(n^k)$，指数阶 $O(2^n)$。随着问题规模 n 的不断增大，上述时间复杂度不断增大，算法的执行效率不断降低。

(2) 空间复杂度

算法的空间复杂度 S (n) 定义为该算法所耗费的存储空间，它也是问题规模 n 的函数。渐近空间复杂度也常常简称为空间复杂度。记作：S (n) = O (f (n))。

空间复杂度是对一个算法在运行过程中临时占用存储空间大小的量度。一个算法在计算机存储器上所占用的存储空间，包括存储算法本身所占用的存储空间，算法的输入输出数据所占用的存储空间和算法在运行过程中临时占用的存储空间这三个方面。算法的输入输出数据所占用的存储空间是由要解决的问题决定的，是通过参数表由调用函数传递而来的，它不随本算法的不同而改变。存储算法本身所占用的存储空间与算法书写的长短成正比，要压缩这方面的存储空间，就必须编写出较短的算法。算法在运行过程中临时占用的存储空间随算法的不同而异，有的算法只需要占用少量的临时工作单元，而且不随问题规模的大小而改变，我们称这种算法是“就地”进行的，是节省存储的算法；有的算法需要占用的临时工作单元数与解决问题的规模 n 有关，它随着 n 的增大而增大，当 n 较大时，将占用较多的存储单元。

如当一个算法的空间复杂度为一个常量，即不随被处理数据量 n 的大小而改变时，可表示为 O（1）；当一个算法的空间复杂度与以 2 为底的 n 的对数成正比时，可表示为 O（$\log_2 n$）；当一个算法的空间复杂度与 n 成线性比例关系时，可表示为 O（n）。

2.2 常用数值运算算法

算法按其应用的学科领域可大致分为基本算法、数据结构的算法、数论与代数算法、计算几何的算法、图论的算法、动态规划以及数值分析、加密算法、排序算法、检索算法、随机化算法、并行算法等。

算法按设计与分析的基本方法有：递推法、递归法、穷举搜索法、贪婪法、分治法、迭代法等。递推法是利用问题本身所具有的一种递推关系求问题解的一种方法。递推法把问题分成若干步，找出相邻几步的关系，从而达到目的。递归法指的是一个过程：函数不断引用自身，直到引用的对象已知。穷举搜索法是对可能是解的众多候选解按某种顺序进行逐一枚举和检验，并从中找出那些符合要求的候选解作为问题的解。贪婪法是一种不追求最优解，只希望得到较为满意解的方法。贪婪法一般可以快速得到满意的解，因为它省去了为找最优解要穷尽所有可能而必须耗费的大量时间。贪婪法常以当前情况为基础作最优选择，而不考虑各种可能的整体情况，所以贪婪法不要回溯。分治法是把一个复杂的问题分成两个或更多的相同或相似的子问题，再把子问题分成更小的子问题……到最后子问题可以简单地直接求解，原问题的解即为子问题的解的合并。动态规划是一种在数学和计算机科学中使用的，用于求解包含重叠子问题的最优化问题的方法。其基本思想是，将原问题分解为相似的子问题，在求解的过程中通过子问题的解求出原问题的解。动态规划的思想是多种算法的基础，被广泛应用于计算机科学和工程领域。迭代是数值分析中通过从一个初始估计出发寻找一系列近似解来解决问题（一般是解方程或者方程组）的过程，为实现这一过程所使用的方法统称为迭代法。

算法按所解决的问题可分为数值运算算法和非数值运算算法。数值运算的目的是求数值解，如求方程的根、求函数的定积分等都属于数值运算范围。由于数值运算有现成的模型，可以运用数值分析的方法，因此对数值运算算法的研究比较深入，算法比较成熟。同时，对各种数值运算都有比较成熟的算法可供选用。本节主要讨论一些简单的数值运算算法。

2.2.1 循环算法

循环算法虽然简单，但它契合计算机运算速度快的特点，让计算机去完成枯燥重复的计算，正好发挥了计算机的优势。循环算法也是其他许多算法的基础。有人说学习算法语言的关键有两点，一是掌握循环的用法，二是掌握函数的用法，这是很有道理的。

1. 一重循环

（1）经典的求和问题：1 + 2 + … + 100 = ?

解：设置一个双精度累加器 Sum 并置 0，一个整型循环变量 Time，利用一重循环即可。

```
double Sum = 0;//累加器置 0
int Time;//循环变量
int Num = 100;//终点数据,100 可修改
```

```
char TempStr[400];//输出用字符数组
for(Time =0;Time < = Num;Time + + )//循环语句(初始条件;终止条件;步长设置)
{//循环体开始
    Sum = Sum + Time;//累加
}//循环体结束
sprintf(TempStr,"1 +2 + … + %d = %.0f",Num,Sum);//把输出结果写入字符数组
AfxMessageBox(TempStr);//调用消息框函数显示字符数组的内容
exit(0);//退出
```


将上述程序放入某个框架程序的构造函数中即可，其中字符串数组 TempStr，字符串打印 sprintf 和消息框函数 AfxMessageBox 是为了适合在 Windows 下输出而设置的，参见第 4 章。

（2）求阶乘：1×2×…×5 = ?

解：类似于求和，但有一些微妙的不同，首先累乘单元 Multiple 不能置 0 而要置 1，其次循环要从 1 开始而不能从 0 开始。

```
double Multiple =1;//累乘器置1
int Time;
int Num =5;//终点数据,5 可修改,不要超过 170,否则会出现异常
char TempStr[400];
for(Time =1;Time < = Num;Time + + )
{
    Multiple = Multiple * Time;
}
sprintf(TempStr,"1 ×2 × … × %d = %.0f",Num,Multiple);
AfxMessageBox(TempStr);
exit(0);//调用消息框函数显示字符数组的内容
```

同样将上述程序放入某个框架程序的构造函数中即可。由于在 Windows 下编程输入比较复杂，故上述两程序中均未设置输入，可直接修改程序来求其他值的阶乘。

2. 二重循环

（1）向量旋转的矩阵乘法

一重循环较简单，而二重循环就要稍微动一下脑筋了。下面是以图 2-2 所示旋转变换为例的一个计算向量旋转的矩阵乘法程序：

$$x1 = x\cos\beta - y\sin\beta$$

$$y1 = x\sin\beta + y\cos\beta$$

写成矩阵形式：

$$\begin{pmatrix} x1 \\ y1 \end{pmatrix} = \begin{pmatrix} \cos\beta & -\sin\beta \\ \sin\beta & +\cos\beta \end{pmatrix} \begin{pmatrix} x \\ y \end{pmatrix}$$

程序实现：

```
//使向量旋转的函数,Vector 被旋转的向量,Metrix 空
  间旋转矩阵
```

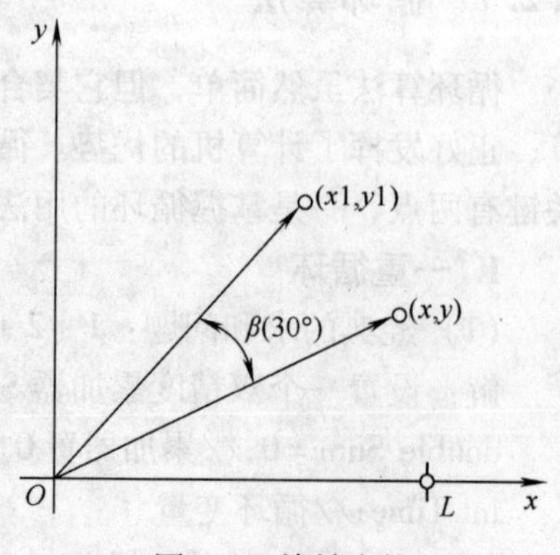

图 2-2　旋转变换

```
void TurnVector(double Vector[],double Metrix[3][3])
{
    double Sum;
    double Temp[3];
    int ii,jj;
    for(ii=0;ii<3;ii++)//行循环
    {
        Sum=0;
        for(jj=0;jj<3;jj++)//列循环
        {
            Sum=Sum+Metrix[ii][jj]*Vector[jj];
        }
        Temp[ii]=Sum;
    }
    for(ii=0;ii<3;ii++)
    {
        Vector[ii]=Temp[ii];
    }
}

//输出一个列向量
//Prompt 提示字符串,XX 要输出的列向量,NN 维数
void OutVector(char Prompt[21],double XX[],int NN)
{
    char outstr[500],tmpstr[80];
    sprintf(outstr,"%s\n",Prompt);
    for(int jj=0;jj<NN;jj++)
    {
        if(jj==NN-1)sprintf(tmpstr,"%f",(float)XX[jj]);
        else        sprintf(tmpstr,"%f,\n",(float)XX[jj]);
        strcat(outstr,tmpstr);
    }
    AfxMessageBox(outstr);
}

//输出一个矩阵
//Prompt 提示字符串,AA 要输出的矩阵,NN 行数,MM 列数
void OutArray(char Prompt[21],double AA[][3],int NN,int MM)
{
```

```
    char outstr[10000],tmpstr[1000];
    int ii,jj;
    sprintf(outstr,"%s\n",Prompt);
    for(ii=0;ii<NN;ii++)
    {
        for(jj=0;jj<MM;jj++)
        {
            if(jj==MM-1)sprintf(tmpstr,"%f",(float)AA[ii][jj]);
            else        sprintf(tmpstr,"%f,",(float)AA[ii][jj]);
            strcat(outstr,tmpstr);
        }
        if(ii!=NN-1){sprintf(tmpstr,"\n");strcat(outstr,tmpstr);}
    }
    AfxMessageBox(outstr);
}

//主函数(放在构造函数中)
CMatrixView::CMatrixView()
{
    //TODO:add construction code here
    double V1[3]={1,0,0};//被旋转的矩阵——x坐标轴方向的单位向量
    double AA[3][3]={{0.866,-0.5,0},{0.5,0.866,0},{0,0,1}};//旋转矩阵——逆
                                                              时针转30°
    OutVector("V0=",V1,3);//输出原始向量
    OutArray("AA=",AA,3,3);//输出旋转矩阵
    TurnVector(V1,AA);//进行旋转
    OutVector("V1=",V1,3);//输出旋转后的向量
    exit(0);
}
```

向量旋转的乘法的计算机界面如图2-3所示。

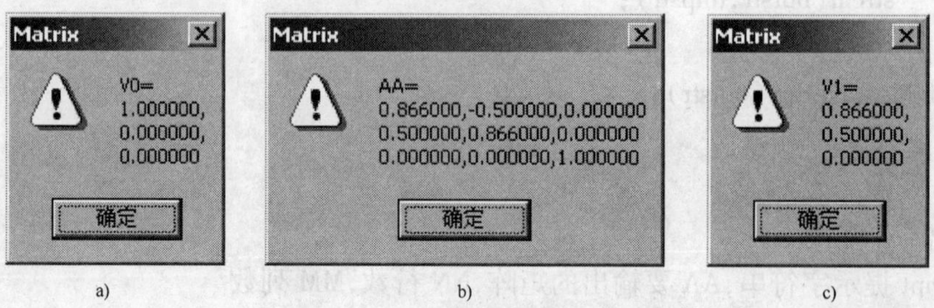

图2-3 向量旋转的矩阵乘法的计算机界面

a）原始向量 b）旋转矩阵 c）旋转后的向量

(2) 九九乘法表

在计算机屏幕上显示或向文件中输出一个阶梯形的九九乘法口诀表，是一项既有趣，又富有挑战性的编程任务。若能够不看书，自己用二重循环编出这段程序，这将不但有利于掌握二重循环，而且对格式化输出也会有一定的认识。九九乘法表的源程序如下：

```
int ii,jj;//行、列循环变量
char temp[100],multi[1000];//存放临时结果、最终结果用的一维字符数组
multi[0] = '\0';//最终结果一维字符数组“置零”
for(ii = 1;ii < =9;ii + + )//行循环(外层循环)
{
    for(jj = 1;jj < =ii;jj + + )//列循环(内层循环)
    {
        if(jj = = ii)sprintf(temp,"%2d×%2d = %2d\n",jj,ii,ii * jj);//一句口诀(换行)
        else        sprintf(temp,"%2d×%2d = %2d",jj,ii,ii * jj);//一句口诀(不换行)
        strcat(multi,temp);//把每句口诀添加入最终结果字符数组
    }
}
AfxMessageBox(multi);//调用消息框函数显示最终结果字符数组的内容
exit(0);
```

将上述程序放入某个框架程序的构造函数中即可。运行结果在消息框中输出，如图 2-4 所示。

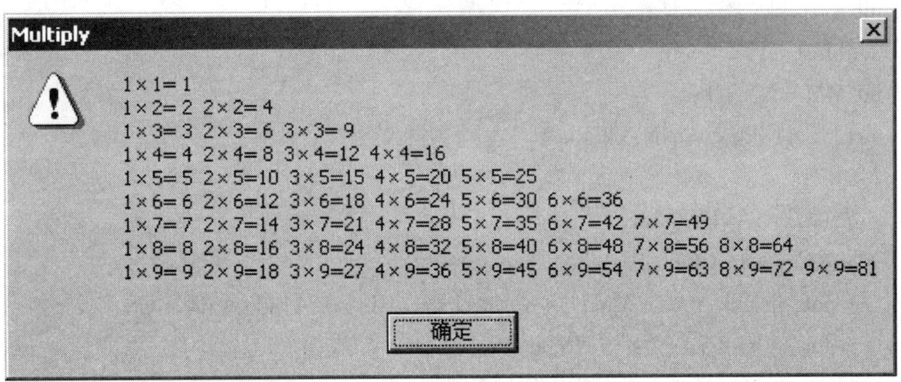

图 2-4 消息框中输出的乘法口诀表

3. 高斯消去法——三重循环

三重循环比二重循环更难一些。只有学会了三重循环，才算真正学会了循环语句。下面是一个用高斯消去法解三元一次线性方程组的程序，希望大家弄懂它。采用 3 行 4 列的增广矩阵存储方程的系数和右端的常数项。由于程序中的数组不用 0 号下标的元素，因此数组开成 4 行 5 列的。源程序如下：

```
//输出一个矩阵
//Prompt 提示字符串,AA 要输出的矩阵,NN 行数,MM 列数
```

```
void OutArray(char Prompt[21],double AA[][5],int NN,int MM)
{
    char outstr[10000],tmpstr[1000];
    int ii,jj;
    sprintf(outstr,"%s",Prompt);
    for(ii=1;ii<=NN;ii++)
    {
        for(jj=1;jj<=MM;jj++)
        {
            if(jj==MM)sprintf(tmpstr,"%f",(float)AA[ii][jj]);
            else      sprintf(tmpstr,"%f,",(float)AA[ii][jj]);
            strcat(outstr,tmpstr);
        }
            if(ii!=NN){sprintf(tmpstr,"\n");strcat(outstr,tmpstr);}
    }
    AfxMessageBox(outstr);
}
//消去,AA 增广矩阵,NN 维数
void XQ(double AA[][5],int NN)
{
    int ii,jj,kk;
    double CC;
    int MM=NN+1;
    for(kk=1;kk<=NN;kk++)
    {
        CC=AA[kk][kk];
        CC=1.0/CC;
        for(jj=kk;jj<=MM;jj++)AA[kk][jj]=AA[kk][jj]*CC;
        for(ii=kk+1;ii<=NN;ii++)
        {
            if(kk==NN)continue;
            for(jj=kk+1;jj<=MM;jj++)
                AA[ii][jj]=AA[ii][jj]-AA[ii][kk]*AA[kk][jj];
            AA[ii][kk]=0;
        }
    }
}

//回代
```

```
//AA 增广矩阵,NN 维数,MM 方程个数
void HD(double AA[][5],int NN)
{
    int ii,jj,kk;
    int MM = NN + 1;
    for(ii = NN + 1;ii <= MM;ii ++)
    {
        for(kk = NN - 1;kk >= 1;kk --)
        {
            for(jj = kk + 1;jj <= NN;jj ++)
            {
                AA[kk][ii] = AA[kk][ii]-AA[kk][jj] * AA[jj][ii];
                AA[kk][jj] =0;
            }
        }
    }
}

//嵌入某个框架程序构造函数中的调用函数:
    double AA[4][5] = {0,0,0,0,0,
        0,1.1,1.95,2.38,8.15,
        0,2.4,4.9,9.1,15.4,
        0,3.8, -3.9, -4.5,33.5};
    XQ(AA,3);
    HD(AA,3);
    OutArray("A =",AA,3,4);
```

题目:

1. 10x1 +1.95x2 +2.38x3 =8.15
2. 40x1 +4.90x2 +9.10x3 =15.4
3. 80x1 -3.90x2 -4.50x3 =33.5

结果:

1,0,0,8.328436

0,1,0,0.282325

0,0,1, -0.656224

注：数组下标从 1 开始用。为了简单起见，没有采用主元消去法。

4. 其他循环算法

不定次数的循环—条件循环，可以采用“当型”循环结构 while 或 do—while 语句实现。

在优化和迭代算法中经常用到。也可以采用条件语句控制转向语句的方式来实现，但要注意转向语句使用时的限制，不能任意地使用转向语句。

2.2.2 迭代算法

1. 确定性算法与迭代算法

有些算法属于确定性算法，其计算的步骤和次数是固定的，如解一元二次方程的公式法：$x1、x2 = [-b \pm (b*b-4*a*c)^{1/2}]/(2*a)$

另一些算法是迭代算法，其计算的步骤或次数是不固定的。

（1）赋值语句的特殊性

赋值语句不是方程，如“i=i+1;”，表示i这个变量增加1。

赋值语句的迭代功能，这里面有一个时间（或迭代次数）的概念，仍然是i=i+1；但左边的i和右边的i不是一个i，迭代次数不同，理论上相当于$i_{k+1} = i_k + 1$。

（2）迭代算法

1）三等分角度问题：这是一个几何学的问题，假如只能使用圆规和没有刻度的直尺，我们只能二等分一个角度。但是，如果无限制地做下去，那么

$$1/2 - 1/4 + 1/8 - 1/16 + 1/32 - 1/64 + 1/128 - 1/256 + \cdots$$

怎么样，只使用了二等分吧，但当n趋于无限大时，这个数列前n项的和的极限等于1/3。

2）函数值的计算问题：计算器是怎样计算数学函数值的？是用泰勒级数！计算机也一样，如

$$\sin(x) = x - x^3/3! + x^5/5! - x^7/7! + \cdots$$

（3）如何构造迭代算法

首先要找到规律，然后利用循环编程，别忘了证明这种算法是收敛的。

2. 猜数游戏

（1）猜数的题目规定

规定一个整数的范围，比如1~100，或1~1000等都可以。让游戏的一方，比如观众，选择一个数，告诉一个中间人或写下来，当然不要让猜数者看到。然后由猜数者来猜这个数，猜数者可以提各种问题，被猜者必须如实回答，如“这个数是不是50?”，“这个数是不是大于75?”，“这个数是不是小于25”等，以提问次数最少而猜到这个数者为佳。

（2）猜数的策略

显然最费事的办法是挨个问：“这个数是不是1?”，“这个数是不是2?”……一直问到“这个数是不是100?”，最多要问100次。当然如果运气好可能不需要问那么多次，但是猜1~100之间的任意数平均说来要问100/2=50次。

有没有比较省事或者说聪明一点的猜法呢？当然有，最明显的策略是二分法。比如先问“这个数是不是大于50?”，如果回答“是”，那么这个数应该在50~100之间，如果回答“否”，那么这个数应该在1~50之间，无论哪种情况都能使猜数的区间缩短为原来的一半。

接下来的事情就简单了，如果根据第一次提问的判断，这个数在50~100之间，那么第二次提问就问“这个数是不是大于75?”，如果回答“是”，那么这个数应该在75~100之

间，如果回答是“否”，那么这个数应该在 50 ~ 75 之间，又使猜数的区间缩短为原来的一半。

如此每提问一次都能使猜数的区间缩短为原来的一半，用不了几次提问，就能使被猜的数成为我们的囊中之物了。

根据表 2-1 中的数据，可以估算出猜数时提问的次数。猜 1 ~ 10 之间的数只需要提问 4 次，猜 1 ~ 100 之间的数只需要提问 7 次，而猜 1 ~ 1000 之间的数只需要提问 10 次。那么猜 1 ~ 10000 之间的数呢？也不过只需要提问 14 次而已。从这里我们还可以看到指数函数的威力，指数函数上升得非常快。

表 2-1　猜数次数估算表

幂次 n	3	4	5	6	7	8	9	10	11	12	13	14
2^n	8	16	32	64	128	256	512	1024	2048	4096	8192	16384
猜数区间长		10			100			1000				10000

（3）编程

现在我们要编一个程序，让计算机来猜数。首先需要输入被猜数所在的区间，再规定回答提问的方式，比如用按钮。为了简化程序流程，我们不妨规定只提问“这个数是不是大于某某?”，而不提问“这个数是不是小于某某?”或“这个数是不是某某?”，代价是有时需要多提问一次。当区间的长度不是偶数时二分后要取整。然后根据回答判断最后的答案。猜数游戏程序框图见图 2-5。由于程序分布在各个消息响应函数中，感觉与 DOS 下的 TC 程序不太一样。

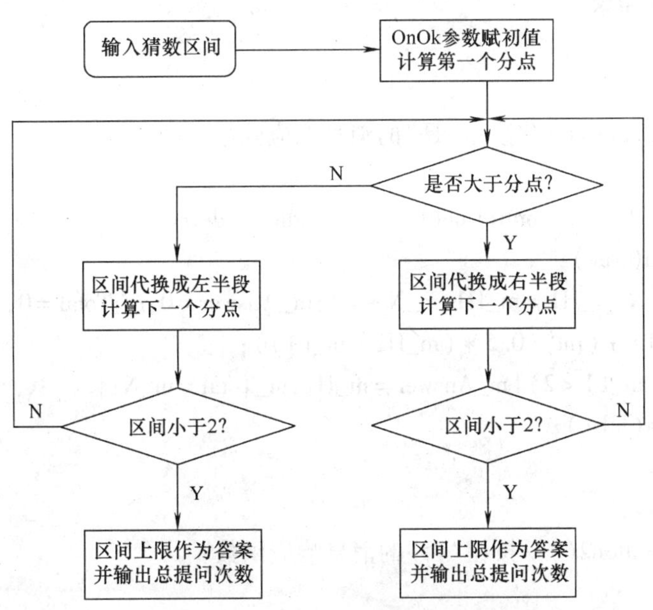

图 2-5　猜数游戏程序框图

```
DLG::DLG(CWnd * pParent/ * =NULL * /)//对话框的构造函数
    :CDialog(DLG::IDD,pParent)
```

```
{
    //{{AFX_DATA_INIT(DLG)
    m_L =0;        //原始猜数区间下限
    m_H =100;      //原始猜数区间上限
    m_X =0;        //分点
    m_L1 =0;       //当前区间下限
    m_H1 =0;       //当前区间上限
    m_N =0;        //已提问次数
    m_Answer =0;   //猜数的答案
    m_Total =0;    //总提问次数
    //}}AFX_DATA_INIT
}

void DLG::OnOK()//按钮"开始"的消息响应函数
{
    //TODO:Add extra validation here
    UpdateData(true);
    m_L1 = m_L;m_H1 = m_H;m_N = 0;m_Answer = 0;m_Total = 0;
    m_X = m_L1 + (int)(0.5 * (m_H1 - m_L1));
    UpdateData(false);
//  CDialog::OnOK();
}

void DLG::OnButton1()//按钮"是"的消息响应函数
{
    //TODO:Add your control notification handler code here
    UpdateData(true);
    m_L1 = m_X;m_H1 = m_H1;m_N + = 1;m_Answer = 0;m_Total = 0;
    m_X = m_L1 + (int)(0.5 * (m_H1 - m_L1));
    if(m_H1 - m_L1 <2){m_Answer = m_H1;m_Total = m_N;}
    UpdateData(false);
}

void DLG::OnButton2()//按钮"否"的消息响应函数
{
    //TODO:Add your control notification handler code here
    UpdateData(true);
    m_L1 = m_L1;m_H1 = m_X;m_N + = 1;m_Answer = 0;m_Total = 0;
    m_X = m_L1 + (int)(0.5 * (m_H1 - m_L1));
```

```
    if(m_H1 - m_L1 <2){m_Answer = m_H1;m_Total = m_N;}
    UpdateData(false);
```

(4) 程序界面

猜数游戏的对话框界面如图 2-6 所示。

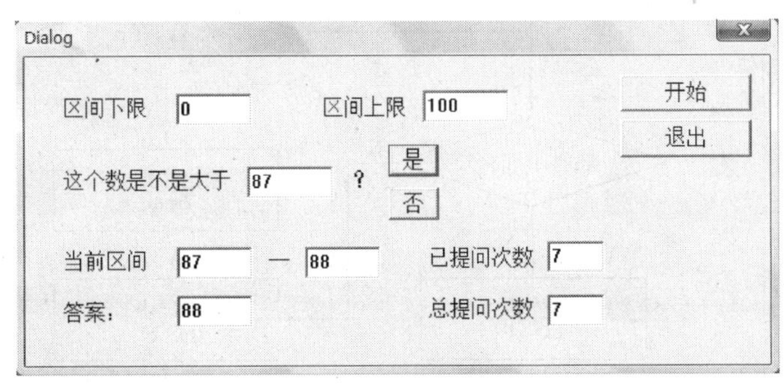

图 2-6 猜数游戏对话框界面

(5) 操作与效果

先给定猜数区间的下限和上限，然后按“开始按钮”，根据心里设定的数和第二行“这个数是不是大于某某?”的提问，按“是”或“否”的按钮来回答，接下来不断地按“是”或“否”的按钮来回答提问即可，直到计算机猜到你心里设定的那个数。看看总提问的次数是否符合表 2-1 中的估算，有时会多一次。

3. 二分法求根

(1) 问题描述

设 f (x) 在区间 [a, b] 上连续，并且 f (a) * f (b) <0，则在区间 (a, b) 内至少有一个实数 s，使 f (s) =0，设法求出这个根。该问题可以用二分法来解，对于函数 f (x) 除了连续之外没有什么其他限制，可以是非线性方程，不过只能求出一个根。

(2) 算法

1) 输入区间下限 a，区间上限 b，精度 Ep，最大迭代次数 M，令迭代次数 k =0

2) 令 k = k +1，计算 xk = (ak + bk)/2

3) 若 bk - ak≤Ep，则取 s = xk，输出结果，停止运行。否则转 4)

4) 若 f (ak) * f (xk) <0，则令 ak = ak，bk = xk。否则令 ak = xk，bk = bk

5) 若 k > M，则输出 M 次迭代不成功的信息，否则转 2)

(3) 程序框图

二分法求根程序框图如图 2-7 所示。

(4) 程序

```
DLG::DLG(CWnd * pParent/ *  = NULL * /)//对话框的构造函数
    :CDialog(DLG::IDD,pParent)
{
    //{{AFX_DATA_INIT(DLG)
    m_a =0.0;
    m_b =1.0;
```

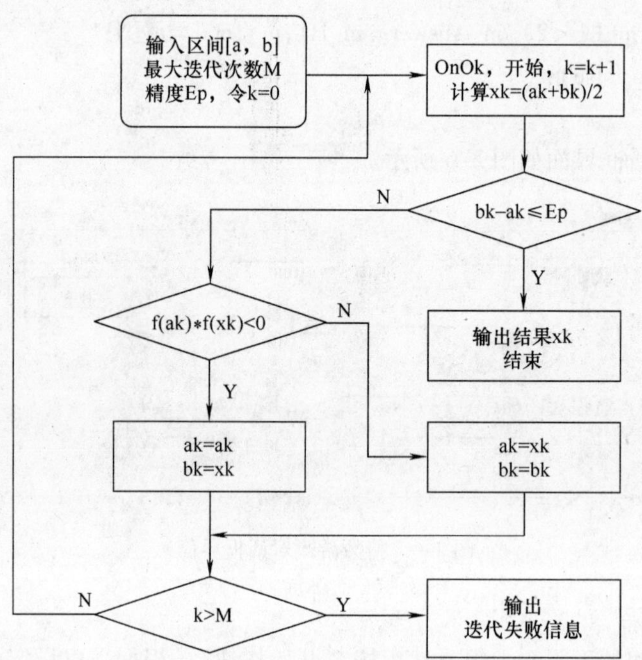

图 2-7　二分法求根程序框图

```
    m_M = 16384;
    m_Ep = 1e - 6;
    //}}AFX_DATA_INIT
}

void test( char Name[ ],double Value)//输出函数
{
    char temp[100];
    sprintf( temp,"%s%f",Name,Value);
    AfxMessageBox( temp);
}

double fx( double xx)//方程式函数
{
    double yy;
    yy = xx * xx * xx - 3.0 * xx + 1.0;
    return yy;
}

void DLG::OnOK( )//"开始"按钮的消息响应函数
{
```

```
    //TODO:Add extra validation here
    double ak,bk,xk;//定义变量
    int k;
    UpdateData(true);//读取输入数据
    ak = m_a;bk = m_b;
    if(fx(ak) * fx(bk) >0){AfxMessageBox("此区间可能无根");return;}//区间检验
    for(k =1;k < =m_M;k ++)
    {
        xk = (ak + bk)/2.0;//求二分点
        if(bk - ak <m_Ep)
        {test("方程的根是 x =",xk);test("迭代次数 k =",k);exit(0);}
        if(fx(ak) * fx(xk) <0){ak = ak;bk = xk;}//保留左半区间
        else                  {ak = xk;bk = bk;}//保留右半区间
    }
    AfxMessageBox("迭代失败");
//  CDialog::OnOK();
}
```

注：与程序框图相比增加了区间检验。

（5）输入与输出

二分法求根输入对话框和输出结果界面如图 2-8 所示。这里采用消息框输出。增加编辑框变量，直接在对话框上输出当然也是可以的。从运算结果看迭代的次数并不多，只迭代了 21 次就达到了 10^{-6}的精度。

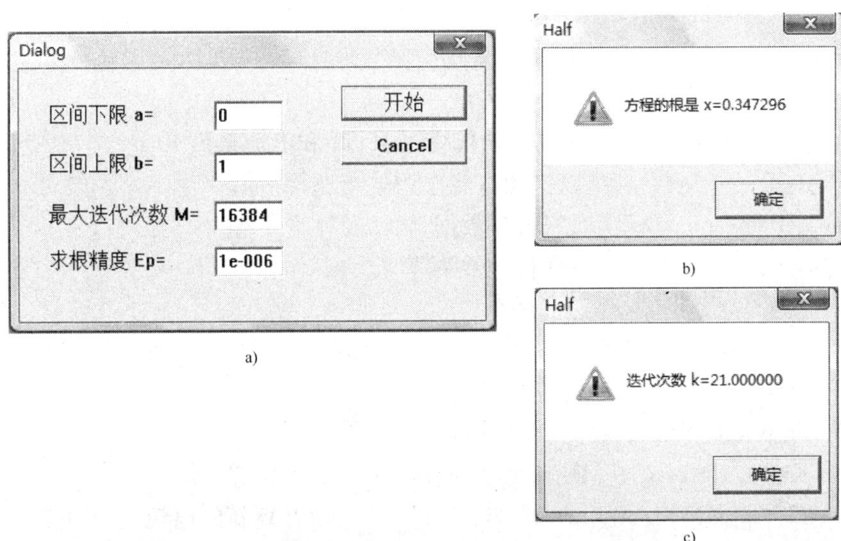

图 2-8　二分法求根输入对话框和输出结果界面

a）对话框　b）输出结果　c）迭代次数

4. 一些超越方程的迭代解法

（1）例题

某直流串励牵引电动机的扭矩-电流拟合关系式为：$M = Km\ (I - I0)\ (1 - e^{-\frac{I-I0}{Ir}})$，式中，扭矩系数 Km、空载电流 I0、饱和电流 Ir 均为常数。当已知扭矩 M 求电流 I 时是一个超越方程，无法直接解出，只能采用迭代法求解。将原关系式变换一下得：

Ki = 1/(1-exp(-(I-I0)/Ir))

I = (M/Km)Ki + I0

迭代求解时可以先任意给定一个 I 的值，如 I = 1，代入前式求出 Ki，把 Ki 代入后式求出 I，然后把新求出的这个 I 再代入前式求出一个修正的 Ki，把修正的 Ki 代入后式求出又一个 I，如此循环往复，直到所求出的 I 稳定不变为止。

（2）程序

```
DLG::DLG(CWnd * pParent/ * =NULL * /)//对话框构造函数
    :CDialog(DLG::IDD,pParent)
{
    //{{AFX_DATA_INIT(DLG)
    m_I0 =5.2;
    m_Ir =117.0;
    m_Km =0.5217;
    m_M =42.7;
    m_I =0.0;
    m_N =0;
    m_Ep =1e-6;
    //}}AFX_DATA_INIT
}
void DLG::OnOK()//计算按钮的消息响应函数
    //TODO:Add extra validation here
    double I1,I2,Ki;  //定义电流迭代变量 I1、I2 和电流系数 Ki
    I2 =m_Ir;             //以饱和电流作为电流迭代初值
    UpdateData(true);//读取编辑框数据
    m_N =0;                //迭代次数清零
    do                   //迭代循环
    {
        I1 =I2;            //电流迭代替换
        m_N =m_N +1;        //累加迭代次数
        Ki =1/(1-exp( -(I1-m_I0)/m_Ir));//计算电流系数
        I2 =m_M * Ki/m_Km +m_I0;             //计算新的电流
    }while(fabs(I2-I1) >m_Ep);           //判断终止条件
    m_I =0.5 * (I1 +I2);                   //输出电流计算值
    UpdateData(false);                   //刷新编辑框数据
```

```
//  CDialog::OnOK();
}
```

（3）对话框界面

迭代法求电流的对话框界面如图 2-9 所示。

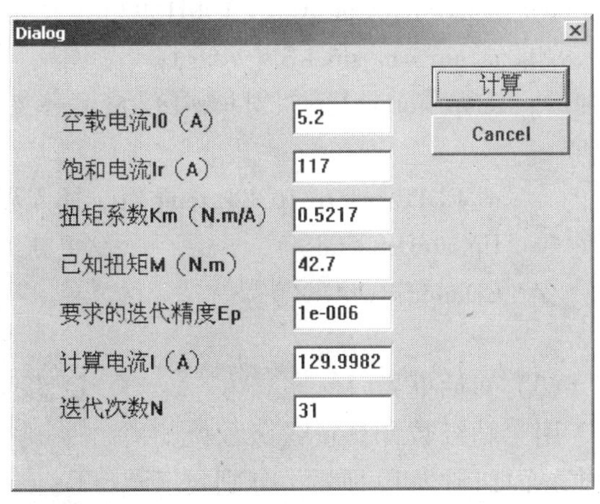

图 2-9　迭代法求电流的对话框界面

（4）注意事项

迭代算法首先要保证迭代式是收敛的。其次迭代的初值有时也会影响迭代的收敛性。如本例中电流迭代的初值不能小于空载电流 I0，否则会经过一个被 0 除的奇异点使迭代失败。

5. 计算数学函数值的泰勒级数

对于数学函数，如三角函数、取对数、开平方、开立方等，我们已经非常熟悉了。初中时，可以通过查数学用表得到这些数学函数的函数值。高中时，学生都喜欢用计算器来计算函数值。大学时，可以编程序直接调用标准函数或库函数来得到函数值。但是，这些数学函数的函数值究竟是怎样计算出来的？答案其实很简单，是用泰勒级数计算出来的。无论是数学用表中的数据，还是库函数的实现，都离不开泰勒级数的逐项计算。下面，用一个实例看一看函数值究竟是怎样计算出来的。

（1）题目

只用加减乘除四则运算，计算正弦函数的函数值。

根据泰勒级数（幂级数）的展开公式：sin（x）= x/1 - x3/3！ + x5/5！ - x7/7！ + …，采用迭代法计算。

（2）程序

定义了 6 个全局变量。把 OK 按钮改造成“下一步”按钮，每按一次计算级数的一项，并累加到函数值上去。采用分布计算阶乘。用一个大编辑框显示运算结果。向编辑框输出字符时“\r\n”表示回车换行。

```
double Alfa;      //保存 x^N
int N = -1;       //保存次方数 N,N = 1、3、5、7…
int S = -1;       //正负号
double J = 1.0;   //保存阶乘 J = N!
CString temp;     //输出用临时字符串

void DLG::OnOK()//下一步按钮的消息响应函数
{
    //TODO:Add extra validation here
    UpdateData(true);//读取编辑框变量值
    N = N + 2;//次方数 N 增加 2
```

```
        S = -S;   //正负号改变
        if(N == 1)J = 1;else J = J * (N - 1) * N;         //分步计算阶乘
        Alfa = pow(m_Alfa * 3.1415926/180.0,N);//计算 x 的 N 次方
        m_sin = m_sin + S * Alfa/J;                       //累加
        temp.Format("y%2d = %18.15f,dy = %18.15f\r\n",N,m_sin,S * Alfa/J);//输出到临
                                                                          时字符串
        m_EDIT.Insert(16384,temp);//插入到编辑框窗口
        UpdateData(false);              //更新编辑框窗口
//      CDialog::OnOK();
    }
```

（3）对话框界面

用泰勒级数计算正弦函数值的对话框界面如图 2-10 所示。分别定义双精度型 m_Alfa 代表自变量的角度值，以度为单位，m_sin 存放函数值，添加一个大编辑框用来显示运算结果，定义成 CString 变量 m_EDIT。在大编辑框属性 Properties 的 Styles 页中选中 Multi-line、Horizontal scroll、Auto Hscroll、Vertical scroll、Auto VScroll 这 5 个选项会出现相应的滚动条并能滚动。

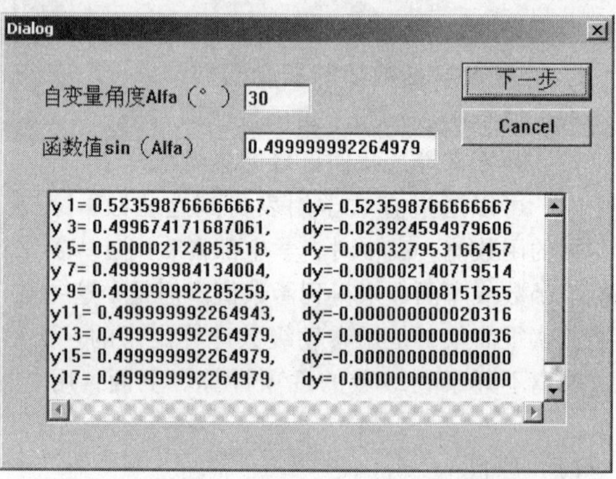

图 2-10　用泰勒级数计算正弦函数值的对话框界面

2.2.3　数值算法

1. 数值算法的意义

定积分有很广泛的用途，但是许多函数属于所谓积不出的函数，因此研究积分的数值计算方法很有必要。包括许多微分方程也往往采用数值解法。

2. 数值积分

根据定积分的几何意义，积分其实就是计算 $y = f(x)$ 从 $x = a$ 到 $x = b$ 这一段曲线下的面积如图 2-11 所示。我们可以用求和的式子近似代替定积分：

$$F(x) = \sum_{x=a}^{b} f(x) \cdot \Delta x$$

（1）矩形法

取矩形右边的高（函数值）计算面积（见图 2-12）：

$$F(x) = \sum_{x=a}^{b-\Delta x} f(x + \Delta x) \cdot \Delta x$$

（2）梯形法

取曲边梯形左边的高（函数值）和右边的高（函数值）的平均值来计算面积，精度会高一些，如图 2-13 所示。

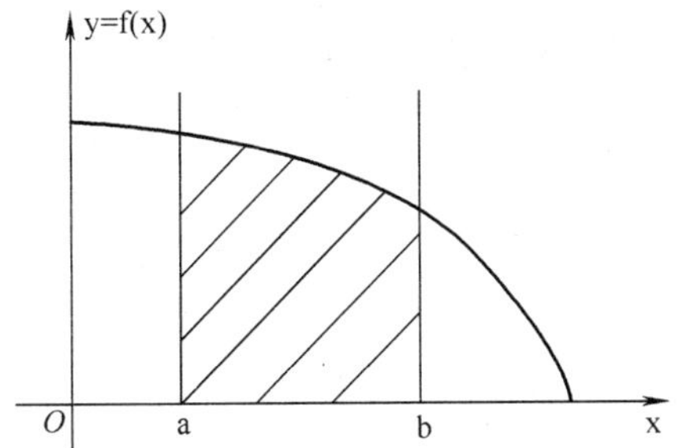

图 2-11 数值积分相当于求面积

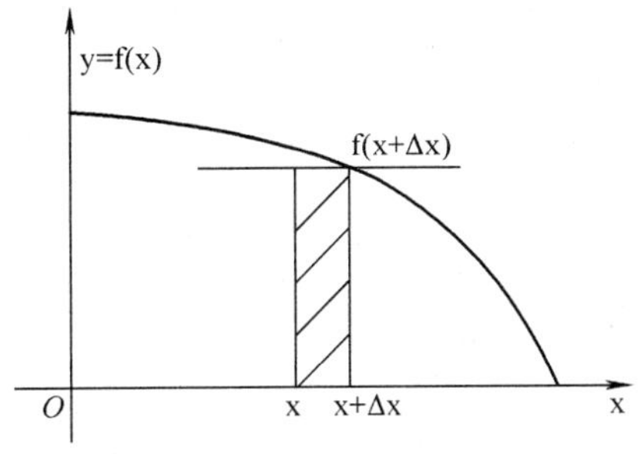

图 2-12 矩形法数值积分

$$F(x)=\sum_{x=a}^{b-\Delta x}0.5*[f(x)+f(x+\Delta x)]\cdot\Delta x$$

(3) 抛物线法

用二次多项式（抛物线）模拟一小段曲线，根据辛普森公式（见图 2-14）：

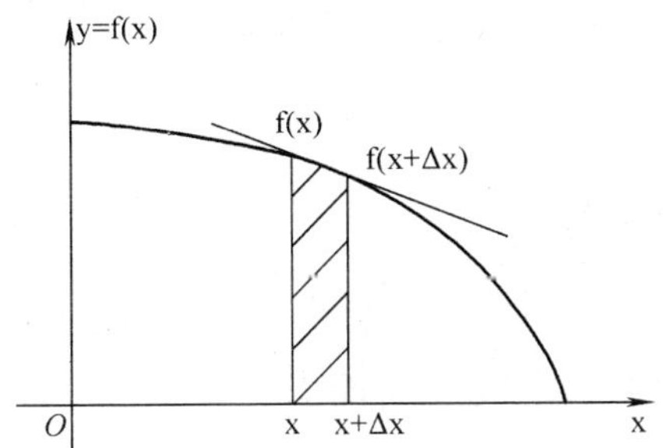

图 2-13 梯形法数值积分

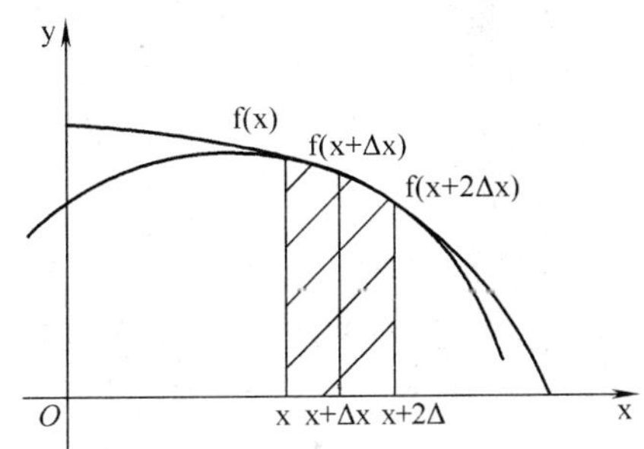

图 2-14 抛物线法数值积分

$$F(x)=\sum_{x=a}^{b-2\Delta x}(1/6)[f(x)+4f(x+\Delta x)+f(x+2\Delta x)]\cdot 2\Delta x$$

(4) 数值积分例题

为了验证算法，我们不妨用一个积得出的函数 $y=f(x)=\cos(x)$ 试一下：

$$F(x)=\int_a^b f(x)\,dx=\int_a^b \cos(x)\,dx=\sin(x)\Big|_a^b=\sin(b)-\sin(a)$$

从 0°积到 90°，答案应该是 1。

(5) 数值积分程序

```
DLG::DLG(CWnd * pParent/ * =NULL * /)//对话框构造函数
    :CDialog(DLG::IDD,pParent)
{
    //{{AFX_DATA_INIT(DLG)
    m_a =0.0;   //积分下限
    m_b =90.0;//积分上限
    m_d =1e-3;//积分步长
    m_F =0.0;   //积分结果
```

```
    //}}AFX_DATA_INIT
}

double fx(double x)//被积函数
{
    double y;
    y = cos(x * 3.1415926/180.0);
    return y;
}
```

1）矩形法数值积分的程序

```
void DLG::OnOK()//"开始积分"按钮的消息响应函数
{
    //TODO:Add extra validation here
    UpdateData(true);   //取编辑框数据
    double x = m_a;         //定义积分变量 x
    m_F = 0;                //累加器清零
    while(x <= m_b-m_d)//积分循环
    {
        x = x + m_d;        //前进一步
        m_F = m_F + fx(x) * m_d * 3.1415926/180.0;//累加微面积
    }
    UpdateData(false);//刷新编辑框数据
//  CDialog::OnOK();
}
```

2）梯形法数值积分的程序

```
void DLG::OnOK()//"开始积分"按钮的消息响应函数
{
    //TODO:Add extra validation here
    UpdateData(true);   //取编辑框数据
    double x = m_a;         //定义积分变量 x
    double y1,y2;       //定义函数值迭代变量
    m_F = 0;                //累加器清零
    while(x <= m_b-m_d)//积分循环
    {
        y1 = fx(x);         //曲边梯形左边的高(函数值)
        x = x + m_d;        //前进一步
        y2 = fx(x);         //曲边梯形右边的高(函数值)
        m_F = m_F + 0.5 * (y1 + y2) * m_d * 3.1415926/180.0;//累加微面积
    }
```

```
    UpdateData(false);//刷新编辑框数据
//  CDialog::OnOK();
}
```

注意：y2 的数值在下一次循环当中变成 y1，可以循环重复使用，避免增加调用函数的次数。在这里为了保持程序的可读性没有这样做。

3）抛物线法数值积分的程序

```
void DLG::OnOK()//"开始积分"按钮的消息响应函数
{
    //TODO:Add extra validation here
    UpdateData(true);  //取编辑框数据
    double x = m_a;         //定义积分变量 x
    double y1,y2,y3;  //定义函数值迭代变量
    m_F = 0;                //累加器清零
    while(x < = m_b-2.0 * m_d)//积分循环
    {
        y1 = fx(x);         //曲边梯形左边的高(函数值)
        x = x + m_d;         //前进一步
        y2 = fx(x);         //曲边梯形中间的高(函数值)
        x = x + m_d;         //再前进一步
        y3 = fx(x);         //曲边梯形右边的高(函数值)
        m_F = m_F + (1.0/6.0) * (y1 + 4.0 * y2 + y3) * 2.0 * m_d * 3.1415926/
    180.0;//累加微面积
    }
    UpdateData(false);//刷新编辑框数据
//  CDialog::OnOK();
}
```

注意：y3 的数值在下一次循环当中变成 y1，可以循环重复使用，避免增加调用函数的次数。在这里为了保持程序的可读性没有这样做。

（6）程序界面及运行结果

矩形法、梯形法、抛物线法数值积分的运算结果分别见图 2-15、图 2-16 和图 2-17。

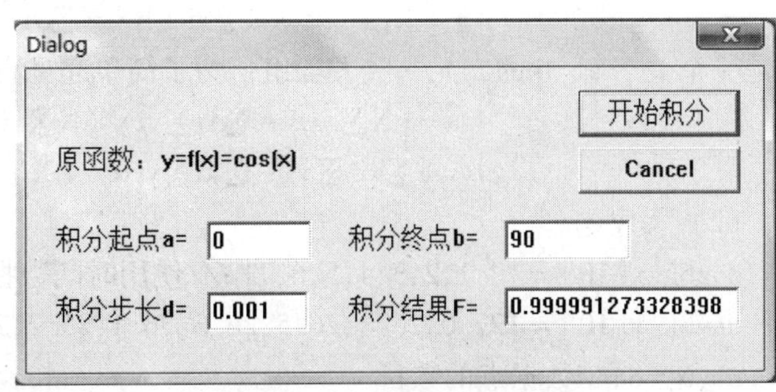

图 2-15　矩形法数值积分运算结果

从图 2-15 矩形法的运算结果可以看出与理想的积分结果 1 相比，精度为 5 个 9。而从图 2-16 梯形法的运算结果可以看出精度为 9 个 9，可见梯形法的运算精度确实比矩形法要高。至于图 2-17 抛物

线法的运算精度也是 9 个 9，那是因为例题的原因偶然造成的，其实抛物线法的运算精度要比梯形法高得多。另外抛物线法的积分微区间扩大了一倍，在积分终点处可能放弃一个积分微区间，所产生的误差也会加大。(可以采用划分区间求步长而不是预先设定步长的方式避免)

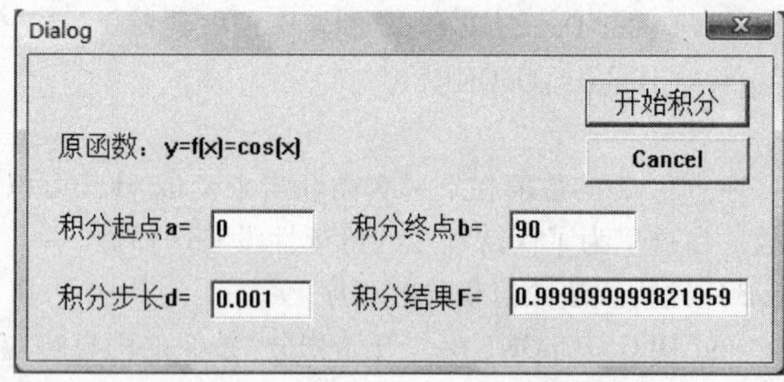

图 2-16　梯形法数值积分运算结果

另一个需要注意的问题是积分步长的选择。从数学的角度看，积分就是求和的式子当 Δx 趋于零时的极限，积分步长应该越小越精确。但是积分步长不能太小，一方面积分步长太小会造成计算量过大，运算时间太长。另一方面积分步长太小会使积分微区间的面积太小，产生较大的舍入误差。微面积小到一定的程度，计算机将无法表达，即产生所谓的“下溢出”。

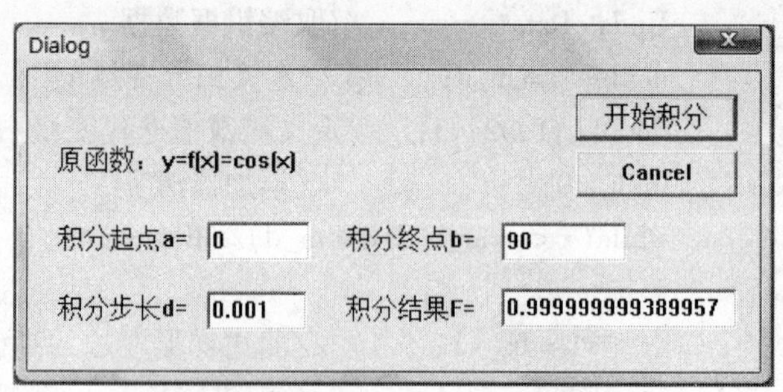

图 2-17　抛物线法数值积分运算结果

3. 最小二乘法直线拟合

(1) 问题与公式

对于如表 2-2 所示刀具磨损的实验数据呈线性关系，可以拟合成直线 $y = f(x) = ax + b$。现在的问题是如何确定系数 a 和 b 使误差最小。误差采用各点试验数据与理论拟合曲线计算值的误差平方和。该误差是参数 a 和 b 的二元函数。根据多元函数极值原理，需要其两个偏导数为零。根据最小二乘法的原理，应满足正规方程组：(N 是数据点的数目)

表 2-2　刀具磨损实验数据

使用时间 x (h)	0	1	2	3	4	5	6	7
刀具厚度 y (mm)	27.0	26.8	26.5	26.3	26.1	25.7	25.3	24.8

$$a\sum xi^2 + b\sum xi = \sum yixi$$
$$a\sum xi + bN = \sum yi$$

这是一个关于 a、b 的二元一次方程组，为了简单起见直接用行列式解法，有：

$$a = (N\sum xiyi - \sum xi\sum yi)/(N\sum xi^2 - (\sum xi)^2)$$
$$b = (\sum xi^2\sum yi - \sum xi\sum yixi)/(N\sum xi^2 - (\sum xi)^2)$$

(2) 程序

```
double x[10] = {0,1,2,3,4,5,6,7};//使用时间数据
double y[10] = {27.0,26.8,26.5,26.3,26.1,25.7,25.3,24.8};//刀具厚度数据
int N = 8;//数据点的数目

void DLG::OnOK()//“开始拟合”按钮的消息响应函数
```

```
{
    //TODO:Add extra validation here
    int i;//定义循环变量
    double sumx =0,sumx2 =0,sumy =0,sumxy =0;//定义各累加项并置零
    double D,Dx,Dy;  //定义各行列式的值
    CString temp;     //输出用临时字符串
    UpdateData(true);//取编辑框数据
    m_Text.Empty();  //清空文本输出编辑框窗口
    for(i =0;i < N;i + + )//累加循环
    {
        sumx = sumx + x[i];          //计算 x 累加项
        sumx2 = sumx2 + x[i] * x[i];//计算 x * x 累加项
        sumy = sumy + y[i];          //计算 y 累加项
        sumxy = sumxy + x[i] * y[i];//计算 x * y 累加项
        temp.Format("x% d = % f,y% 2d = % f\r\n",i,x[i],i,y[i]);//输出到临时字
                                                                   符串
        m_Text.Insert(16384,temp);//插入到编辑框窗口
    }
    D = N * sumx2- sumx * sumx;          //计算主行列式的值
    Dx = N * sumxy- sumx * sumy;        //计算 x 行列式的值
    Dy = sumx2 * sumy- sumx * sumxy;//计算 y 行列式的值
    m_a = Dx/D;m_b = Dy/D;              //计算系数 a、b 的值
    UpdateData(false);              //更新编辑框窗口
//  CDialog::OnOK();
}
```

(3) 程序界面与计算结果

双精度编辑框变量 m_a——系数 a。双精度编辑框变量 m_b——系数 b。CString 型编辑框变量——拉大成窗口，显示实验数据用。在大编辑框属性 Properties 的 Styles 页中选中 Multiline。

最小二乘法直线程序运行界面见图 2-18。

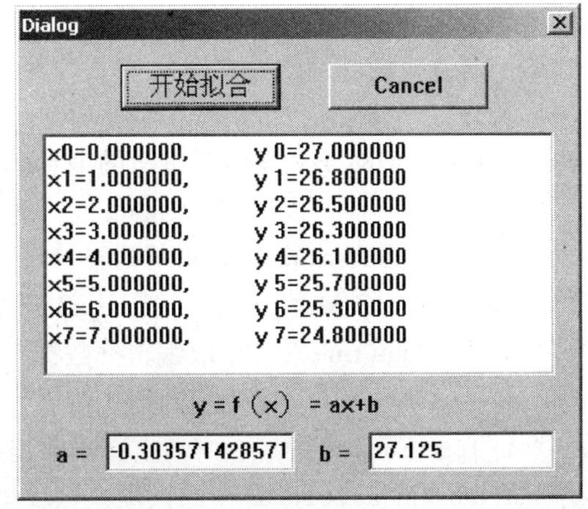

图 2-18 最小二乘法直线拟合程序运行界面与计算结果

4. 数值计算的精度

(1) 数值计算要注意的问题

1) 注意问题和计算方法的收敛性。虽然工程上的问题本身一般是收敛的，但仍然要注意选择合适的方法，加快运

算速度，保证运算精度。

2）注意保护运算精度。计算机存储数据的字长是有限的，因而不可避免地会产生舍入误差。应选用合适的算法，减小舍入误差的影响，控制舍入误差的传播和放大，保证数值计算的稳定性。

（2）保护运算精度的方法

1）在解线性方程组时，采用列主元高斯消去法或全主元高斯消去法。

2）数值积分时的分点不要过细，以免产生所谓“下溢出”。

3）要尽量避免两个相近的近似值相减，以免严重损失有效数字。

4）除法运算中，要尽量避免除数的绝对值远远小于被除数的绝对值。

5）合理变换公式，避免特殊点造成计算异常。比如应避免出现“0/0”型的计算，而应该通过调整计算公式，直接给出该比值的极限。

（3）解一元二次方程公式法的改进

一元二次方程当具有两个实根时，它们分别是：

$x1 = (-b + (b*b - 4*a*c)^{1/2})/(2*a)$;

$x2 = (-b - (b*b - 4*a*c)^{1/2})/(2*a)$;

这里就有可能出现两个相近的近似值相减，而严重损失有效数字的情况。应该根据一次项系数 b 的正负，先计算出绝对值大的那个实根，比如当 b > 0 时，先计算出 x2，再利用韦达定理 x1 * x2 = c/a，求出另一个实根 x1 = (c/a)/x2。

（4）程序的简化

在数值计算的过程中，我们关注的其实只是数值，而不是要推导公式，因此对于那些需要经过许多步骤才能得到结果的计算，只要分步计算出数值即可，不必推导完整的公式。有时设置一些存放中间结果的变量，用中间结果来计算最后结果，比直接用原始数据来计算最后结果能使程序简洁明了，富有层次感。

太长的赋值语句可以从加号或减号处分成两行或多行书写，C 和 C++ 语言是不需要续行标记的。也可以写成累加的形式。

5. 解一元二次方程

这虽然是一个经典的问题，但如果考虑实根、虚根、a = 0 等各种情况，还是具有一定挑战性的，值得一做。

（1）程序

```
void DLG::OnOK()//"求解"按钮的消息响应函数
{
    //TODO:Add extra validation here
    double x1,x2,xb;  //定义根 x1,x2 和存放虚部的变量 xb
    UpdateData(true);  //取编辑框数据
    m_d = 0;              //判别式清零
    m_Text.Empty();       //清空文本输出编辑框窗口
    if(fabs(m_a) < 1e-6)//二次项系数 a = 0 的情况
    {
        if(fabs(m_b) < 1e-6)m_Text.Format("无解");//a = 0,b = 0 的情况
```

```
        else//退化为一次方程的情况
        {
            x1 =- m_c/m_b;
            m_Text.Format("x = %f",x1);
        }
    }
    else//正常二次方程的情况
    {
        m_d = m_b * m_b-4.0 * m_a * m_c;
        if(fabs(m_d) <1e-6)//两个相等的实根情况
        {
            x1 =- m_b/(2.0 * m_a);
            m_Text.Format("x1 = x2 = %f",x1);
        }
        else if(m_d >0)//实根的情况
        {
            if(m_b >0){x2 =( -m_b- sqrt(m_d))/(2.0 * m_a);x1 =(m_c/m_a)/x2;}
            else   {x1 =( -m_b + sqrt(m_d))/(2.0 * m_a);x2 =(m_c/m_a)/x1;}
            m_Text.Format("x1 = %f\r\nx2 = %f",x1,x2);
        }
        else//虚根的情况
        {
            x1 =- m_b/(2.0 * m_a);
            xb = sqrt( -m_d)/(2.0 * m_a);
            m_Text.Format("x1 = %f + %f i\r\nx2 = %f- %f i",x1,xb,x1,xb);
        }
    }
    UpdateData(false);//更新编辑框窗口
//  CDialog::OnOK();
}
```

(2) 界面

解一元二次方程程序的对话框界面如图2-19所示。

(3) 考核用例题

解一元二次方程例题见表2-3。

表2-3 解一元二次方程例题

序 号	二次项系数a	一次项系数b	常数项c	判别式d	根的情况	备 注
1	0	0	1	0		无根
2	0	1	2	0	x = -2	退化为一次方程

（续）

序　号	二次项系数 a	一次项系数 b	常数项 c	判别式 d	根 的 情 况	备　注
3	1	−5	6	4	x1 = 3，x2 = 2	两个实根
4	1	2	1	0	x1 = x2 = −1	两个相等的实根
5	1	2	5	−16	x1 = −1 + 2i，x2 = −1 − 2i	两个虚根

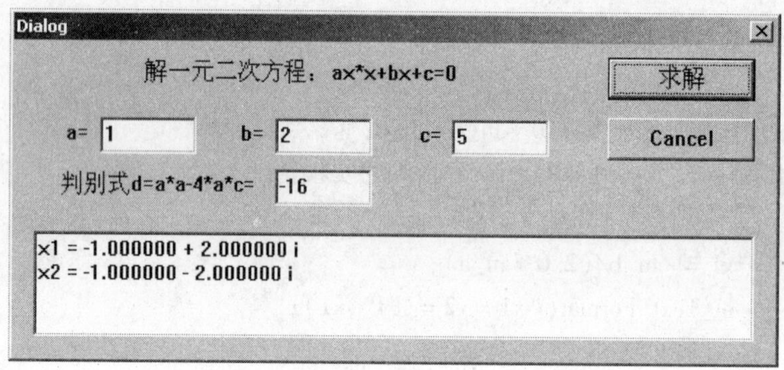

图 2-19　解一元二次方程程序的对话框界面

2.3　非数值运算算法中的排序算法

非数值运算包括的范畴十分广泛，最常见的是用于事务管理领域。目前，计算机在非数值运算方面的应用远远超过了在数值运算方面的应用。非数值运算的种类繁多、要求各异，难以规范化，因此目前只对一些典型的非数值运算算法（如排序算法）进行了比较深入的研究。

给某种数据排序，是经常遇到的一个问题，在数据库、电子表格中进行排序只是举手之劳，但排序究竟是怎样实现的，从算法的角度研究一下还是很有意义的。

1. 排序的目的

首先，排序的基础是被排序的对象具有有序性，比如数字。无序的内容若要排序则必须先赋予它某种顺序，比如姓名可以按其 ASCII 码的大小来排序。

其次，排序的目的是为了加快查找的速度。设想一下，如果我们手里教科书的页码是随机排列的，要找到特定的某一页码岂不是要翻遍整本书？

2. 排序算法

排序的算法有许多种，常用的有选择排序，插入排序，交换排序等。常用的冒泡排序属于交换排序。

3. 冒泡排序（气泡浮起法）

（1）人工排序的过程

为了了解算法，便于理解编程，我们对序列（3，8，5，9，7，6，2，4，10，1）进行冒泡法人工排序。排序过程见表 2-4。

从排序的过程中可以看出，每进行一次扫描，能使未排序序列中最大的那个数“沉底”（似乎应该叫“石头沉底法”），N 个数一共需要进行 N-1 次扫描，第一次扫描需要比较 N-1 次，每次扫描序列的长度递减。实现真正的“冒泡”也不难，“自底向上”地扫描即可。

表 2-4 冒泡排序的过程

序号	第1次扫描		第2次扫描		第3次扫描		第4次扫描		第5次扫描		第6次扫描		第7次扫描		第8次扫描		第9次扫描		结果
1	3		3		3		3		3		3	换	2		2		2	换	1
2	8	换	5		5		5		5	换	2		3		3	换	1		2
3	5		8	换	7	换	6	换	2	换	4		4	换	1		3		3
4	9	换	7	换	6	换	2	换	4		5	换	1		4		4		4
5	7	换	6	换	2	换	4		6	换	1		5		5		5		5
6	6	换	2	换	4		7	换	1		6		6		6		6		6
7	2	换	4		8	换	1		7		7		7		7		7		7
8	4		9	换	1		8		8		8		8		8		8		8
9	10	换	1		9		9		9		9		9		9		9		9
10	1		10		10		10		10		10		10		10		10		10

注：表中的“换”表示比下一个数大，需要交换。

（2）排序函数

```
void SortNum(double aa[],int Num)//aa存放排序前后序列的一维数组,Num数据个数
{
    double temp;
    for(int ii=0;ii<Num-1;ii++)          //需要扫描Num-1次
    {
        for(int jj=0;jj<Num-1-ii;jj++)//需要比较Num-1-ii次
        {
            if(aa[jj]>aa[jj+1])          //比较,如果比下一个数大,则与下一个数交换
            {
                temp=aa[jj];          //把本下标变量中的数存入临时变量
                aa[jj]=aa[jj+1];      //在本下标变量中存入下一个下标变量中的数
                aa[jj+1]=temp;      //把刚才存入临时变量的数放到下一个下标变量中
            }
        }
    }
}
```

（3）输出一个列向量的函数

```
//输出一个列向量
//Prompt提示字符串,XX要输出的列向量,NN维数
void OutVector(char Prompt[21],double XX[],int NN)
{
    char outstr[500],tmpstr[80];
    sprintf(outstr,"%s\n",Prompt);
```

```
    for(int jj =0;jj < NN;jj ++)
    {
        if(jj == NN-1)sprintf(tmpstr,"%f",(float)XX[jj]);
        else          sprintf(tmpstr,"%f,\n",(float)XX[jj]);
        strcat(outstr,tmpstr);
    }
    AfxMessageBox(outstr);
}
```

（4）调用

把上述排序函数和输出一个列向量的函数放到 * View. cpp 中的构造函数之前，在构造函数中输入下列语句：

```
double AA[10] = {3,8,5,9,7,6,2,4,10,1};
OutVector("AA =",AA,10);
SortNum(AA,10);
OutVector("AA =",AA,10);
```

第3章

软件工程学简介

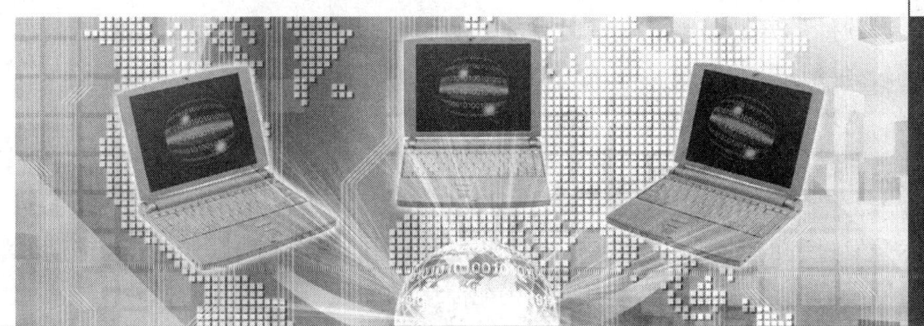

3.1 软件工程学的目的意义

1. 软件危机

20世纪60年代末以后，“软件危机”这个词频繁出现。所谓软件危机有广义和狭义之分。广义的软件危机是指从宏观和社会发展的角度看，软件开发存在的问题。具体表现为：

（1）软件的发展速度慢

计算机硬件的发展速度快，大规模集成电路的生产由于采用了光刻技术，成本降低、生产速度加快、质量有保证。计算机硬件的发展符合摩尔定律：集成电路芯片上所集成晶体管的数目、CPU的运算速度、内存和硬盘的容量，每18个月翻一番，而价格基本不变甚至有所下降。而软件的发展速度较慢，受到人工编制软件的制约，速度慢，形成软件瓶颈。

（2）大型软件开发失败的教训

大型软件的开发屡屡不能按时完成，费用超标，每次修改后产生的错误远远多于纠正的错误，最终导致开发失败。

例如，IBM公司的OS/360系统，共约100万条指令，花费了5000多个人年：经费达数亿美元，而结果却令人沮丧，错误多达2000个以上，系统根本无法正常运行。每次修改后的新版本都平均存在约1000个错误，引起用户强烈不满。该项目的负责人F・D・Brooks这样描述开发过程的困难和混乱：“像巨兽在泥潭中作垂死挣扎，挣扎得越猛，泥浆就沾得越多，最后没有一个野兽能够逃脱淹没在泥潭中的命运。”

（3）软件的商品化

软件日益成为一种产品，作坊式的生产越来越不能适应软件作为商品的要求。需要系统化地解决软件开发问题。

狭义的软件危机是泛指在计算机软件的开发和维护过程中所遇到的一系列严重问题。实际上，几乎所有的软件都不同程度地存在这些问题。

具体地说，主要表现在以下几个方面：

1）增长的软件需求得不到满足，用户对系统不满意的情况时常发生。

2）软件开发成本和进度无法控制。开发成本超出预算，开发周期经常超过规定日期。

3）软件质量难以保证。

4）软件不可维护或维护程度非常低。

5）软件开发成本不断提高。

6）软件开发生产率的提高赶不上硬件的发展和应用需求的增长。

分析导致软件危机的原因，宏观方面是由于软件日益深入社会生活的各个层面，软件需求的增长速度大大超过了技术进步带来的软件生产率的提高。而就每一项具体的工程任务来看，许多困难来源于软件工程所面临的任务和其他工程的任务之间的差异以及软件和其他工业产品的不同。

2. 软件质量

不论什么产品，质量都是极端重要的。软件与其他产品一样，产品的价值取决于它的质量。软件产品生产周期长，耗资巨大，更要特别注意保证质量，确保系统开发成功。

首先，要破除神秘感。在计算机应用的初期，人们觉得计算机的精度高，打印出来的数据比手写的数据可靠。其实计算机出错的环节很多：算法在特殊情况下的错误、输入数据的错误、现有程序排版打印的错误、录入的错误等。

其次，软件的质量要靠管理、靠规则、靠文档来保证。没有质量保证的软件只是数字垃圾。而软件的质量必须“可核查”，必须有软件文档（类似于产品图样）、计算过程，否则无法核查，也就谈不上什么质量。

最后，要建立全生命周期质量的概念。软件不是一劳永逸的产品，软件是需要维护、升级的产品。不论是作为操作系统的 Windows，还是 AutoCAD、Solidworks 等图形支撑软件，以及各种杀毒软件，哪个不是经常升级换代、补丁一大堆？

目前人们对软件开发项目提出的要求，往往只强调系统必须完成的功能、应该遵循的进度计划以及生产这个系统花费的成本，却很少注意在整个生存周期中软件系统应该具备的其他一些质量标准，例如可维护性等。这种做法的后果是，许多系统的维护费用非常高，为了把系统移植到另外的环境中，或者是系统和其他系统配合使用（接口），都必须付出很高的代价。虽然软件质量是难于定量度量的属性，但是仍然能够提出许多重要的软件质量指标。

国际标准化组织（ISO）于 1985 年提出了一个质量度量模型。它由高、中、低三个层次组成，并对高、中层建立了国际标准，低层由用户自行制定。下面简要介绍其高层模型。在这个高层模型中，质量因素由八个元素组成，即

1）正确性：程序满足规范书写及完成用户目标的程度。

2）可靠性：程序在所需精度下完成其功能的期望程度。

3）效率：软件完成其功能所需的资源。

4）安全性：对未经许可人员接近软件或数据所施加的控制程度。

5）可使用性：人员学习操作软件、准备输入和解释输出所需的努力。

6）可维护性：在需求变更时，更改软件或弥补软件缺陷的容易程度。

7）灵活性：改变一个操作程序所需的努力。

8）连接性：与其他系统耦合所需的努力。

从以上八个要素可以得出，只要满足了高层模型的质量要求，中、低层模型的质量要求自然得到保证。而要保证软件的质量，主要通过技术审查、管理复审、测试等措施来完成。

3. 团队开发

早期的软件主要由个人或一个小团体以软件作坊的形式开发，所有的设计思路都在一个人或几个人的脑子里。由于参与人少，因此沟通也比较方便。随着软件规模的不断增大，需要更多的人员参加开发工作，这就产生了信息沟通和团队合作问题，以及由于个别成员甚至核心成员跳槽而影响开发工作进程，以及新的团队成员如何快速接手工作等一系列问题。于是对软件文档的需求出现了。

4. 开发模型

软件开发的目标就是在规定的投资和时间限制内，开发出符合用户需求的高质量软件。软件开发是一种高智力的活动，必须用软件工程的方法和技术来指导软件开发的全过程。软件开发过程模型对软件工程的发展和软件产业的进步，起到了不可估量的积极作用。软件开发过程模型主要有两类，即瀑布模型和渐增模型。

（1）瀑布模型

瀑布型开发模型遵循软件生命期的划分，明确规定每个阶段的任务。瀑布型开发模型的

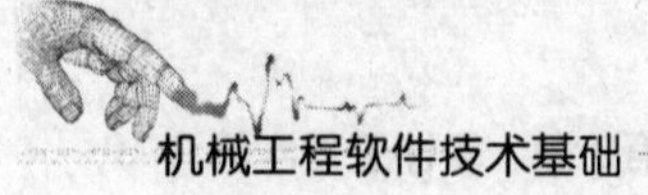

阶段划分和开发过程如图3-1所示。这个模型表明，在生存期中，对应于下落流线，任何一个软件都要按顺序经历6个步骤，如同瀑布流水，逐级下落。同时，为了确保软件产品的质量，每个步骤完成以后都要进行复查，如果发现了问题就应返回到上一级修改。这就构成了图中的向上流线。

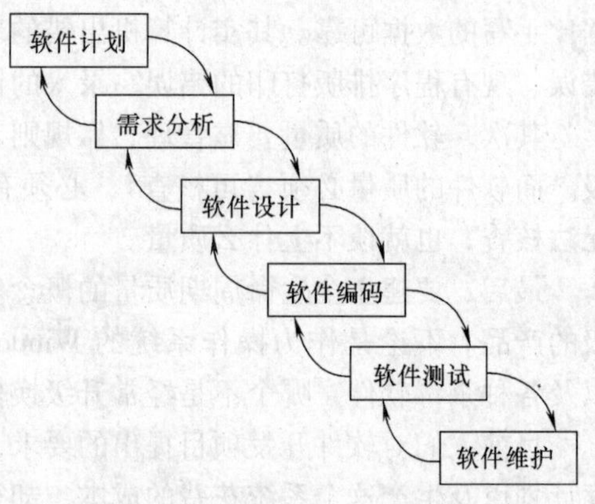

图3-1　瀑布型开发模型

瀑布型开发模型适合于在软件需求比较明确、开发技术比较成熟、工程管理比较严格的场合下使用。各种应用软件的开发均可使用此法。

（2）渐增模型

与瀑布模型不同，渐增型开发模型不要求从一开始就有一个完整的软件需求定义。常常是用户自己对软件需求的理解还不甚明确，或者讲不清楚。渐增型开发模型允许从部分需求定义出发，先建立一个不完全的系统，通过测试运行整个系统取得经验和反馈，加深对软件需求的理解，进一步使系统扩充和完善。如此反复进行，直至软件人员和用户对所设计完成的软件满意为止。渐增型开发模型如图3-2所示。

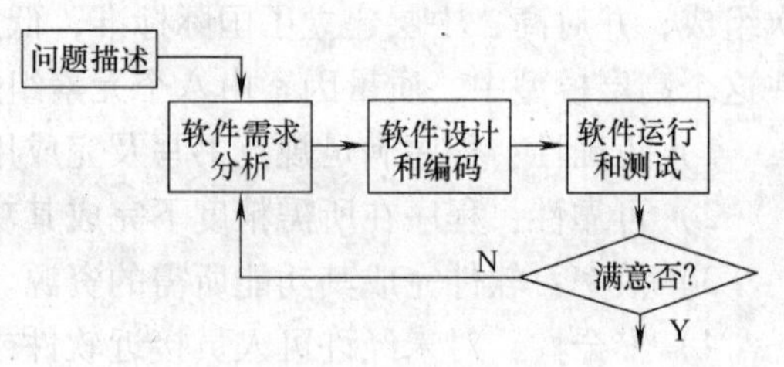

图3-2　渐增型开发模型

因为渐增型开发的软件系统是逐渐增长和完善的，所以软件从总体结构上不如瀑布模型开发的软件那样清晰。但是，由于渐增型软件开发的过程自始至终都是在软件人员和用户的共同参与下进行的，所以一旦发现正在开发的软件与用户要求不符，就可以立即进行修改。使用这种方法开发出来的软件系统可以很好地满足用户的需求。

渐增型开发模型适合于那些用户需求不太明确，而是要在开发过程中不断认识、不断获取新的知识去丰富和完善的系统。对于研究性质的实验软件，一般采用此法。

实际工作当中可以把这两种方法结合起来使用，对于总体是自顶向下，搭好软件的框架，而对于局部则可以自底向上，或中心开花，直观地完成底层程序的编写。

5. 软件工程

最后，简单介绍什么是软件工程。软件工程就是把软件当做一个产品、一个系统，用类似于研究机械工程学的方法，来研究软件的设计、开发、维护、管理问题。软件工程学也可以说是软件设计方法学、软件编程工艺学、软件开发管理学三者的结合。

国标（GB/T 18905.1：2002）指出，软件工程是应用于计算机软件的定义、开发和维护的一整套方法、工具、文档、实践标准和工序。1968年在北大西洋公约组织会议（NATO）上，人们讨论了摆脱软件危机的办法，软件工程（Software Engineering）概念首次提出，这是软件技术发展史的一个里程碑。在其后的几十年里，各种有关软件工程的技术、思想、方法和概念不断被提出，软件工程逐步发展成为一门独立的科学。

软件工程包括三个要素：方法、工具和过程。方法是完成软件工程项目的技术手段；工具支持软件的开发、管理、文档生成；过程支持软件开发的各个环节的控制、管理。

软件工程的核心思想是把软件产品（就像其他工业产品一样）看做一个工程产品来处理。把需求计划、可行性研究、工程审核、质量监督等工程化的概念引入到软件生产中来，以工程项目的三个基本要素，即进度、经费和质量的目标来衡量软件的生产。同时，软件工程也注重研究不同于其他工业产品生产的一些特性，并针对软件的特点提出了许多有别于一般工业工程技术的一些技术方法，其中代表性的方法包括结构化设计方法、面向对象方法等。

3.2 标识符的命名

1. 标识符

编程序和解析法、列方程解未知数、物理关系的公式表达、代数等方法有着不解之缘。而所谓“代数”，顾名思义就是用字母（符号）来代替数，比如用 x、y、z 来代替未知数，用 a、b、c 来代替已知数。因此，变量名是程序当中数量最多的一类标识符。当然标识符在程序中还扮演着宏的名称、数组名称、结构体名称、函数名称、类的名称、对象的名称等角色。可见标识符是用来“标识”某个对象名称的字符串。某种算法语言中是这样定义标识符的：以字母开头的，包含字母、数字和下划线的字符串。为了避免混淆，标识符中当然不能包含“+”、“-”等运算符和“,”、“;”等分隔符，目前也不能包含汉字，关键字也不能作为标识符。虽然我们经常说“名字只是一个符号”，但如何起名字还是很有讲究的。

2. 匈牙利命名法

制定一套变量、函数名等标识符的命名规则，对于防止重名，提高程序的可读性非常重要。“匈牙利命名法”是由美国 Microsoft 公司发明的目前应用最广泛的一套命名方法。该方法的主要思想是“在变量或函数中加入前缀以增进人们对程序的理解。”

匈牙利命名法为 C 标识符的命名定义了一种非常标准化的方式，这种命名方式是以如下规则为基础的。

1）标识符的名字以一个或者多个小写字母开头，用这些字母来指定数据类型。表 3-1 列出了匈牙利命名法的部分前缀。

表 3-1 匈牙利命名法的部分前缀

前　缀	数 据 类 型	示　例
a	array 数组	aPoint
b	boolean 布尔型	bIsBig
c	char 字符型	cType
str	string 字符串	strName
i	int 整型	iNumber
f	float 浮点型	fVolume
d	double 双精度型	dWidth
if	inputfile 输入文件流	ifFile
of	outputfile 输出文件流	ofFile

（续）

前　缀	数据类型	示　例
S	Structure 结构体	SData
C	Class 类	CTestView
m_	member 成员变量	m_EDIT1
p	pointer 指针	pToGet

2）在标识符内，前缀之后就是一个或者多个第一个字母大写的单词。这些单词清楚地指出了源代码内那个对象的用途。比如 m_szStudentName 表示一个学生名字的类成员变量，数据类型是字符串型。

有人认为类型说明的前缀有些冗余，笔者也认为上述 2）条——用有意义的单词作为标识符显得更重要一些。

相似的命名法还有：

1）骆驼命名法，混合使用大小写字母来构成变量和函数的名字，首字母小写，函数名中的每一个逻辑断点都有一个大写字母来标记，如 myData；

2）下划线命名法，函数名中的每一个逻辑断点都有一个下划线来标记，如 my_data

3）帕斯卡命名法，首字母大写，其他同骆驼命名法，如 MyData。而 iMyData 是匈牙利命名法，它的小写的 i 前缀说明了它的类型，后面和帕斯卡命名法相同，指示了该变量的用途。

匈牙利命名法的优点是类型清楚、含义明确，使变量易于记忆且程序可读性大大提高。其缺点是类型的描述显得冗余，变量名往往太长，使用起来不够方便。

另外在编程时，应避免采用单字母作为变量名，因为单字母发生重名的概率太高，调试程序查找时也不方便区分。

最后，通常将表示常量的标识符用全大写字母来表示。如：const int MAX = 100；。

3. 程序注释

在阅读程序时，往往会看到/＊…＊/或//…之类的文字，这些便是程序的注释部分，程序注释也是程序的重要组成部分，看过微软的源程序代码后，给人留下深刻印象的是其超过一半篇幅的程序注释。程序注释对于从逻辑上验证程序、检查程序、修改程序是非常重要的。有趣的是程序注释一定要写在程序里，不能写在纸上——要用的时候会找不到；也不能写在另一个文件中——要用的时候也会找不到。

注释一般分为序言性注释和功能性注释。每一个程序都是由一个表明程序用途的序言性注释开始的。

1）序言性注释应置于每个模块的起始部分，主要内容有：说明每个模块的用途、功能；说明模块的接口：调用形式、参数描述及参数模块的清单；数据描述：重要数据的名称、用途、限制、约束及其他信息；开发历史：设计者、审阅者姓名及日期、修改说明及日期。

2）功能性注释嵌入在源程序的内部，说明程序段落或语句的功能，及其数据的状态。注意以下几点：注释用来说明程序段，而不是每一行程序都要加注释；使用空行、缩进或括号，以便区分注释和程序；修改程序的同时要修改注释。

在C++语言中，程序块的注释常用“/*…*/”，行注释一般用“//…”。注释通常用于：版本及版权的说明、函数接口说明、重要代码行或段落提示。

虽然注释有助于理解代码，但不可过多使用注释。一般使用规则如下：

1）注释只是对代码的“提示”，而不是文档，注释花样不宜太多。

2）如果代码本身就是清楚的，则不需要注释。例（i++；//i加1）。

3）边写代码，边注释，修改代码同时修改相应注释，以保证二者的统一性。

4）注释应当准确易懂，防止二义性。

5）尽量避免在注释中使用缩写。

6）注释的位置应与被描述的代码相邻，序言性注释放在程序的上方，功能性注释放在程序的右方。

下面以画直线函数为例说明序言性注释和功能性注释：

1）该成员函数在ChuiTuView类中的声明为：

```
//画直线子函数,起点(x1,y1),终点(x2,y2),线宽siwid,线色sicol
void Line0(CDC * pDC,int x1,int y1,int x2,int y2,int siwid,COLORREF sicol);
```

2）该成员函数的定义为：

```
void::Line0(CDC * pDC,int x1,int y1,int x2,int y2,int siwid,COLORREF sicol)
{
    CPen siPen;//定义一个笔的对象
    CPen * poldPen;//定义一个CPen类的对象指针
    siPen.CreatePen(PS_SOLID,siwid,sicol);//生成对应于siPen的笔对象
    poldPen = pDC->SelectObject(&siPen);//把设备环境的笔调换成新生成的笔,同时返回
指向的原设备环境的笔的指针
    pDC->MoveTo(x1,y1);//直线起点
    pDC->LineTo(x2,y2);//直线终点
    pDC->SelectObject(&poldPen);//释放siPen,恢复原来的设备环境笔
    siPen.DeleteObject();//把已成自由状态的由eiPen管理的GDI对象从系统中消除
}
```

从上例中可以看出描述子函数用途及接口中参数意义的注释为序言性注释，而在函数体中的注释为功能性注释。

4. 程序的可读性

程序是一种抽象的、完成某种功能的代码的集合。程序的可读性就是人们能够看懂程序的难易程度。程序越容易理解，可读性就越高，反之则越低。所以，程序的可读性是衡量程序质量好坏的标准之一。提高程序的可读性，有助于程序的核查、修改，减少错误。下列方法可以提高程序的可读性：

1）运用匈牙利命名法，采用具有含义的英文单词作为变量或函数名称。

2）尽量添加程序注释，尤其是函数功能、用法、参数和返回值的说明。

3）采用缩进格式书写程序，必要时添加一些空行（本书中的示例程序均采用缩进格式）。

4）采用通用的、简洁的算法编制程序，尽量避免采用指针。

5）采用结构化程序设计方法，每个函数的规模以30行以下为宜，最多不超过50行。

3.3 开发过程及软件文档

1. 软件的开发过程

软件的开发过程就是使用适当的资源（包括人员、硬件工具、时间等），为开发软件进行的一组开发活动，在过程结束时将输入（用户要求）转化为输出（软件产品）。任何一个软件的开发，都要经历以下几个过程：

· 可行性论证
· 需求分析
· 概要设计
· 详细设计
· 软件编码
· 软件测试
· 软件维护

每个阶段都有相应的软件文档。

2. 软件文档的作用

软件文档（Document）也称文件，通常是指记录的一些数据，它具有固定不变的形式，可被人和计算机阅读。它和计算机程序共同构成了能够完成特定功能的计算机软件（有人把源程序也当做文档的一部分）。硬件产品和产品资料在整个生产过程中是有形可见的，软件生产则有很大不同，文档本身就是软件产品。没有文档的软件就不能称之为真正的软件。软件文档的编制在软件开发过程中占有突出的位置，占据相当的工作量。高效率、高质量的开发、分发、管理和维护文档对于转让、变更、修正、扩充和使用文档，对于充分发挥软件产品的效益有着重要的意义。

软件文档其实就是软件开发过程各个阶段的详细记录。其中既有规划、设计的内容，又有实施情况的记录。在团队开发的过程中，软件文档起着设计任务书、设计蓝图、编程和修改记录、开发档案等作用。对于团队成员之间的分工合作起着一种桥梁和纽带的作用。注意，源程序不能代替软件文档，如同产品本身不能代替技术资料一样。

3. 需求分析

需求分析是软件开发的第一个阶段。该阶段是对可行性论证与开发计划中制定出的系统目标和功能进行进一步详细论证的阶段；是对系统环境，包括用户需求、硬件需求、软件需求进行更深入的分析，对开发计划进一步细化的阶段。

需求分析阶段研究的对象是软件产品的用户要求。需要注意的是，必须全面理解用户的各项需求，但又不能全盘接受所有的要求。因为并非所有的用户要求都是合理的。对其中模糊的要求需要澄清，决定是否可以采纳；对于无法实现的要求应向用户作充分的解释，并求得谅解。

需求分析阶段的具体任务大体包括以下几方面。

（1）确定系统的要求

1）系统功能要求：系统必须完成的所有功能，这是最主要的需求。

2）系统性能要求：与具体系统的实现有关。一般包括系统的响应时间（系统的反应速度)、系统所需的存储空间、系统的可靠性（平均无故障时间）等。

3）系统运行要求：即系统运行时所处环境的要求。包括支持系统运行的系统软件是什么，采用哪种数据库管理系统，采用什么样的数据通信接口等。

4）系统未来可能提出的要求：明确地列出那些虽然目前不属于当前系统开发范畴，但是据分析将来很可能会提出来的要求。这样做的目的是在设计过程中对系统将来可能扩充和修改作准备，以便需要时能比较容易地进行这种扩充和修改。

（2）分析系统的数据要求

任何一个软件系统本质上都是信息处理系统，系统必须处理的信息和系统应该产生的信息在很大程度上决定了系统的面貌，对软件设计有深远的影响。因此，分析系统的数据要求是软件需求分析的一个重要任务。

数据流图（Data Flow Diagram，DFD）是描述数据处理过程的有力工具。DFD 从数据传递和加工的角度，以图形的方式描述数据处理系统的工作情况。数据词典（Data Dictionary，DD）是分析数据处理的另一常用工具，通常与 DFD 配合使用。DD 的任务是对 DFD 中出现的所有数据元素给出明确定义，使 DFD 中的数据流名字、加工名字和文件名字具有确切的解释。所有名字按词条给出定义。全体定义构成数据词典。DD 和 DFD 密切配合，能清楚表达数据处理的要求。

（3）修正开发计划

在可行性研究阶段，曾经形成过一份开发计划。通过需求分析阶段的工作，分析员对目标系统有了更深入更具体的认识，因此可以对系统的成本和进度作出更准确的估计，在此基础上对开发计划进行修正。

（4）编写文档

经过分析确定了系统必须具有的功能和性能，定义了系统中的数据并且简略地描述了数据处理的主要算法，接着就要把分析的结果用正式的文档记录下来，作为最终软件配置的一个组成部分。这阶段主要完成两份文档：软件需求规格说明书和初步用户手册。

4. 概要设计

软件的概要设计相当于机械设计的总体设计。经过需求分析阶段的工作，系统必须“做什么”已经清楚了，接下来就是决定“怎么做”。概要设计也称总体设计。它的主要任务有两个：一是设计软件系统结构，也就是要确定系统中每个程序是由哪些模块组成的，以及这些模块相互间的关系；二是设计主要数据结构。概要设计的过程具体如下：

（1）选取最佳实现方案

开发一个软件系统通常有多种不同的实现方案。在概要设计阶段，分析员应该考虑各种可能的实现方案，并且从中选出一个最佳的方案来实施。通常选取低成本、中成本和高成本三种方案，对每个合理方案，都应该进行成本效益分析，分别制定进度计划。然后，分析员通过综合分析对比各种合理方案的利弊，推荐一个最佳的方案，并且为最佳方案制定详细的实现计划。用户和有关技术专家应该认真审查分析员所推荐的最佳方案。

（2）设计软件总体结构

通过对系统进行功能分解，来划分功能模块。应该把模块组织成良好的层次系统。上层模块调用下层模块，最下层的模块完成最基本、最具体的功能。软件结构一般用层次图或结构图来描述。应用结构化设计方法可从需求分析阶段得到的 DFD 中产生出系统结构图。

(3) 设计主要数据结构

决定主要算法的数据结构、文件结构或数据库模式。尤其是对于需要使用数据库的应用领域，分析员应该对数据库作进一步设计，包括模式、子模式、完整性、安全性设计。

(4) 完成用户手册

对需求分析阶段编写的初步用户手册进行重新审定、完善，在概要设计的基础上确定用户使用的要求。

(5) 制定初步测试计划

在软件开发的早期阶段考虑测试问题，能促使软件设计人员在设计时注意提高软件的可测试性。完成概要设计以后，应对测试的策略、方法和步骤等提出明确的要求。尽管整个测试计划尚不完善，但它将是今后测试工作的重要依据。

(6) 概要设计评审

在上述工作完成以后，应对概要设计阶段的工作进行评审。评审时特别要着重以下几个方面：软件的整体结构和各子系统的结构、各部分之间的联系、用户接口等。

概要设计说明书中应包含：

1) 需求说明的主要部分（软件文档之间允许适当重复，各有侧重）。

2) 有关基础硬件、支撑软件、开发平台、技术路线、接口标准的选择。

3) 软件框图（控制流程图、数据流程图）。

4) 软件的模块设计要求（各模块的功能、参数、接口）。

5. 详细设计

软件的详细设计相当于机械设计的部件设计。详细设计阶段的根本目标是确定应该怎样具体地实现所要求的系统。也就是说，经过整个阶段的设计工作，应该得出对目标系统的精确描述，从而在编码阶段可以把整个描述直接翻译成用某种程序设计语言书写的程序。详细设计的结果基本上决定了最终的程序代码的质量。

描述程序处理过程的工具称为详细设计的工具，它们可以分为图形、表格和语言三类。不论是哪类工具，对它们的基本要求都是能提供对设计的无歧义的描述，也就是应该能指明控制流程、处理功能、数据组织以及其他方面的实现细节，从而在编码阶段能把对设计的描述直接翻译成程序代码。

详细设计说明书中应包含：

1) 概要设计的主要部分（适当重复）。

2) 有关函数的流程（函数内部的实现）。

3) 数据结构设计（数据字典）。

4) 软件的界面设计。

详细设计应包含所有细节的设计，其详细程度仅次于源程序。有时可以采用一种伪代码来表示某种算法。使用伪代码的目的是为了使被描述的算法可以容易地以任何一种编程语言（VB，VC 等）实现。因此，伪代码必须结构清晰、代码简单、可读性好，并且类似自然语言，介于自然语言与编程语言之间。

6. 测试报告

测试工作在软件生存期中占有重要位置，这不仅是因为测试阶段占用的时间、花费的人力和成本的开销占软件生存期很大的比重，而且测试工作完成情况直接影响到软件的质量。

软件测试是保证软件质量的关键，也是对需求、设计和编码的最终评审。

测试报告是测试工作的书面描述，它既是软件测试工作的重要依据，又是保证软件质量的书面依据。在测试报告中，应该包括以下几方面的内容：

1）软件测试目标。

2）软件测试原则。

3）软件测试方法。

4）软件测试方案。

5）软件测试步骤。

6）软件测试结论。

7. 使用说明

使用说明书是软件开发人员向用户展示该软件功能的书面表达形式。通过该书面形式让用户既要了解该软件的功能，又要会使用该软件。因此，使用说明书应该具有完整性、系统性、条理性、通俗性、生动性等特点。

· 完整性：将软件的所有功能都展示给用户。

· 系统性：将软件的每一项功能都系统地向用户介绍清楚。

· 条理性：软件的各功能之间存在一定的联系，要有条理地逐一介绍。

· 通俗性：在介绍软件的操作时，要通俗易懂，凡是会使用鼠标和键盘的人，都可以按操作说明实现相应的功能。

· 生动性：在编写使用说明书时，为了使用户更直观更准确地操作，要将相应的操作流程图及操作界面图附在相应的文字说明后，这样，图文并茂增加了说明书的生动性。

使用说明书包括用户手册和操作手册两个部分。

（1）用户手册

用户手册要使用非专门术语的语言，充分地描述该软件系统所有的功能及基本的使用方法。使用户（或潜在用户）通过用户手册能够了解该软件的用途，并且能够确定在什么情况下，如何使用它。用户手册应包括引言、用途、运行环境和使用过程四部分。用户手册的一般性内容如下：

1）引言

2）用途

① 功能：结合本软件的开发目的逐项地说明本软件所具有的各项功能以及它们的极限范围。

② 性能：包括以下几方面。

· 精度：逐项说明对各项输入数据的精度要求和本软件输出数据达到的精度，包括传输中的精度要求。

· 时间特性：定量地说明本软件的时间特性，如响应时间、更新处理时间、数据传输、转换时间、计算时间等。

· 灵活性：说明本软件所具有的灵活性，及当用户需求（如操作方法、运行环境、结果精度、时间特性等要求）有某些变化时，本软件的适应能力。

3）运行环境

① 硬件设备：列出为运行本软件所要求的硬件设备的最小配置。

· 处理器的型号、内存容量。

· 所要求的外存储器、媒体、记录格式、设备的型号和台数、联机/脱机。

· I/O 设备（是否联机/脱机）。

· 数据传输设备和转换设备的型号、台数。

② 支持软件：说明为运行本软件所需要的支持软件。

· 操作系统的名称、版本号。

· 程序语言的编译/汇编系统的名称和版本号。

· 数据库管理系统的名称和版本号。

· 其他支持软件。

③ 数据结构：列出为支持该软件运行所需要的数据库或数据文卷。

4）使用过程：首先用图表的形式说明该软件的功能同系统的输入源机构、输出接收机构之间的关系。然后，一步一步地说明为使用本软件而需要进行的安装与初始化过程，包括程序的存储形式、安装与初始化过程中的全部操作命令、系统对这些命令的反应与答复、表征安装工作完成的测试实例等。如果有的话，还应说明安装过程中所需要用到的专用软件。

5）规定输入数据和参量的准备要求

① 输入数据的现实背景，说明输入数据的现实背景，主要是：

· 情况：例如人员变动、库存。

· 情况出现的频度：例如周期性的、随机性的。

· 情况来源：例如人事部门、仓库管理部门。

· 输入媒体：例如键盘、穿孔卡片、磁盘。

· 限制：出于安全、保密考虑而对访问这些输入数据所加的限制。

· 质量管理：例如对输入数据合理性的检验以及当输入数据有错误时应采取的措施，如建立出错情况的记录等。

· 支配：例如如何确定输入数据是保留还是废弃，是否要分配给其他的接受者等。

② 输入格式：说明对初始输入数据和参量的格式要求，包括语法规则和有关约定。

· 长度：例如字符数/行，字符数/项。

· 格式基准：例如以左面的边沿为基准。

· 标号：例如标记或标识符。

· 顺序：例如各个数据项的次序及位置。

· 标点：例如用来表示行、数据组等的开始或结束而使用的空格、斜线、标号、字符组等。

· 词汇表：给出允许使用的字符组合的列表，禁止使用的字符组合列表等。

· 省略和重用：给出用来表示输入元素可省略或重用的表示方式。

· 控制：给出用来表示输入开始或结束的控制信息。

③ 输入举例：为每个完整的输入形式提供样本。

· 控制或首部：例如用来表示输入的种类和类型的信息，标识符输入日期，正文起点和对所用编码的规定。

· 主体：输入数据的主体，包括数据文卷的输入表述部分。

· 尾部：用来表示输入结束的控制信息，累计字符总数等。

· 省略：指出哪些输入数据是可省略的。

· 重复：指出哪些输入数据是重复的。

6）对每项输出做出说明

① 输出数据的现实背景，说明输出数据的现实背景。

· 使用：这些输出数据是给谁的，用来干什么。

· 使用频度：例如每周的、定期的或是备查阅的。

· 媒体：打印、CRT 显示、卡片、磁盘。

· 质量管理：例如关于合理性检验，出错纠正等规定。

· 支配：例如如何确定输出数据是保留还是废弃，是否要分配给其他的接受者等。

② 输出格式：给出每一类输出信息的解释。

· 首部：例如输出数据的标识符、输出日期和输出编号。

· 主体：输出信息的主体，包括分栏标题。

· 尾部：包括累计总数，结束标记。

③ 输出举例：为每种输出类型提供例子，对例子中的每一项进行说明。

· 定义：每项输出信息的意义和用途。

· 来源：是从特定的输入中抽出、从数据库文卷中取出或从软件的计算过程中得出。

· 特性：输出的值域、计量单位、在什么情况下可取默认值等。

7）文卷查询：这一条的编写针对具有查询能力的软件，内容包括：同数据库查询有关的初始化、准备及处理所需要的详细规定，说明查询的能力、方式，所使用的命令，所要求的控制规定。

8）出错处理和恢复：列出由软件产生的出错编码或条件，以及应由用户承担的修改纠正工作。指出为了确保再启动和恢复的能力，用户必须遵循的处理过程。

9）终端操作：当软件是在多终端系统环境工作时，应编写本条，以说明终端的配置安排、连接步骤、数据和参数输入步骤以及控制规定。说明通过终端操作进行查询、检索、修改数据文卷的能力、语言、过程以及辅助性程序等。

（2）操作手册

操作手册的编制是为了向操作人员提供该软件的每一个运行的具体过程和有关知识，包括操作方法的细节。操作手册的一般性内容如下：

1）引言

2）软件阐述

① 软件结构：结合软件系统所具有的功能，包括输入、处理、输出提供该软件总体结构图表。

② 程序表：列出本系统每个程序的标识符、编号和助记名。

③ 文卷表：列出将由本系统引用、建立或更新的每个永久性文卷，说明它们各自的标识符、编号、助记名、存储媒体和存储要求。

④ 安装与初始化：一步一步地说明为使用本软件而需要进行的安装与初始化过程，包括程序的存储形式、安装与初始化过程中的全部操作命令、系统对这些命令的反应与答复、表征安装工作完成的测试实例等。如果有的话，还应说明安装过程中所需要用到的专用软件。

3）运行说明：所谓一个运行是指提供一个控制信息后，直至计算机系统等待另一个启动控制信息时为止的计算机系统执行的全部过程。

① 运行表：列出每种可能的运行，摘要说明每个运行的目的，指出每个运行各自所执行的程序。

② 运行步骤：说明从一个运行转到另一个运行要完成整个系统的运行步骤。

③ 运行模块说明：把运行模块的有关信息，以对操作者为最方便、最有用的形式加以说明。

4）非常规过程：提供有关应急操作或非常规操作的必要信息，如出错处理操作、向后备系统的切换操作以及其他必须向程序维护人员交代的事项和步骤。

5）远程操作：如果本软件能够控制远程终端运行，则在本条说明通过远程终端运行本软件的操作过程。

3.4 程序框图

1. 程序框图的作用

程序框图又称为程序流程图，是一种使用最广泛的描述程序逻辑结构的工具。它独立于程序设计语言，能够较为直观和清晰地描述过程的控制流程。它的表达方式有两种：图形和文字。图形使用较为广泛。文字性框图是一种算法描述，它是画程序流程图的先导，也是编程的重要依据，在某种程度上它可以代替程序框图。

2. 如何画程序框图

程序框图画起来很简单，方框表示处理步骤，菱形表示逻辑条件，箭头表示控制流，其常用符号如图 3-3 所示。

对于结构化的程序设计其程序框图中只需使用下述的五种基本控制结构：顺序型、选择型、WHILE 型循环（“当”循环）、UNTIL 型循环（“直到”循环）和多分支选择型，如图 3-4 所示。

3. 程序流程

程序框图虽然清晰易懂，但不利于程序的逐步求精，因为它的重点是考虑程序的控制流程，容易忽略程序的全局结构。其控制流箭头的随意转向也有悖于结构程序设计的原则，因此在使用时应注意克服其弱点。

N-S 图即盒状图或 Chapin 图，是由 Nassi 和 Shneiderman 提出的一种符合结构化程序设计原则的图形描述工具，其目标是开发一种不破坏结构化构成元素的过程设计表示。在 N-S 图中，为了表示五种基本控制结构，规定了五种图形构件：顺序型、选择型、WHILE 重复型、UNTIL 重复型和多分支选择型，如图 3-4 所示。

五种基本控制结构由盒状图的五种图形构件表示如图 3-5 所示。盒状图的最基本成分是方盒，两个方盒上下相连表示顺序；条件盒加

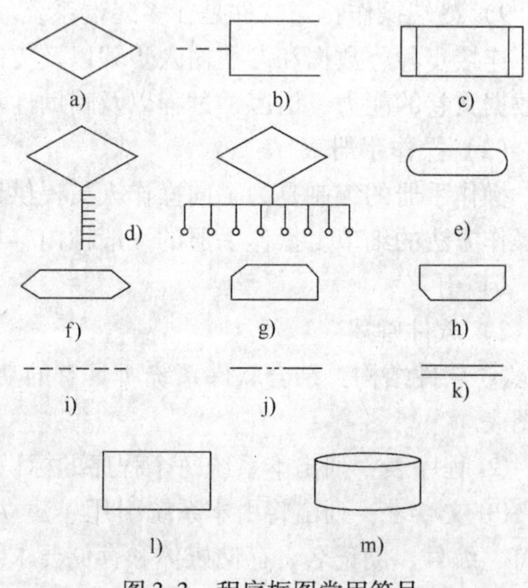

图 3-3　程序框图常用符号

a）选择（分支）　b）注释　c）预先定义的处理　d）多分支　e）开始或停止　f）准备　g）循环上界限　h）循环下界限　i）虚线　j）省略符　k）并行方式　l）处理步骤　m）磁盘

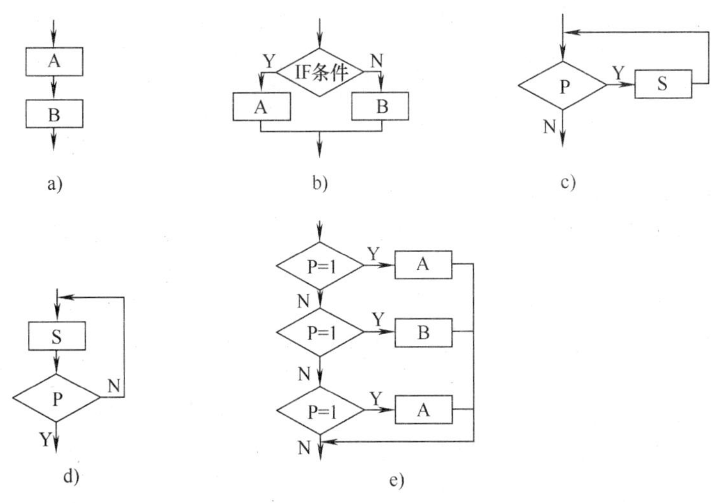

图3-4 程序框图的五种基本控制结构

a）顺序型 b）选择型 c）WHILE 型循环

d）UNTIL 型循环 e）多分支选择型

上 then 部分的方盒和 else 部分的方盒表示 if-then-else 结构；用边界部分将处理过程包围起来表示重复（DO-WHILE 和 repeat-until）。

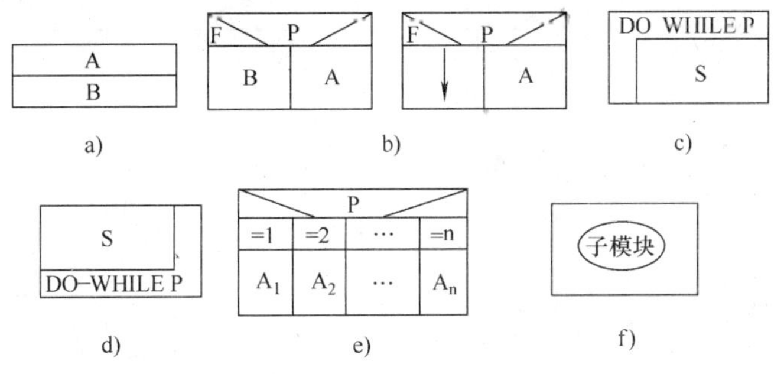

图3-5 N-S 图的基本符号

a）顺序型 b）选择型 c）WHILE 重复型 d）UNTIL 型循环

e）多分支选择型（CASE 型） f）调用子模块

盒状图有以下特征：功能域（即重复和 if-then-else 的作用域）定义明确、表示清晰；不允许随意的控制流；局部和全局数据的作用域很容易确定；表示递归很方便。

与程序框图一样，盒状图也可以画成分层结构，以表示模块的细化。对于子模块的调用可以表示为另一个方盒，并将被调用的模块名写在一个椭圆中。

下面以解一元二次方程为例来说明上述文字性框图、程序框图及 N-S 图的画法。

（1）算法描述

1）输入 a、b、c 的值；

2）判断 a 是否等于0，若 $a \neq 0$，计算 b^2-4ac 的值；若 $a=0$，转4）；

3）若 $b^2-4ac>0$，则 $x_{1,2}=\dfrac{-b \pm \sqrt{b^2-4ac}}{2a}$；若 $b^2-4ac=0$，则 $x=\dfrac{-b}{2a}$；若 $b^2-4ac<$

0，则 $x_{1,2}=\frac{-b\pm\sqrt{4ac-b^2}i}{2a}$；转 5）；

4）判断 b 是否等于 0，若 $b\neq0$，则 $x=-\frac{b}{c}$；若 $b=0$，则方程无意义。

5）输出方程的解。

（2）程序框图（图 3-6）

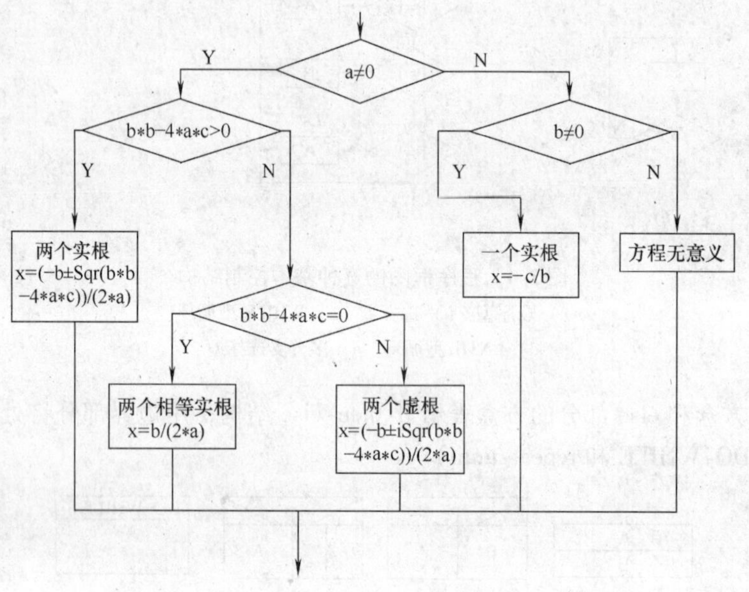

图 3-6　解一元二次方程的程序框图

（3）N-S 图（图 3-7）

问题分析图（Problem Analysis Diagram）即 PAD 图，是日本日立公司于 1979 年提出的一种算法描述工具，它是一种由左往右展开的二维树形结构。PAD 也设置了五种基本控制结构如图 3-8 所示，并允许递归使用。其控制流程为自上而下、从左到右地执行。

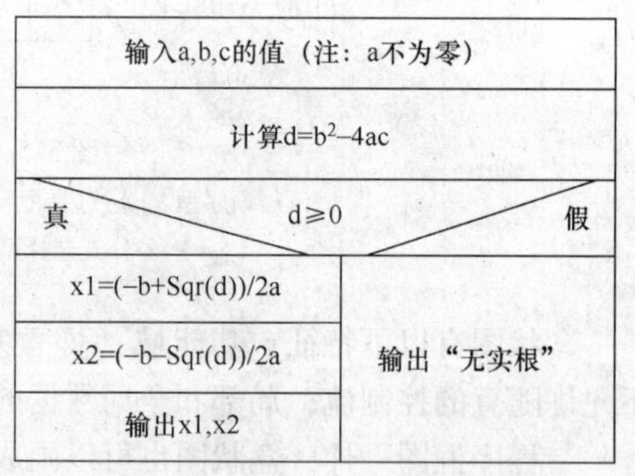

图 3-7　解一元二次方程的 N-S 图

表示结构化控制结构的 PAD 图具有很好的结构性，所以使用这种图的符号所设计出来的程序必然是结构化程序。由于 PAD 图所描述的程序结构十分清晰，用 PAD 图表现的程序逻辑，易读、易懂、易记，可容易地将 PAD 图转换成高级语言源程序，而且既可用于表示程序逻辑，也可用于描述数据结构。PAD 图的符号面向高级程序设计语言，支持自顶向下逐步求精的使用，如图 3-8 所示。

另外，详细设计还常用到 HIPO 图（层次化的输入-处理-输出图），HIPO 图是由一组 IPO 图加一张 HC 图组成。它是美国 IBM 公司在软件设计中使用的主要表达工具。还有 HC 图，它是层次图（Hierarchy Chart）的英文缩写，用于表示软件的分层结构。HC 图中的每一

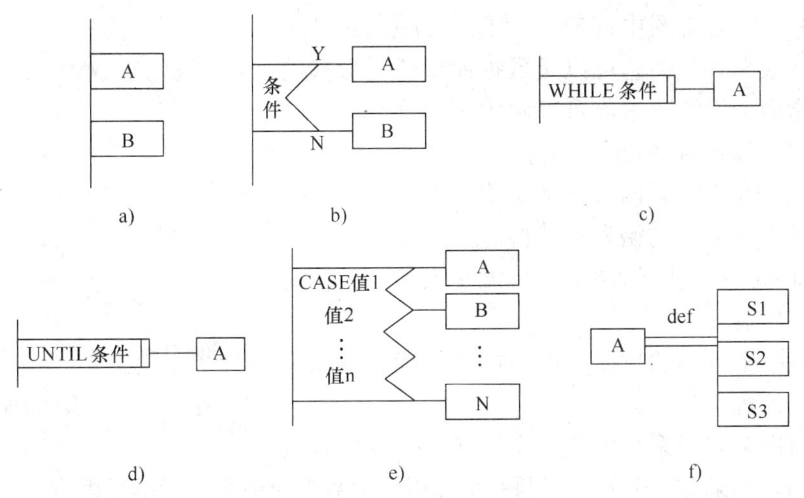

图 3-8　PAD 图的基本符号

a）顺序　b）选择　c）“当型”循环　d）“直到”型循环　e）多分支选择　f）定义对 A 的细化

个模块，均可用一张 IPO 图来描述。IPO 图由输入（I）、处理（P）和输出（O）三个框组成，需要时还可以增加一个数据文件框，这种图形的优点是能够直观地显示输入-处理-输出三者之间的联系。

4. 数据流图

数据流图简称 DFD，它是描述数据处理过程的有力工具。数据流图从数据传递和加工的角度，以图形的方式刻画数据处理系统的工作情况。画数据流图要依据软件规模的大小来定，如果软件规模较小，结构简单，数据流图和程序框图可以融合在一个图中表示；如果软件规模较大，应将数据流图与程序框图分开表示，在一张图中表达不清，不但对编程起不到指导作用，还会使程序结构显得混乱。在数据流图中有四种基本符号：

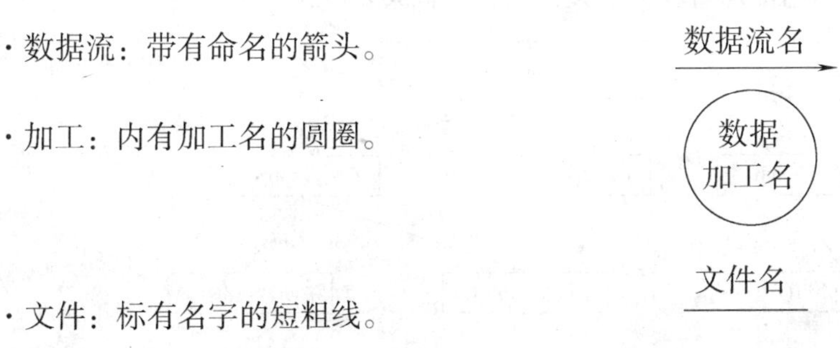

· 数据流：带有命名的箭头。

· 加工：内有加工名的圆圈。

· 文件：标有名字的短粗线。

· 数据源点或数据终点：以圆角方框表示。

1）数据流是沿箭头指向传送数据的通道，它们大多是在加工之间传输被加工数据的命名通道。同一数据流图上不能有两个数据流同名。多个数据流可以指向一个加工，也可从某个加工散发出多个数据流。

2）加工以数据结构或数据内容为加工对象。加工的名字常可写为一个动宾结构，因而简明扼要地表明了完成的是什么功能。

3）文件在数据流图中起着暂时保存数据的作用，所以也被称作数据存储，它可以是数据库或任何形式的数据组织。指向文件的数据流可理解为写入文件，从文件引出的数据流理解为自文件读出。

4）数据流图上的第四种元素是数据源点或终点，它表示图中所出现数据的始发点或终止点，是数据流图的外围环境部分。在实际问题中它可能是人员、计算机外部设备或传感装置。

图 3-9 是一个具体的数据流图，描述了读者在图书馆借书的业务流程。

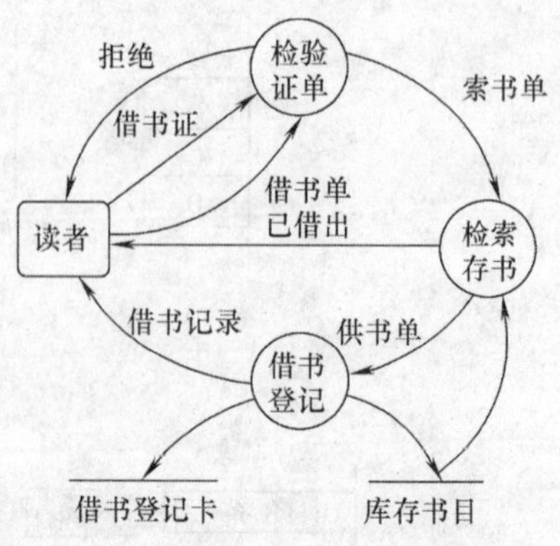

图 3-9　一个具体的数据流图

用数据流图来表示系统中某一个层面的数据处理过程是很方便的。如果将一个复杂问题的全部用一幅数据流图来表示就很困难了。为了表达较为复杂问题的数据处理过程，用一张数据流图是不够的，要按照问题的层次结构进行逐步分解，并以一套分层的数据流图反映这种结构关系。

3.5　结构化程序设计

1. 结构化程序设计的意义

以前，人们把程序看成是处理数据的一系列过程。过程或函数定义为一个接一个顺序执行的一组指令。数据与程序分开存储，编程的主要技巧在于追踪哪些函数调用哪些函数，哪些数据发生了变化。为解决其中可能存在的问题，结构化编程应运而生。

结构化程序设计是从系统的功能入手，按照工程的标准和严格规范将系统分成若干功能模块，系统是实现模块功能的函数和过程的集合体。因此，结构化程序设计也是面向过程或函数的设计。图 3-10 所示为面向过程方法设计的程序框架。

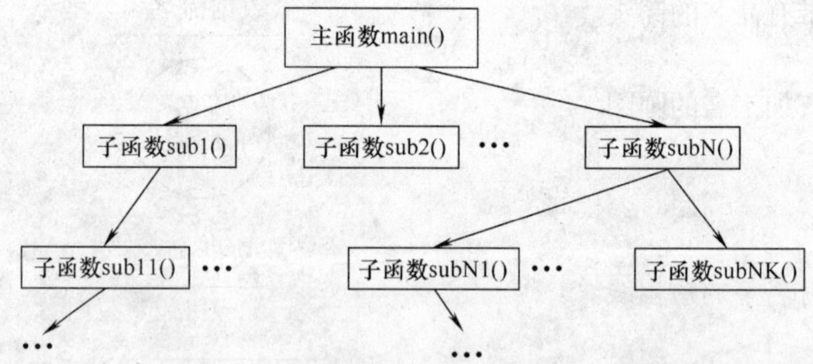

图 3-10　面向过程方法设计的程序框架示意图

结构化程序设计的主要思想是功能分解并逐步求精。当一些任务十分复杂以至无法描述时，可以将它拆分为一系列较小的功能部件，直到这些自完备的子任务小到易于理解的程度。例如，计算一个公司中每一个职员的平均工资是一项较为复杂的任务，可以将其拆分为以下的子任务：

1）计算总共有多少职员。

2）计算工资总额。

3）用职员人数去除工资总额。

计算工资总额本身又可分为一系列子任务：

1）找出每个职员的档案。

2）读出工资数额。

3）把工资加到部分和上。

4）读出下个职员的档案。

类似地，读出每个职员档案中的记录又可以分解为一系列子任务：

1）打开职员的档案。

2）找出正确记录。

3）从磁盘读取数据。

结构化程序设计成功地为处理复杂问题提供了有力的手段，并提高了程序的可读性和可理解性。

2. 结构化程序设计的一些原则

结构化程序设计要求只使用顺序、选择、循环三种基本控制结构来编写程序。程序应该只有一个入口和一个出口，禁止使用goto语句。具体原则有：

1）划分模块（函数）时，尽量做到高内聚、低耦合，保持模块相对独立性。

2）结构的深度、宽度、扇入及扇出应适当。

3）在考虑模块独立性的同时，为了提高可读性，模块的大小最好控制在50条语句左右，以便于阅读与研究。

4）模块的接口要简单、清晰及含义明确，便于理解，易于实现、测试与维护。

5）尽量避免使用goto语句。使用goto语句可以减少代码的重复度，但会影响程序的逻辑结构，尤其是goto语句使用过多，使整个程序结构混乱，而且容易出错。因此，goto语句只适合用来做短跳转，不适合长跳转，尤其不能跳出像条件语句、循环语句、函数等结构。常常可用循环和选择语句来代替goto语句。

3. 函数

函数在英文中有“function”的意思。其数学表达式为“y＝f（x）”，其中“f”就表示“function”，意思是“功能”。在数学上，函数就是一映射，即从“x”到“y”的一种对应关系。函数的三要素是：自变量、因变量、对应法则。函数实际上是通过对应法则“f”实现了从自变量向因变量转变的功能。

因此，我们可以这样来定义程序设计中的函数，函数就是在程序设计语言中，将一段经常使用且具有独立功能的代码作为一个整体块封装起来，以便需要时可以直接调用，函数又称作“模块”。打个比方，函数如同汉语中的成语。成语是经长期使用流传下来的约定俗成短语或短句，一般四字居多。成语虽短，但一个成语能够代表一段意思或一个故事，就像是一个函数名就能代表一段独立功能的代码，即功能模块。在文章中恰当地使用成语显得文章很有文采，同样，编程时合理地调用函数就会使程序变得结构清晰，容易阅读。所不同的是成语的意思是不言而喻的，可以直接使用，而函数是用户自定义的，在调用前需要加以声明。

下面来说明函数的定义、声明和调用。

(1) 有参函数定义的一般形式

类型标识符 函数名（形参表列）

{

函数体

}

对上述定义作几点说明：

1）由定义看出函数由函数首部、函数体组成。函数名相当于一个指针变量存放函数的入口地址。因此，返回值类型的函数，函数名是函数的入口，return 语句是出口。

2）当参数表列为空时，就称作无参函数的定义。

3）当参数表列和函数体都为空时，称为空函数定义。

(2) 函数声明的一般形式

类型标识符　函数名（形式参数表列）；

(3) 函数调用的一般形式

函数名（实参表列）；

一个函数调用另一个函数的条件是：

1）被调用的函数已经存在；

2）在主函数中对被调用的函数作声明。

函数调用的过程，实际上就是实参和形参按顺序一一对应，传递数据的过程。但函数调用在结构化程序中具有十分重要的意义，主要体现在以下两方面。

1）体现了“用将”的思想。用一将就相当于用数千兵卒，而调用一个函数就相当于调用了数十行甚至更多行代码，使主程序结构简洁，内容完整。

2）实现了细节隐藏，使结构紧凑清晰，层次分明。以地图为例，当你看一张世界地图时，上面只显示每个国家及该国家的一些重要城市，当你看一张中国地图时，上面会有各个省份及其包括的地区市……由此可知，地图每一层次都有该层次所包括的信息，层次越低，信息越详细。不可能在一张世界地图上就把各个国家的省、市、县、镇、村一一显示出来，这样地图将是一片黑，什么也看不清，失去了原来的层次结构。因此，世界地图上要把国家的详细信息隐藏起来，国家地图上要把省份的详细信息隐藏起来，在不同层次上只能看到该层次的信息，不能看到下层的详细信息。这就是“细节隐藏”。拿“用将”思想来解释就是，帅只要知道如何“用将”，即如何给将分配任务和目标就行，至于将如何用兵，那是将的事，帅不必知道。调用函数，只要按上述机制调用即可，至于该函数功能怎么实现，那是该函数的具体工作，主函数不用考虑。

3）将经常用到的算法用函数来实现，使程序员在程序的不同地方可以调用它，这样可以减少程序的大小，提高代码的重用率，并有助于程序的理解和维护。

4. 函数的参数

在调用函数时，大多数情况下，主调函数和被调用函数之间有数据传递关系。这就是通过函数的参数来传递的。

函数的参数分为形式参数和实际参数。在定义函数时，函数名后面括弧中的变量名称为形式参数（简称形参）；在调用函数时，函数名后面括弧中的表达式称为实际参数（简称实参）。形参是必须指定数据类型的变量，而实参可以是常量、变量或表达式，但必须有确定的值，在调用时将实参的值赋给形参变量。因此，要求实参与形参的类型应保持一致，否则，将发生“类型不匹配”的错误。

3.6　面向对象程序设计

面向对象程序设计（Object-Oriented-Programming，OOP）是一种围绕真实世界的概念来组织模型的程序设计方法，它采用对象来描述问题空间的实体，从数据入手，以数据而不以功能为中心来描述系统，把编程问题视为一个数据集合。该方法认为系统是由若干对象相互作用、相互联系而成。对象相对于功能而言更易被人理解、接受、掌握，定义更客观、更稳定，且修改方便。

面向对象的出发点和基本原则是尽可能模拟人类习惯的思维模式，是开发软件方法与过程尽可能的接近人类认识世界的方法和过程。即使得描述问题的空间与计算机上解决问题的空间在结构上尽可能一致。因此，面向对象有以下特点：

1）客观世界是由各种对象（Object）组成的，任何事物都是对象，复杂的对象是由简单的对象组成的。面向对象软件系统由对象组成。

2）把所有的对象都归为各种类（Class），每个类都定义了一组数据和方法。数据表示对象的静态属性，描述对象的状态信息。方法，是对象所能执行的操作，也就是类中所提供的服务。

3）按照父类和子类的关系，可以把若干类组成一个层次结构的系统。在这个层次结构中，通常派生类具有一些和上层基类相同的特性，这一特性称为继承（Inheritance）。

4）对象之间的通信是通过传递消息实现的（Communication with Message）。

上述四个要点概括了面向对象设计的精华，可总结公式为：

Object-Oriented = Object + Class + Inheritance + Communication with Message

1. 结构体

结构体是将不同数据类型的数据放在一起而产生的新数据类型。在实际应用中，有时数据的基本类型是不够的，无法描述某一事物信息的整体性，于是需要将不同类型的数据结合成一个有机的整体，以便引用。这些组合在一个整体中的数据是相互联系的。例如，一个学生的学号、姓名、性别、年龄、成绩、地址等，这些项都与这个学生相联系。如果将这些数据定义成简单变量，难以反映它们之间的内在联系。

声明一个结构体的一般形式为：

struct 结构体名

{成员列表}；

其中，“结构体名”是结构体类型的标志，又称为“结构体标记”。对结构体内各成员的声明形式为

类型名 成员名;

也可以把“成员列表”称为“域表”。每一个成员也称为结构体中的一个域。

定义结构体变量的方法为：

1）先声明结构体类型再定义变量名

假设已经定义了一个结构体类型 struct student，可以用它来定义变量。如：

```
struct student  student1, student2;
```

2）在声明类型的同时定义变量

这种形式的一般定义为：

```
struct 结构体名
    {
        成员列表
    }变量名列表;
```

以某一学生的信息为例，说明结构体变量的定义。

```
struct student
{
    int num;
    char name[30];
    char sex;
    int age;
    float score;
    char addr[40];
}student1,student2;
```

其中 student1、student2 为 struct student 类型的变量，即它们具有 struct student 类型的结构。它们可以引用 struct student 类型的各个成员。其引用方式为：

结构体变量名．成员名

例如：

```
student1. num =100;
```

从上例中看到，结构体变量引用结构体成员并为其赋值。在这里，还需要声明一下，结构体变量既可以是简单变量，也可以是数组。简单变量就好比是数据库中的记录，而数组则相当于是数据库中的表。

2. 类与对象

对象，一般认为是与所要解决的问题有关的任何事物。从面向对象的角度来看，则是包含现实物体特征的抽象实体，是客观事物在计算机中的抽象描述。它反映了系统为之保存信息和与之交互的能力，由属性和功能两部分组成。

类，一般来说是具有相似特征事物的一个集合。从面向对象的角度理解，是对一组具有相似属性和功能对象的抽象描述。

类是对象的抽象，对象是类的具体实例。例如，先声明“大学”这样一个类，那么清华大学、北京大学、天津大学等都是“大学”这个类的实例即对象，它们具有共同的特征“大学”，而“大学”又是这些具体实例集合的抽象。再如，北京、伦敦、华盛顿、莫斯科等，这些城市都属于“首都”类，它们是“首都”这个类的对象，都具有“首都”的共性，因此首都是这些对象集合的抽象。类是 C++引进的一种用户自定义的复合数据类型。它是将不同类型的数据和处理这些数据的操作封装在一起的一个语法单元。类是 C++实现数据抽象和封装的一个有力工具，是面向对象程序设计的核心。

类是 C++中十分重要的概念，是以 C 语言结构体思想为基础，对结构体的继承和发展。继承了结构体的基本数据结构，同时又增加了成员函数等新的元素。而类与对象的关系又如同结构体与结构体变量的关系一样。

类作为一种数据类型，在定义时不分配任何内存，它只是为将来类对象的内存分配定义一个蓝图或模式。类有两类成员，一类是数据成员，用于表示实体抽象的属性；另一类是成员函数，用来描述实体抽象的行为。类的成员函数和类的数据成员封装在一起。类的定义说明各数据成员的类型，在类中还要说明或定义类的成员函数。除此之外，在类中可以说明哪些成员是私有的，哪些成员是公有，对外可被直接访问的。

类的定义以关键字class开始，其后紧跟程序员定义的标识符，即类名。在程序中类名作为一个用户定义的数据类型名可用来定义类对象。类的成员作为说明在类定义中置于花括号内。同结构体成员一样，类的数据成员不能在类的定义中直接初始化。类的数据成员也不能是该类的一个变量。类定义的格式为：


```
class 类名
{
private:
    <私有的成员函数或数据成员的说明>
public:
    <公有的成员函数或数据成员的说明>
…
};                          //注意这里的分号
    <类型名><类名>::<函数名>(<参数表>)//各成员函数的定义
{
    <函数体>
}
```

数据类型为类的变量，称为实例、类实例、类对象或对象实例。对象实例和一般基本类型的变量一样，在定义时分配内存，同样也可以被说明为自动、全局、静态或者动态变量。使用类名定义一个对象实例与用基本类型名定义变量的格式是一样的：

类名 类对象名列表；

如图3-11所示举例说明了一个类和这个类的对象实例的关系。CStudent类包含私有数据成员name、id、fee_paid和credit。公有成员函数为payFee（）和attendCourse（）。定义语句：

CStudent s1,s2;

定义两个学生对象s1和s2。两个对象有各自不同的数据成员，但具有相同的成员函数，只不过每个对象的成员函数操纵各自的数据成员。

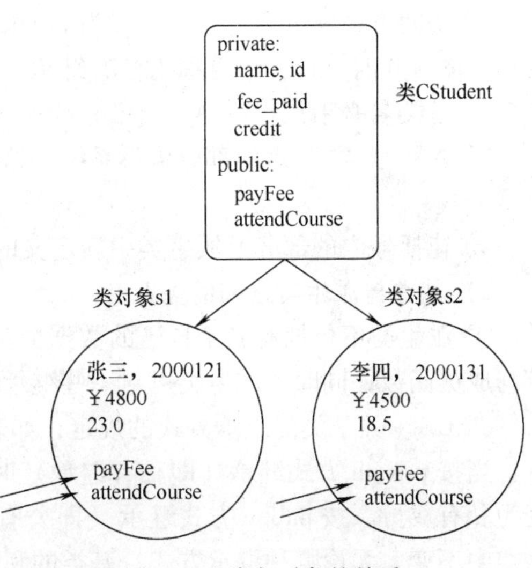

图3-11 类与对象的关系

3. 继承

所谓继承（Inheritance）就是保持已有类的特性来构造一个新类的过程。

所谓派生是指在已有类的基础上新增自己的特性而产生新类的过程。

利用类的“继承”，就可以将原来的程序代码重复使用，从而减少了程序代码的冗余度，符合软件重用的目标。所以说，继承是面向对象程序设计的一个重要机制。另外，在C++中扩充派生类成员的方法是非常灵活的。派生类不仅可以继承原来类的成员，还可以通过以下方式产生新的成员：

·增加新的数据成员；

·增加新的成员函数；

·重新定义已有成员函数；

·改变现有成员的属性。

在继承关系中，称被继承的类为基类（Base Class）(或父类)，而把通过继承关系定义出来的新类称为派生类（Derived Class）(子类)。

由此可见，派生类既可以对基类的性质进行扩展，又可以进行限制，从而得到更加灵活、更加适用的可重用模块，大大缩短程序的开发时间。

继承可分为单继承和多继承。单继承是指子类只能从一个父类继承，而多继承允许子类从多个父类继承。例如汽车是父类，其中包括汽油汽车、柴油汽车、电动汽车等。而油电混合动力型汽车同时继承了汽油汽车和电动汽车。

(1) 单继承

1) 定义派生类

在基类的基础上定义其派生类的定义形式为：

class 派生类名:访问方式 基类名

{派生类中的新成员};

其中：

① 派生类名由用户自己命名。

② 访问方式即继承方式，可以为 public 或 private 方式，默认为 private 方式。访问方式为 public 方式时，这种继承称为公有继承，而访问方式为 private 方式时，称为私有继承。

③ 基类名必须是程序中一个已有的类。

④ 在冒号“:”后的部分告诉系统，这个派生类是从哪个基类派生的，以及在派生时的继承方式。

⑤ 花括号内的部分是派生类中新定义的成员。

2) 基类与派生类之间的关系

① 派生类不仅拥有属于自己的数据成员与成员函数，还保持了从基类继承来的数据成员与成员函数；同时，派生类可对一些继承来的函数重新定义，以适应新的要求。

② C++关于类的继承方式的规定，如表 3-2 所示。

当按 private 方式继承（即私有继承）时，基类中的公有成员和保护成员在派生类中皆变为私有成员。按 public 方式继承（即公有继承）时，基类中的公有成员和保护成员在派生类中不变。无论哪种继承方式，基类的私有成员均不能继承。这与私有成员的定义是一致的，符合数据封装的思想。在公有继承方式下，基类的公有成员和保护成员被继承为派生类

表 3-2 基类与派生类的关系

基 类	公有派生类	私有派生类
public 成员	public 成员	private 成员
protect 成员	protect 成员	private 成员
private 成员	无法继承	无法继承

成员时，其访问属性（即访问方式）不变。

注意：私有成员与不可访问成员是两个不同的概念。某个类的私有成员只能被该类的成员函数所访问，而类的不可访问成员甚至不能被该类自身的成员函数所访问。类的不可访问成员总是从某个基类派生来的，它要么是基类的私有成员，要么是基类的不可访问成员。

③ 在 C++中，可以根据需要定义多层的继承关系，也可以从一个基类派生出多个类，形成类的层次结构。在类的层次结构中，处于高层的类，表示最一般的特征，而处于底层的类，表示更具体的特征。在多层继承关系中，基类与派生类的关系是相对的，例如：由类 A 派生出类 B，再由类 B 派生出类 C，这里类 B 相对于类 A 是派生类，而相对于类 C 是基类，并称类 C 是类 A 的间接派生类，称类 A 是类 C 的间接基类；而称具有直接派生关系的两个类分别为直接派生类和直接基类。

（2）多继承

多继承类的方式如下：

```
class 派生类名:访问方式 基类名,访问方式 基类名,…
    {…};
```

其中，访问方式为 public 或 private 方式，功能同单一继承。多继承下派生类的构造函数必须同时负责所有基类构造函数的调用，对于派生类构造函数的参数个数必须同时满足多个基类初始化的需要。所以，在多继承下，派生类的构造函数的定义格式如下：

```
派生类构造函数名(参数表):基类名1(参数表1),…
{…}
```

在多继承下，系统首先执行各基类的构造函数，然后再执行派生类的构造函数，处于同一层次的各基类构造函数的执行顺序与声明派生类时所指定的各基类顺序一致，而与派生类的构造函数定义中所调用基类构造函数的顺序无关。

4. 数据封装

（1）数据封装的概念

所谓数据封装就是将类的数据成员按使用或存取的方式分类，有条件地限制对类数据成员的使用。

（2）数据封装的原理

根据类的定义，可看出：类是实现封装的工具，而封装是通过类中 public 和 private 与成员函数实现的。private 的成员构成类的内部状态，public 的成员则构成与外界通信的接口，通过 public 的成员函数来使用 private 的数据成员，从而在 C++中实现了封装。

（3）封装性的条件

类定义：即有一个清楚的边界：从 class 关键字开始，到“;”结束。所有的信息（包括属性和方法）都必须在类内声明。

确定的接口：用来和外界进行通信。

受保护的内部实现：是通过访问权限实现的。

(4) C++类的访问权限

C++类的访问权限有三种，即公有类型（public）、私有类型（private）和保护类型（protected）。在设计类时，要根据类的成员对外界的开放程度设计类成员的访问权限。仅在类的私有部分定义数据成员，则后期对数据成员的修改不影响类的使用者，如果将数据成员定义在类的公有部分，则一旦数据有所修改，则任何使用类的调用者都可能受到破坏。

·公有类型（public）：用 public 定义的公有数据成员和成员函数对外界提供了公有接口，所有来自外部的访问通过公有接口进行。

·私有类型（private）：用 private 定义的私有数据成员和成员函数是受保护的私有属性和方法。在访问权限省略时，默认为 private。

·保护类型（protected）：用 protected 定义的保护类型的数据成员和成员函数介于公有和私有类型之间。只有本类和派生类可以访问。

(5) 举例说明数据封装性

创建一个名为“Yuan”的工程，在工程中建立一个一般类“circle”。

1) 在“circle.h”中添加以下代码：

```
class circle
{
public:
    circle();
    void Init_R(int ir);
    double Get_S();
    virtual ~circle();
private:
    int m_r;
    double m_s;

};
```

2) 在“circle.cpp”中添加以下代码：

```
void circle::Init_R(int ir)
{
    m_r = ir;
}


double circle::Get_S()
{
    m_s = 3.14 * m_r * m_r;
    return m_s;
}
```

3）在构造函数 CYuanView:: CYuanView（）添加以下代码：

```
CYuanView::CYuanView()
{
    //TODO:add construction code here
    circle a;
    a.Init_R(10);
    a.Get_S();
    double b;
    b = a.Get_S();
    char str[80];
    sprintf(str,"面积 = %f",b);
    MessageBox(str);
}
```

由上例可以看出："circle"类用 private 类型封装了圆（Yuan）的属性信息：半径 m_r 和面积 m_r。通过 public 类型实现了初始化函数 Init_R（int ir）和圆面积函数 Get_S（）与外界的通信。在构造函数中，不能直接访问 m_r，要通过初始化函数为其赋值，这就是数据封装。

5. 构造函数和析构函数

（1）构造函数

类对象和变量一样，必须在使用时对其初始化，但由于类的定义只是为类对象的内存分配定义一个蓝图，类的数据成员不能在类中直接初始化，而数据成员通常又是被设置为 private 访问权限，不能在类作用域外被访问。因此，类对象的初始化必须通过专门的成员函数来实现。C++提供一种称为构造函数的成员函数，在定义对象的同时根据提供的参数个数和类型自动隐式地调用构造函数，完成对象的初始化工作。构造函数的定义格式为：

```
类名(形参说明)
{函数体}
```

构造函数的函数名与类名相同。构造函数是一种隐式自动调用的成员函数，因此不能有返回值，也不能说明返回类型（包括 void）。用 new 运算符动态创建类对象时，系统也会自动调用该对象所属类的构造函数。构造函数同一般成员函数一样可以重载，其重载的规则也是要求参数的个数或者参数的类型必须不同。在定义类对象时，根据对象定义时提供的实参的个数和类型的不同自动调用与其相匹配的构造函数，定义无参对象则调用无参数的构造函数。如果在类定义时没有定义任何构造函数，编译器将自动生成一个不带参数的默认的构造函数，对对象的所有数据成员不做任何操作。总之，在创建对象后总会发生一个对构造函数（默认的或程序员定义的）的调用。如果类中定义了带参数的构造函数，则在定义类对象时要提供参数。

（2）析构函数

在 C++中，类对象和变量一样，在程序执行到其作用域的闭花括号退出时自动撤销。定义在语句块和函数内的局部类对象在相应的语句块和函数执行结束时撤销，而全局对象和静态对象在程序结束时被撤销。类对象在撤销前将会自动调用该类一个称为析构函数的特殊成员函数。析构函数的定义方式为：

~类名()
{函数体}

析构函数主要用于对包含有指向动态分配的堆内存和文件句柄等数据成员的类对象在撤销时释放其所占用的系统资源。如果不定义析构函数，则系统会提供一个和默认的构造函数一样什么都不做的默认的析构函数。例如，对于包含堆内存指针私有数据成员的类对象在撤销前，该对象指针数据成员所指向的堆内存不能在类作用域外部用 delete 运算符来释放（不能访问），而默认的析构函数什么也不做，只能释放指针本身所占的内存（4 个字节），这样就需要在类内部定义一个能访问私有数据成员的成员析构函数，在函数中用 delete 运算符释放对象指针数据成员所指向的堆内存。

析构函数的函数名是在类名前加“~”字符，同构造函数一样，析构函数没有返回类型，但析构函数不可以有参数，因而也不可以重载。析构函数除了当类对象按生存期规则撤销时会被自动调用外，用 delete 运算符来显式撤销一个类对象时，也会自动调用该类的析构函数。析构函数调用的顺序与对象被构造的顺序相反，即最先构造的对象将被最后析构。

6. 函数重载

函数重载是指具有相似功能的不同函数使用同一函数名，但这些同名函数的参数类型、参数个数、返回值类型、函数功能可以不同，即一个函数名多用。如下为函数重载代码实例：

```
double multiply(double x,double y)
{
    return(x * y);
}

float multiply(float x,float y,float z)
{
    return(x * y * z);
}
```

上述重载函数代码用同一函数名 multiply 分别定义了两个 double 型数相乘和三个 float 型数相乘的具有相似功能的不同函数，其中参数的个数和类型都不同，返回值的类型也不同。编译器在编译时，会自动根据实参的类型或个数来判定调用哪个函数。

应当注意：重载函数的参数个数和类型至少有一者不同，函数返回值类型可以相同也可以不同。但不允许参数个数和类型都相同而只是返回值类型不同，因为编译器在编译时无法从函数的调用形式上判断哪一个函数与之相匹配。

7. 虚拟函数

C++的类实现了数据封装和信息隐藏，使得代码模块化。继承通过扩展已有的类来定义新的软件模块，其目的是为了实现代码重用。虚拟函数（简称虚函数）采用动态联编技术实现面向对象程序设计的多态性——接口重用。虚函数和重载函数的目的都是为了实现多态性，只不过实现的途径不一样。重载函数是通过在语言特性上即参数个数和参数类型的差异，定义多个同名的函数采用静态联编的方式来实现接口多用。严格地说，虚函数才是真正实现面向对象程序设计的多态性——接口重用的有力工具。设计接口往往比用一堆类来实现这个接口更困难和更费时间，因而用虚函数实现接口重用具有更大的意义，也是C++的继承提供的最重要的功能之一。

虚函数就是在基类中以关键字virtual说明，并在派生类中重新定义的一个非静态成员函数，在基类中说明虚函数的方法如下：

virtual <函数返回类型> <函数名>(<参数表>)

在派生类中重新定义虚函数时，函数的原型必须与其在基类中的原型（函数返回类型、函数名、函数参数个数及其类型）完全一致。只有采用指向基类对象的指针或引用来调用虚函数时，才会按动态联编的方式来调用，进而实现运行时的多态性。否则，虚函数将按静态联编方式调用。另外，基类中的虚函数必须具有public或protected访问权限，且派生类必须以公有继承方式从基类派生。

下面给出一个简单的虚函数的使用实例。

1）建立类名分别为Person和Student的两个类。建立方法为：在VC++环境中建立名为Virtual工程，执行“Insert”→“New Class”，将弹出“New Class”对话框。在Class type中选择为Generic Class，在Class information中填写类名Person。Student类的建立方法类似。

2）在工作区窗口“File View”中Person.h文件和Student.h文件中加入以下代码，将#include"Person.h"包含到Student.h文件中。

```
class Person                //基类
{
public:
    Person();
    virtual void show();
    virtual ~Person();
};
class Student:public Person  //派生类
{
public:
    Student();
    void show();
    virtual ~Student();
};
```

在Person.cpp文件和Student.cpp文件中加入以下代码：

```
void Person::show()
{
    char str[80] = "A Person";
    AfxMessageBox(str);
}
```

```
void Student::show()
{
    char str[80] = "A Student";
    AfxMessageBox(str);
}
```

在 VirtualView.cpp 文件中#include"VirtualView.h"下面输入#include"Student.h", #include"Person.h"。在构造函数中输入以下代码:

```
CVirtualView::CVirtualView()
{
    //TODO:add construction code here
    Person per, * ps;
    Student stu;
    ps = &per;
    ps->show();              //指向基类的对象
    ps = &stu;
    ps->show();              //指向派生类的对象
    exit(0);
}
```

程序运行结果如图 3-12 所示。

在本例中，同样是通过基类 Person 指针，调用 show 函数，但由于调用的对象不同，实现的虚函数 show 的形式也就不同。由于先调用 Person 对象，故先后出现 a、b 两种结果。一般而言，可将类中具有共性的成员函数声明为虚函数，派生类定义虚函数时，必须保证函数的返回值类型和参数个数与基类中的声明完全一致。

a)

b)

图 3-12　程序运行结果
a) 运行第一个 ps->show() 的结果
b) 运行第二个 ps->show() 的结果

8. 默认的参数

在函数说明或定义中，C++允许通过赋值运算对函数参数表中的一个到多个参数设定默认值。对函数参数设置默认值的目的是提高程序的可读性和可修改性。当函数的参数在大多数情况下使用的值都相同时，为这些参数设定默认值可以简化程序代码。

在一个源程序文件中，一个参数只能有一个默认值。如果没有函数的说明语句，则可以在函数定义的函数头内指定参数的默认值。如果既有函数定义又有函数说明语句时，则默认参数只能出现在函数定义或函数说明两个语句其中之一，不能同时出现。

默认参数应从右至左逐渐定义，不允许在参数中间对参数使用默认值。当调用函数时，只能向左匹配参数，若某个参数省略，则其后参数都应该省略而采用默认值。不允许某个参数省略后，再给其后参数指定参数值。

例如:

```
float addFloat(float a = 1.0,float b = 2.0);      //ok
```

```
float addFloat(float a,float b=2.0);          //ok
float addFloat(float a=1.0,float b);        //error
```

函数调用时，可以这样：

```
sum=addFloat(3.0,4.0);      //此时a为3.0,b为4.0
sum=addFloat();             //此时a为1.0,b为2.0
sum=addFloat(5.0);          //此时a为5.0,b为2.0
```

3.7　软件开发管理技术

1. 软件的质量控制

为了在软件开发过程中保证软件的质量，要采取下述措施：

（1）技术审查

审查就是在软件生存周期每个阶段结束之前，都正式使用结束标准对该阶段生产出的软件配置成分进行严格的技术审查。审查小组通常由四人组成，包括组长、作者和两名评审员。组长负责组织和领导技术审查；作者是开发文档或程序的人；两名评审员提出技术评论。建议评审员由和评审结果利害攸关的人担任（例如，承担生存周期下一阶段开发任务的小组的成员）。

一般说来，至少在生存周期每个阶段结束之前，应该进行一次正式的审查，某些阶段可能需要进行多次审查。有时还需要复查。复查即是检查已有的材料，以断定特定阶段的工作是否能够开始或继续。每个阶段开始时的复查，是为了肯定前一个阶段结束时确实进行了认真的审查，已经具备了开始当前阶段工作所必需的条件。

（2）管理复审

管理复审指的是向开发组织或使用部门的管理人员，提供有关项目的总体状况、成本和进度等方面的情况，以便他们从管理角度对开发工作进行审查。

（3）测试

正如我们在软件生存期中强调软件测试一样，测试是保证软件质量的一个主要手段。有效的测试能发现软件中的隐藏错误。

怎样对程序进行测试呢？测试任何产品都有两种方法：黑盒测试和白盒测试。

1）黑盒测试：如果已经知道了产品应该具有的功能，可以通过测试来检验是否每个功能都能正常使用。该方法称为黑盒测试。对于软件测试而言，黑盒测试法把程序看成一个黑盒子，完全不考虑程序的内部结构和处理过程。也就是说，黑盒测试是在程序接口进行的测试，它只检查程序功能是否能按照规格说明书的规定正常使用，程序是否能适当地接收输入数据产生正确的输出信息，并且保持外部信息（如数据库或文件）的完整性。黑盒测试又称为功能测试。

2）白盒测试：如果知道产品内部工作过程，可以通过测试来检验产品内部动作是否按照规格说明书的规定正常进行。这种方法称为白盒测试。与黑盒测试法相比，白盒测试法的前提是可以把程序看成装在一个透明的白盒子里，也就是完全了解程序的结构和处理过程。这种方法按照程序内部的逻辑测试程序，检验程序中的每条通路是否都能按预定要求正确工作。白盒测试又称为结构测试。

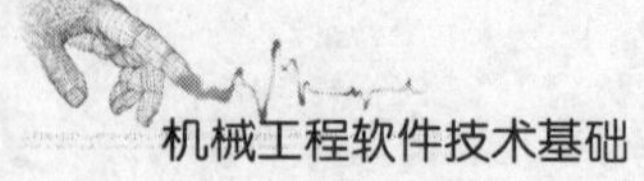

2. 软件开发的计划管理

对软件项目的有效管理取决于对项目的全面的精心计划。根据美国联邦政府的调查统计，因软件计划不周而造成的项目失败数占失败总数的一半以上。制订计划时应该预见到可能发生的问题，并且预先准备好可能的解决办法。下面讨论的计划适用于大型软件系统，这样的系统需要多个小组同时参加工作，在给定的时间内完成项目开发任务。

为大型软件开发项目所制定的计划应包括下列基本内容：

1）阶段计划：详细说明每个阶段应该完成的日期，并且指出不同阶段可以互相重叠的时间等。

2）组织计划：规定从事这个开发项目的每个小组的具体责任。

3）测试计划：概述应进行的测试和需要的工具，以及完成系统测试的过程和分工。

4）变动控制计划：确定在系统开发过程中需求变动时的管理控制机制。

5）文档计划：目的是定义和管理与项目有关的文档。

6）培训计划：培训从事开发工作的程序员和使用系统的用户的计划。

7）复审和报告计划：讨论如何报告项目的状况，并且确定对项目进展情况进行正式复审的计划。

8）安装和运行计划：描述在用户现场安装该系统的过程。

9）资源和配置计划：概述按开发进度、阶段和合同规定应该交付的系统配置成分。

软件开发的组织工作非常复杂，对大型的软件开发项目来说，更是如此。如何控制项目的开发进度，是项目管理的重要内容。一般采用图示方法来表示项目计划的进度，如甘特图和 PERT 图（项目计划评审方法）。

3. 软件开发团队

如何将参加软件开发的人员组织起来，使他们发挥最大的工作效率，对成功地完成软件项目极为重要。开发组织采取的形式要针对开发项目的特点来决定，同时也和参加工作的人员素质有关。

（1）组织原则

1）尽早落实责任：在软件开发项目工作的开始，就要尽早指定专人负责，使其有权进行管理，并对任务的完成负责。

2）减少接口：开发过程中，人员之间的联系是必不可少的。但是，如果人际联系太多，很多时间和人力将会花在人员联系上，从而导致工作效率降低。

（2）组织结构模式

通常有三种组织结构的模式可供选择：

1）按课题划分：把软件开发人员按课题组成小组，小组成员自始至终完成课题的全部任务。

2）按职能划分：参加工作的软件开发人员按任务的工作阶段分成若干专业小组，如分别建立计划组、需求分析组、软件设计组、实现组、系统测试组、质量保证组和维护组。采用这种模式，小组之间的联系接口要比第一种模式多，但有利于软件人员熟悉小组的工作，进而成为这方面的专家。

3）矩阵模式：将上述两种结构结合起来就成为矩阵模式，即一方面按工作性质成立一些专门组，另一方面每个项目又有它的管理人员负责管理。

（3）开发小组内部形式

小组内部人员的不同组织形式对工作也会带来影响。有两种主要形式：

1）民主制：小组成员处于平等地位，组员之间平等地相互交换意见。在这种组织形式内，成员能互相学习，并形成一个良好的工作合作气氛。但有时也会因此削弱个人责任心和必要的权威作用。有人认为这种组织形式适合于研制周期长、难度较大的项目。日本大多采用这种形式的开发小组，取得较好效果。

2）主程序员制：主程序员制的小组设主程序员1人，程序员3～5人，有时还有资料员和其他人员。主程序员负责设计并实现项目中的关键部分，对主要的技术问题作出决定，并给程序员分配工作；程序员承担编写代码和文档资料，完成单元测试工作；资料员负责维护程序清单、文档资料、测试计划等。

主程序员制突出了主程序员的领导作用。主程序员的技术水平和管理能力对小组工作效果具有决定性影响。主程序员制最早由美国IBM公司在20世纪70年代初期开始采用，后来取得巨大成功，从而引起了人们的普遍重视。

4. 软件文档

文档是软件工程中的一个重要概念。文档编写是软件开发过程中的一项重要工作。没有文档的软件，谈不上为真正的软件产品。软件文档的编制在软件开发工作中占有突出的地位和相当的工作量。

文档在软件开发人员、软件管理人员、维护人员、用户以及计算机之间起着桥梁的作用。软件开发人员在各个阶段以文档作为前阶段工作成果的体现和后阶段工作的依据；软件开发过程中，软件开发人员需制定一些工作计划或工作报告，这些计划和报告都要提供给管理人员，以得到必要的支持；管理人员则可通过这些文档了解软件开发项目安排、进度、资源使用和阶段成果等；软件开发人员需为用户提供软件使用、维护的详细资料。

（1）软件文档类型

软件文档大体包括以下十种：

1）可行性研究报告：说明该软件开发项目的实现在技术上、经济上和社会因素上的可行性，评述为了合理地达到开发目标可供选择的各种方案，说明并论证所选方案的理由。

2）项目开发计划：为软件项目实施方案制定出具体的计划，包括各部分工作的负责人员、开发的进度、经费预算、所需的硬件和软件资源等。项目开发计划应提供给管理部门，并作为开发阶段评审的参考。

3）软件需求说明书：对预计开发软件的功能、性能、用户界面及运行环境等作出详细的说明。它是用户与开发人员双方对软件需求取得共同理解基础上达成的协议，也是实施开发工作的基础。

4）概要设计说明书：它是概要设计阶段的工作成果。应说明功能分配、模块划分、程序的总体结构、输入输出以及接口设计、运行设计、主要数据结构设计和错误处理设计，为详细设计奠定基础。

5）详细设计说明书：着重描述每一个模块是怎样实现的，包括实现算法和逻辑流程等。

6）用户操作手册：详细描述软件的功能、性能和用户界面，如何使用软件等具体细节。

7）测试计划：应包括测试的内容、进度、条件、人员、测试用例的选择原则、测试结果允许的偏差等。

8）测试报告：对测试结果加以分析，并提出测试的结论意见。

9）开发进度月报：软件人员按月向管理部门提交项目进展情况报告。报告应包括进度计划与实际执行情况的比较、阶段成果、遇到的问题和解决的办法以及下个月的打算等。

10）项目开发总结报告：软件项目开发完成以后，应与项目实施计划对照，总结实际执行的情况，如进度、成果、资源利用、成本和投入的人力。此外，还需对开发工作作出评价，总结出经验和教训。

（2）文档编制的质量要求

高质量的文档应当具备：

1）针对性：文档编制应分清读者对象，按不同的类型、不同层次的读者，决定怎样适应他们的要求。

2）精确性：文档的行文应当十分确切，不能出现多义性的描述。文档编写应力求简明，有时配以适当的图表可增强清晰性。

3）完整性：任何一个文档都应当是完整的、独立的，应自成体系。例如，前言部分应作一般性介绍，正文给出中心内容，必要时还有附录。

（3）文档的管理和维护

在整个软件生存期中，各种文档会不断生成、修改或补充。为了得到高质量的产品，必须加强对文档的管理。

软件开发小组应设一位文档保管人员，负责集中保管本项目已有文档的两套主文本。在新文档取代了旧文档时，管理人员应及时注销旧文档。在文档内容有变动时，管理人员应随时修订主文本，使其及时反映更新了的内容。

第4章

VC++ 基本操作

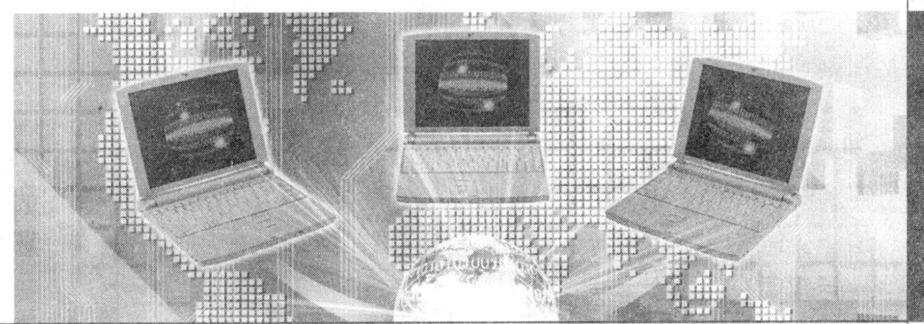

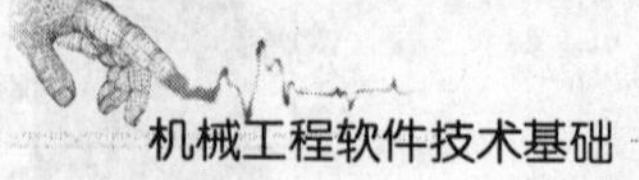

4.1 VC ++简介

1. 算法语言

计算机是上个世纪初被人们释放出来的一个魔鬼，而算法语言是指挥这个魔鬼干活的咒语。我们当然希望这种咒语不要太复杂，最好接近自然语言，于是算法语言从二进制的机器指令，汇编语言的助记符，一路发展到现在的高级语言，如 Basic 语言、C 语言。

高级语言已经很接近自然语言了（可惜接近的是英语而不是汉语），但计算机并不能直接理解执行，于是需要翻译。有两种翻译方式，一种是解释型，即翻译一句执行一句，类似于口译，早期的 Basic 系统，现在某些数据库系统的语言采用这种方式运行。另一种翻译的方式是编译，即一次性全部翻译好，类似于笔译，优点是软件的运行快，用户看不到源程序，因此保密性好。C、C ++ 、Pascal 语言都属于编译型系统。

早期使用 Fortran 语言开发程序的人对于一遍又一遍的编辑—编译—连接—运行的过程一定记忆深刻。现在各类编程语言都有了集成开发环境 IDE（Integrated Development Environment），可以把过去分步进行的过程集中在一个可视化的界面上完成，特别是如果在集成环境中对编辑好的源程序直接点击“运行”菜单，系统会自动先编译和连接然后再运行，操作非常方便。但提示初学者不要直接点击“运行”菜单，而应该按集成环境的编辑（打开）源程序、编译、连接（制作）、运行步骤进行，以便理解应用程序产生的过程。

2. VB 与 VC ++

VB、VC ++ 均是 Microsoft 公司的窗口程序开发工具，前者的语言基础是 Basic，后者的语言基础是 C ++ 。

每种语言，每种开发工具都有其不同的特性，应该说语言或开发工具本身并没有好坏优劣之分，如果硬要这么讲还不如说其擅长解决的问题存在差异。就学习上的难易程度，可以套用“难者不会，会者不难”来形容，任何东西只要掌握了也就没有难易之说了。这样讲并不否认大多程序员所认为的 VB 易用 VC ++ 难掌握的看法，而是希望程序开发的初学者树立能掌握任何开发工具和语言的信心。下面就两者的特性谈一点个人的看法。

VB 是微软开发的可视化 Basic 语言，功能很强但速度不是很快，尤其在进行大量的运算时就更显得非常力不从心了。但是用它开发界面或干一些不是很深入操作系统的工作时则非常方便和快捷，另外它的扩展性很强，可以调用 Win32API 和大多数的动态链接库。在编程方面微软提供了很多的动态链接库，调用也很方便，所以也不错。

VB 提供对象化编程，但实现得不如 VC ++ 。虽然 VB 通常不能提供类似 VC ++ 那样深入的操作，但是通过各种库或控件在编写程序时还是很好用的，只要编的程序不是需要进行大量的运算，用 VB 就很合适。现在一些大型程序通常都是用 COM 技术兼容 VB、VC ++ 等多种语言工具混合编制，以发挥各自的优点，快速高效地开发软件。

C 或 C ++ 语言一般被认为是中级语言，底层更接近汇编语言功能，因此速度快，功能强，代码精简，不论编什么内容的程序，用它都能较好地完成任务。在全球 C 与 C ++ 用得可能是最广的，主要就是因为它们的这个特性。

基于 C ++ 语言的 VC 系统很好地融和了 Windows 编程的 API 函数库，它通过 MFC（Microsoft Foundation Class library）基础类函数库把 Win32API 函数进行封装，形成较为完善的基础类库应用体系，非常好地体现了面向对象编程的思想方法，也为编程者提供了一个良好的面向对象程序设计的集成界面。

3. 怎样学习 VC++

最好的程序设计学习方法不外乎实战，只有自己动手编制一系列多种多样用途的程序段落，逐渐积累编程经验和技巧，才会在解决复杂问题和综合性应用软件开发时应用自如。

所有人都希望走最短的路抵达目的地，学习 VC++的人也不例外。然而，基础知识是不能绕过的，否则上层的知识就会变成无根之草，对知识的学习理解就会甚感困惑。建议按以下顺序较为系统地学习 VC++所需要掌握的知识：

（1） C++程序设计基础

对于 C++基础的学习，重点是掌握面向对象编程的理念和方法，首先应该搞明白面向对象编程的基本概念，比如类、对象、封装、继承、函数重载等。

（2） Windows 编程方法

有了 C++的基础后，接下来应该学习如何编制 Windows 程序，主要是了解 Windows 的消息事件驱动机制，同时掌握常用的 API 函数的使用。

（3） MFC 类库

理解使用 MFC 类库自动生成的程序框架组成结构和运行方式，进一步体会其消息循环传递及其响应处理函数调用机制。如果说对 Windows 编程有较好的掌握，则 MFC 部分的基础知识就很容易学习，也容易弄明白程序员自己编制的代码应该添加到应用程序框架的哪些位置。

对于没有接触过 Windows 编程而直接学习 VC++的 MFC 类库应用，不是不行而是不可取。如果一定要这样做，则应该针对学习中的疑问搜集相关资料尽量了解其中的来龙去脉。多花费精力编写程序并用不同的方式求解相同的问题，通过对比分析理解 MFC 生成的 Windows 程序类对象间的依存关系和运行调用的合理机制。

值得提醒的是，关于 VC++的学习，网上有很多编程爱好者论坛，很值得浏览。

4.2 MFC 基本操作

1. VC 集成环境

VC++是微软公司在 Microsoft C/C++7.0 语言基础上，推出的 Windows 应用程序开发工具，它通过 IDE 集成环境实现了“可视化”C/C++程序的开发模式，目前最新版本是 VC++2008。VC++提供完整的程序开发工具，主要包括应用程序资源库（AppStudio）、创建应用程序框架的核心工具（AppWizard）和建立应用程序类的辅助工具（ClassWizard），而且它们集成在工作平台（Visual Workbench）上，如图 4-1 所示。

在图 4-1 所示的工作平台上，编程人员可以开发任何用 C++或 C 语言编写的程序，包括程序的建立、编辑、浏览、保存、打开、编译、连接、调试和优化等。如能熟练使用 Visual C++平台提供的各种开发工具或资源，便能在很短的时间里创建一个完整的 Windows 应用程序。

以下通过 Visual C++6.0 学习创建 Windows 应用程序的步骤。

2. AppWizard 应用程序向导

使用 AppWizard 应用程序向导工具，经过 6 步就可自动生成一个完整的应用程序框架，

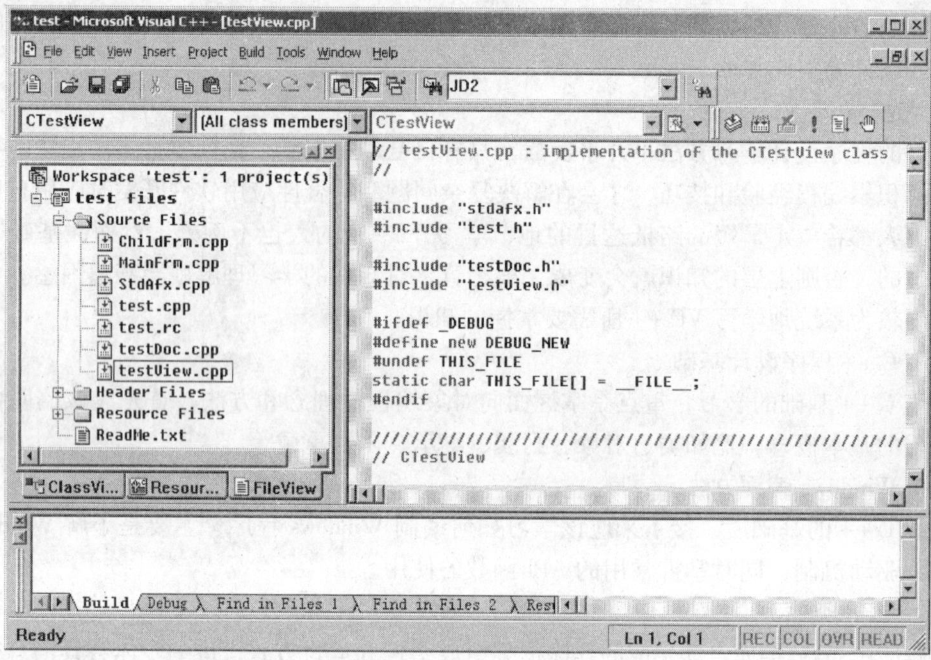

图 4-1　VC ++ 集成开发环境——Visual Workbench

至于解决什么问题则是编程者在此基础上要完成的“装修”工作，即添加相应的程序代码实现问题的求解。

以下通过 Visual C ++ 6. 0 的运行，介绍 AppWizard 工具如何以 MFC 为基础形成应用程序的基本框架。

（1）启动 Visual C ++ 6. 0，选择“Files”→“New”，弹出如图 4-2 所示窗口。

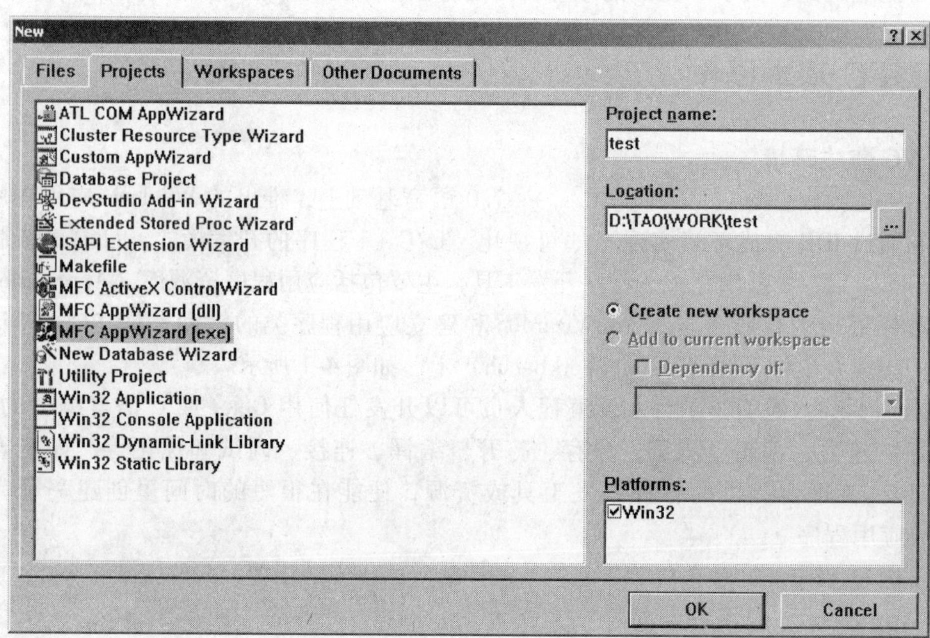

图 4-2　确定应用程序类型和工程名

（2）选择“Projects”选项卡，建立“MFC AppWizard [exe]”类型的工程，输入工程名（Project name），同时可以修改工程的保存位置（Location）。

（3）单击“OK”按钮进入6步骤框架程序生成过程：

1）图4-3所示为MFC AppWizard Step 1对话框，选择应用程序的界面类型和语言。选好后单击“Next”。

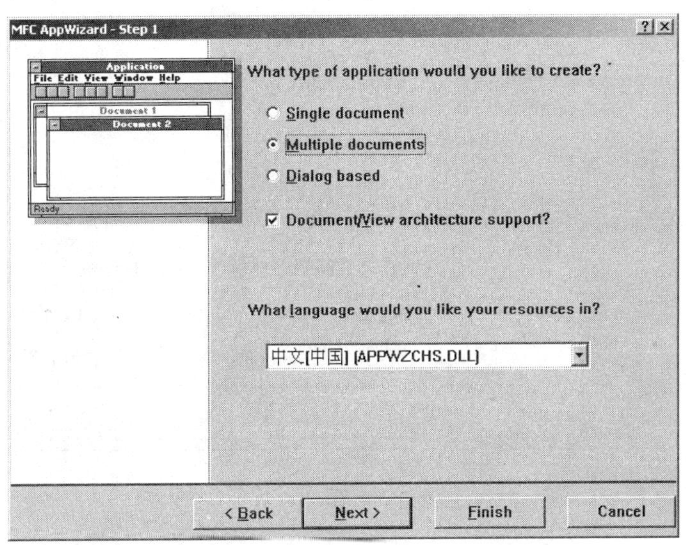

图4-3　选择应用程序界面类型和语言

应用程序的界面类型包括以下几种：

●单个文档（Single document）

●多重文档（Multiple documents）

●基于对话框（Dialog based）

2）图4-4为弹出的Step 2 of 6对话框，可设置数据库选项，选好后单击“Next”。

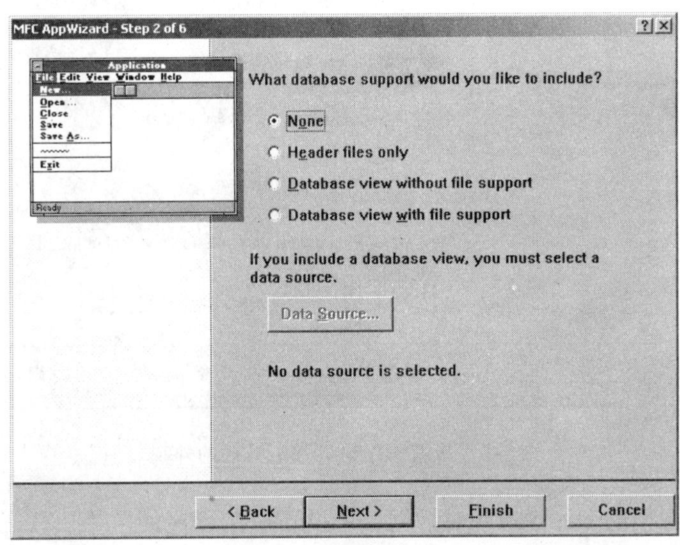

图4-4　设置数据库选项

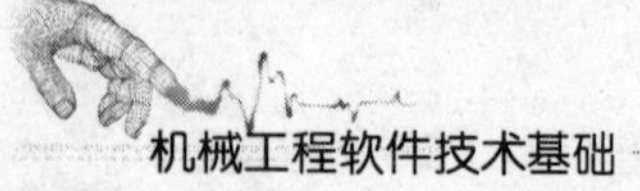

3）图 4-5 为弹出的 Step 3 of 6 对话框，可设置 OLE 选项，选好后单击“Next”。

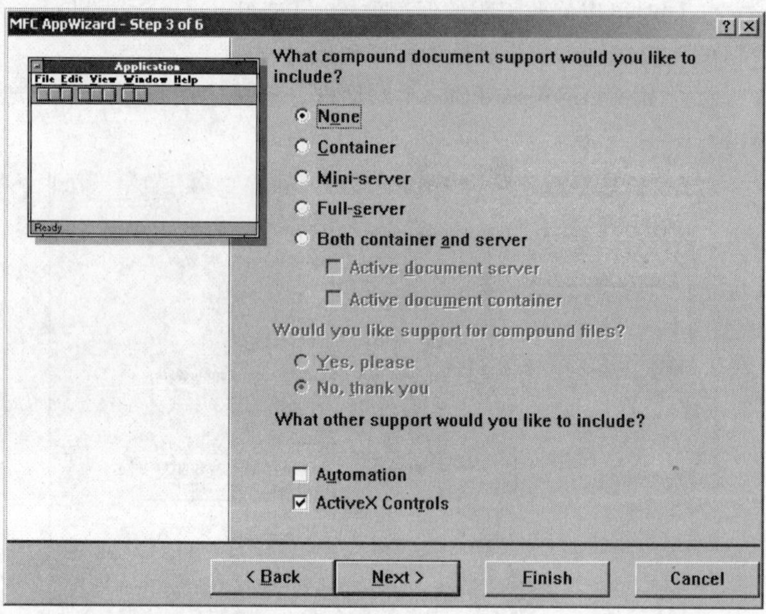

图 4-5　设置 OLE 选项

4）图 4-6 为弹出的 Step 4 of 6 对话框，可设置应用程序及工具栏的外观，选好后单击“Next”。

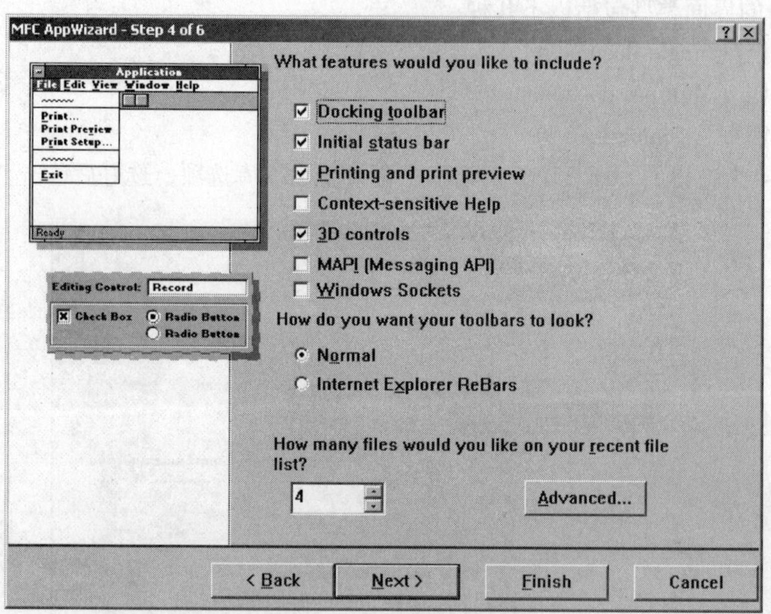

图 4-6　设置程序窗口及工具栏的外观

5）图 4-7 为弹出的 Step 5 of 6 对话框，可设置应用程序的风格，代码中是否添加注释和使用 MFC 库文件的方式，选好后单击“Next”。

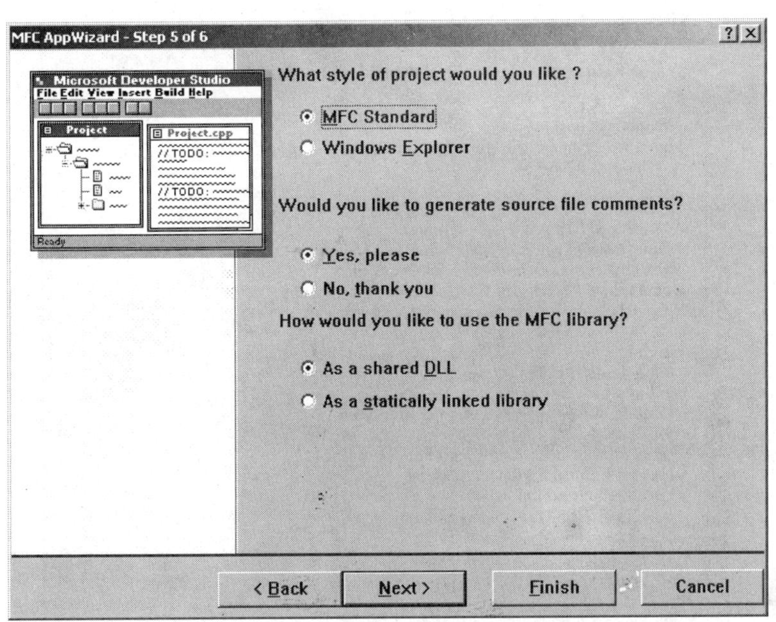

图4-7　设置应用程序风格

6）图4-8是弹出的Step 6 of 6对话框，可以修改类的信息，即设置向导生成的文件名和类名及其派生类的基类。至此6步骤交互生成应用程序框架过程结束，单击“Finish”列出对应的工程项目特征说明，如图4-9所示。

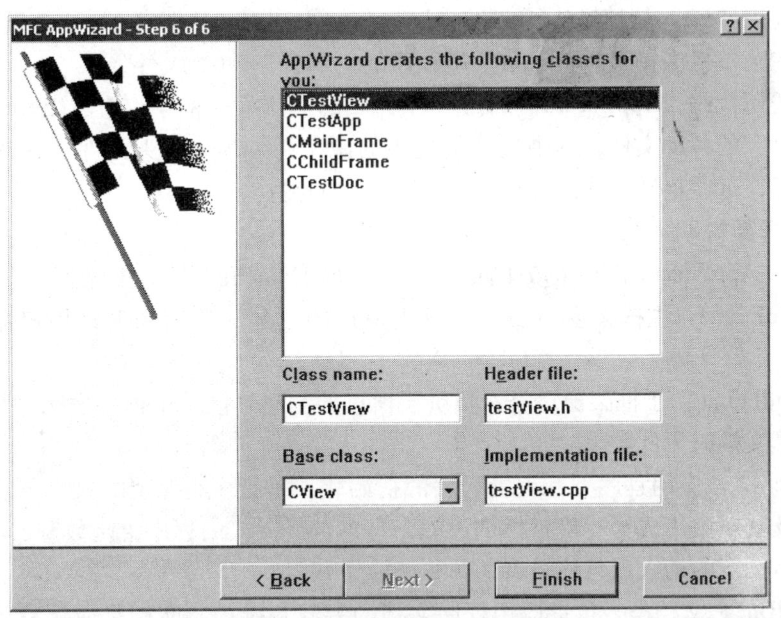

图4-8　选择生成类的父类

(4) 图4-8、图4-9中所显示的内容是在图4-3到图4-8的6个步骤中按默认选项生成的。单击图4-9中的“OK”，返回图4-1的集成环境。

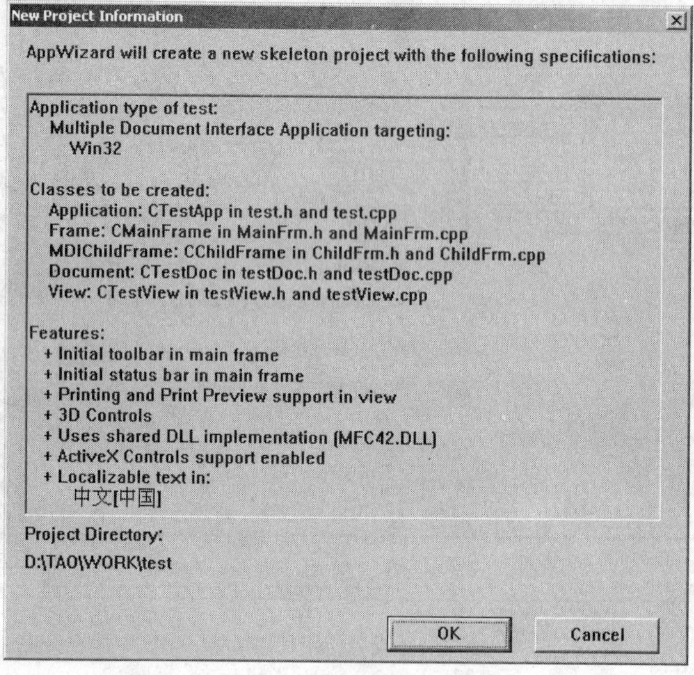

图 4-9　生成程序信息列表

(5) 单击图 4-1 中所示的按钮进行“编译”操作，再单击按钮进行“运行”操作。

也可以利用“F7”快捷键进行“编译”操作，再利用“Ctrl + F5”快捷键进行“运行”操作。或者在菜单栏中按对应菜单项实施程序的“编译”和“运行”。

不用写任何代码，AppWizard 生成了一个完整的应用程序框架。查看工作区窗口的文件夹，便是其对应的各种文件，其中包括最主要的源文件 *. cpp、头文件 *. h 和其他资源文件。请想一想，这些自动生成的文件都是干什么用的呢?

3. 程序框架说明

(1) MFC AppWizard 自动生成了四个类（单文档）或五个类（多文档）

1) CMainFrame：主框架窗口类，负责主窗口的创建、显示和搜索用户命令以及消息派发。

2) CChildFrame：子框架窗口类，负责子窗口的创建、接受主框架发来的用户命令以及消息派发。单文档时无此类。

3) CTestApp：应用程序类，负责程序的初始化，是把主框架类、文档子框架类、文档类、视图类及其对象集成为有机整体的过程，是 Windows 应用程序主函数 WinMain () 运行实现整体程序执行的切入点与终结者。

4) CTestDoc：文档类，负责应用程序文档的装载和维护，文档是应用程序需要保存的任何内容。

5) CTtestView：视图类，负责为文档提供一个或几个视图，视图的作用是为显示和修改文档提供人机界面。

它们的基类及其声明和实现文件见表 4-1。

表 4-1 MFC AppWizard 生成的类

类 名 称	基 类	类声明文件	类实现文件
CmainFrame	CMDIFrameWnd	MainFrm. h	MainFrm. cpp
CChildFrame	CMDIChildWnd	ChildFrm. h	ChildFrm. cpp
CTestApp	CWinApp	test. h	test. cpp
CTestDoc	CDocument	testDoc. h	testDoc. cpp
CTestView	CView	testView. h	testView. cpp

（2） stdafx. h 和 stdafx. cpp

stdafx. h 和 stdafx. cpp 两个文件称为预编译文件，在第一次程序编译时系统会按此二文件内容建立一个预编译的前置头文件 test. pch 和一个前置编译类型文件 stdafx. obj。由于 MFC 体系结构非常大，包含许多头文件，如果每次都编译的话比较费时间。因此，AppWizard 把常用的 MFC 头文件都放在 stdafx. h 中，如 < afxwin. h > 、 < afxext. h > 、 < afxdisp. h > 、 < afxdtctl. h >等，然后让 stdafx. cpp 包含 stdafx. h 文件。这样，编译器在重复编译工程项目时能识别出前置头文件而无需再次对其编译，以提高重复编译的速度。

（3） AppWizard 生成的应用程序框架是通过项目“工作室”来管理的。所以，无论选择什么类型的应用程序，AppWizard 都要为应用程序生成相应的工作室、项目和类信息文件。本例的 F：\wcpp \test 文件夹中形成的工作室文件、项目文件和类信息文件等文件信息见表 4-2。

表 4-2 文件信息

文 件 名	说 明
test. dsw	工作室文件，它保存了当前工作室所包含的项目的信息
test. dsp	项目文件，它包含当前项目的设置、项目中包含的文件等信息
test. clw	类信息文件，它含有能被 AppWizard 用来编辑现有类或增加新类的信息，AppWizard 还用这个文件来保存创建和编辑消息映射与对话框数据所需的信息，以及创建虚拟成员函数所需的信息

上述使用 MFC 建立的 test 是多文档应用程序，相关对象建立的顺序是：应用程序对象→主框架窗口对象→文档对象→文档子窗口框架对象→视图对象，它们如何建立，有何功能，其运行机制怎样，学习 VC ++ 的程序员有必要理解其中的关系。下面依次简要进行说明。

1） 应用程序对象：应用程序类及其对象是 AppWizard 编程向导应用 MFC 类库自动构建的 Windows 程序的核心。在 test. cpp 文件中，定义了应用程序类及整个工程项目中唯一的全局应用程序类对象 theApp。类中定义了一个非常重要的初始化成员函数 InitInstance（），它是由 VC ++系统使用 MFC 编程隐含的主函数 AfxWinMain （）（在… \ MFC \ SRC \ WinMain. cpp 中）调用，是进行工程中重要事例的初始化操作。

使用 MFC 类库自动生成的 Windows 程序启动运行时，是先建立全局对象 theApp，因为 C 或 C ++语言中全局变量或对象都是在主函数开始运行前建立，这符合变量先定义后使用的原则，接下来才是主函数 AfxWinMain （） 的正式运行。主函数运行中只有检测到当前应用程序类 theApp 才能继续进行，然后通过该对象调用其中的 InitInstance （） 初始化函数实现其他类对象的建立。

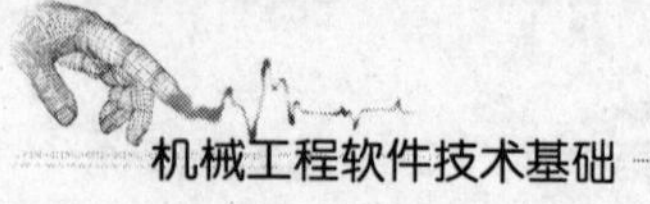

在 InitInstance（）函数中，文件模板是建立文档对象、文档子框架窗口对象、视图对象的关键所在，它通过 RUNTIME_CLASS（class_name）宏来取得指定的类（class_name），该宏当框架窗口在运行时能够创建相关类的实例，即建立文档对象、文档子框架窗口对象、视图对象。紧接其后的是建立主框架窗口对象的代码。注意：虽然文档模板代码段在前，但由于 RUNTIME_CLASS（）是在框架窗口运行时才创建类对象，因此主框架窗口建立在先，文档及视图对象在后。

test. cpp 文件的代码如下：

```
……
//指定消息与处理函数的对应关系
BEGIN_MESSAGE_MAP(CTestApp,CWinApp)
    //{{AFX_MSG_MAP(CTestApp)
    ON_COMMAND(ID_APP_ABOUT,OnAppAbout)
        //NOTE-the ClassWizard will add and remove mapping macros here.
        //      DO NOT EDIT what you see in these blocks of generated code!
    //}}AFX_MSG_MAP
    //Standard file based document commands
    ON_COMMAND(ID_FILE_NEW,CWinApp::OnFileNew)
    ON_COMMAND(ID_FILE_OPEN,CWinApp::OnFileOpen)
    //Standard print setup command
    ON_COMMAND(ID_FILE_PRINT_SETUP,CWinApp::OnFilePrintSetup)
END_MESSAGE_MAP()

CTestApp::CTestApp()                    //应用程序类构造函数
{
    //TODO:add construction code here,
    //Place all significant initialization in InitInstance
}

CTestApp theApp;                        //建立唯一的全局应用程序对象

BOOL CTestApp::InitInstance()           //初始化成员函数,由主函数 WinMain()调用
{
    AfxEnableControlContainer();        //使应用程序包含 ActiveX 控件
//三维显示效果设置
#ifdef_AFXDLL
    Enable3dControls();                 //Call this when using MFC in a shared DLL
#else
    Enable3dControlsStatic();   //Call this when linking to MFC statically
#endif
```

```
//设置应用程序注册关键字
  SetRegistryKey(_T("Local AppWizard-Generated Applications"));
  LoadStdProfileSettings();  //Load standard INI file options(including MRU)
  CMultiDocTemplate * pDocTemplate;     //对应多文档类文件模板对象指针
  pDocTemplate = new CMultiDocTemplate(
      IDR_TESTTYPE,
      RUNTIME_CLASS(CTestDoc),
      RUNTIME_CLASS(CChildFrame),  //custom MDI child frame
      RUNTIME_CLASS(CTestView));
  AddDocTemplate(pDocTemplate);

  //create main MDI Frame window
  CMainFrame * pMainFrame = new CMainFrame;          //建立主框架窗口对象
  if(! pMainFrame->LoadFrame(IDR_MAINFRAME))  //装载主框架相关资源
      return FALSE;
  m_pMainWnd = pMainFrame;               //指向主框架的全局指针记录下主框架窗口

  //Parsc command line for standard shell commands,DDE,file open
  CCommandLineInfo cmdInfo;
  ParseCommandLine(cmdInfo);  //获取可能传递的命令行参数

  //Dispatch commands specified on the command line
  if(! ProcessShellCommand(cmdInfo))
      return FALSE;

  //The main window has been initialized,so show and update it.
  pMainFrame->ShowWindow(m_nCmdShow); //显示主框架窗口
  pMainFrame->UpdateWindow();              //窗口更新
  return TRUE;
}
```

2）主框架窗口对象：在应用程序类 InitInstance（）初始化函数中建立主框架窗口对象部分的代码如下：

```
BOOL CTestApp::InitInstance()
{
……
    CMainFrame * pMainFrame = new CMainFrame;       //建立主框架架窗口对象
    if(! pMainFrame->LoadFrame(IDR_MAINFRAME))//装载主框架相关资源
        return FALSE;
    m_pMainWnd = pMainFrame;                //指向主框架的全局指针记录下主框架
```

```
                                                        窗口
……
        pMainFrame->ShowWindow(m_nCmdShow);//显示主框架窗口
        pMainFrame->UpdateWindow();              //窗口更新
        return TRUE;
}
```

代码显示主框架对象由 new 动态建立后，通过 LoadFrame（）成员函数把系统定义的 IDR_MAINFRAME 资源装载进来，一般包括标题栏、菜单、边框、滚动条等基本组件。创建后显示及大小控制是由 ShowWindows（m_nCmdShow）成员函数实现，其中参数 m_nCmdShow 由系统确定，程序员可以修改。但主框架窗口对象建立时的初始化操作是通过调用该类的 OnCreate（）成员函数实现的。

3）文档与文档子框架窗口对象：文档类（CDocument）是一种数据对象，用来保存应用程序所处理的数据。这些数据的读写与更新是在主框架窗口对象的资源管理，即消息指引下实施的。在多文档时，每建立一个新文档就必须在主框架里分割一块作为独立的空间执行主框架对象发来的消息，完成文档数据的操作处理。

4）视图对象：视图类对象是寄居在文档框架窗口上的子窗口，就像在文档框架的墙壁上安了一面镜子，能显示文件的数据并接受用户的消息，是文档对象与用户间的交互界面。当用户选择主框架菜单“File/New”或“File/Open”项目时，应用程序类的初始化成员函数 InitInstance（）中的文档模板就会建立所需的文档对象和文档框架窗口对象，而文档窗口对象则会再建立视图对象。

如果把应用程序比作文艺演出，主框架窗口对象就是大剧场，文档是剧目，文档子框架窗口是演出厅，视图对象是幕布，只有打开幕布才能看节目。多文档就象剧场的多个演出厅，而单文档就只有一个演出厅，既然只有一个，也就没有必要把剧场分割开。因此单文档的应用程序就只有一个主框架窗口类，多文档时才有主框架和子框架窗口类之分。正因为这样，单文档的应用程序相关对象建立的顺序是：应用程序对象→文档对象→主框架（文档框架）窗口对象→视图对象，可以通过多文档和单文档对应的初始化函数分析理解。

4. 第一个用户程序

以前面所建立的 test 应用程序框架为基础，实现视图屏幕显示“太原科技大学重大技术装备 CAD/CAE 实验室”的字符串数据的这种简单功能，规范的做法如下：

1）单击工作室文件目录中 FileView 选项，打开 Header Files/testDoc. h 文件，在 CtestDoc 类中定义数据：

```
class CTestDoc:public CDocument
{
……
protected:
    CString   str;//新增语句:定义数据成员
Public:
    CString   getStr(){return str;}//新增语句:inline 函数定义
}
```

2）打开 Source Files/testDoc. cpp，在构造函数中对数据 str 初始化：

```
CTestDoc::CTestDoc()
{
  //TODO:add one-time construction code here
  str = "太原科技大学重大技术装备 CAD/CAE 实验室";//新增语句:定义字符串内容
}
```

3）打开 Source Files/testView. cpp，在 OnDraw（）函数中进行视图屏幕输出：

```
void CTestView::OnDraw(CDC * pDC)
{
    CTestDoc * pDoc = GetDocument();
    ASSERT_VALID(pDoc);
    //TODO:add draw code for native data here
    pDC->TextOut(10,10,pDoc->getStr());//新增语句:输出字符串
}
```

运行程序后输出结果如图 4-10 所示。

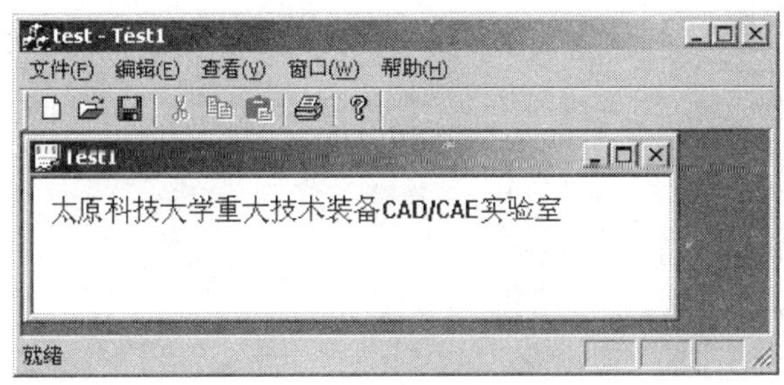

图 4-10　输出结果

这是按照 MFC 类库各负其责的功能，实现用户要求的第一个 VC 应用程序，但实际上还有更多灵活的方式实现程序的目标。

（1）数据直接定义在视图类

把上述 CString str 数据直接定义在 testView. h 中，并在 CtestView:: CtestView（）构造函数中初始化，这样 OnDraw（）函数中可直接输出

```
void CTestView::OnDraw(CDC * pDC)
{
    CTestDoc * pDoc = GetDocument();
    ASSERT_VALID(pDoc);
    //TODO:add draw code for native data here
    pDC->TextOut(10,10,str);
}
```

（2）消息提示框输出

使用 AfxMessageBox（）或 MessageBox（）消息函数：

```
void CTestView::OnDraw(CDC * pDC)
{
```

```
    CTestDoc * pDoc = GetDocument();
    ASSERT_VALID(pDoc);
    pDC->TextOut(10,10,pDoc->getStr());
    AfxMessageBox("太原科技大学重大技术装备 CAD/CAE 实验室");//MFC 全局函数
    MessageBox("太原科技大学重大技术装备 CAD/CAE 实验室"); //CWnd 类成员
                                                            函数

}
```

消息提示框输出如图 4-11 所示。

图 4-11 消息提示框输出

事实上消息提示框函数可以在程序的任何合法位置实现提示信息输出，如构造函数、析构函数、OnDraw（）函数等，只要确定调用函数肯定会有运行的机会。

5. 程序调试与发行

使用 MFC 建立的应用程序中，为保证程序代码执行时不会产生“陷阱”，系统添加了大量的在调试程序时的测试信息，如：


```
//CTestView diagnostics
#ifdef_DEBUG
void CTestView::AssertValid()const //判断类的有效性
{
    CView::AssertValid();
}

void CTestView::Dump(CDumpContext& dc)const //堆检查
{
    CView::Dump(dc);
}

CTestDoc * CTestView::GetDocument()//non-debug version is inline
{
    ASSERT(m_pDocument->IsKindOf(RUNTIME_CLASS(CTestDoc)));//返回文档检查
    return(CTestDoc *)m_pDocument;
}
#endif //_DEBUG
```

它们在菜单 Build/Configuration 中选择 Win32 Debug 项目时起作用，其编译生成的 *.exe运行程序存放在 Debug 子目录下。当程序调试运行平稳后，可以在菜单 Build/Configuration 中选择 Win32 Release，编译连接或运行后在 Release 子目录中会生成一个比 Debug 子目录中更小的 *.exe 文件，通常称作发行版运行文件。

有时集成环境在编辑时会失去提示功能，这时只要退出 VC++6.0 系统，删除 ncb 文件，再双击 *.dsw 文件进入 VC++6.0 系统即可恢复提示功能。

6. 在 VC 下运行 C 语言程序

有时我们需要编译运行一些 C 语言的 DOS 程序，或运行一些使用流式（cin，cout）输入输出形式的 C++控制台应用程序。在 Windows 下运行 TC2.0 系统很不方便，不如直接在 VC++6.0 下运行，下面介绍在 VC++6.0 下运行 DOS 程序的三种方法：

（1）在 VC++6.0 下运行 DOS 程序的方法之一

1）启动 VC++6.0，主菜单选 File 文件，New 新建，翻到 Files 页，选 C++Source File 源程序，在 Location 位置处按“…”按钮，选择存放文件的磁盘和目录，在 File 文件处给出文件名（不需要扩展名），按“OK”按钮。（生成的是 cpp 文件）

2）在编辑窗口输入源程序

```
#include"stdio.h"
#include"conio.h"
void main(void)
{
    printf("Hello,world! \n");
    getch();//暂停用,否则直接双击可执行文件运行时一闪而过。
}
```

3）主菜单选 Build 编译，Rebuild All 强行全部重建，会出现提示“This build command requires an active project workspace. Would you like to create a default project workspace?”（此编译命令需要一个激活的项目空间，您是否同意新建一个默认的项目空间）单击“是（Y）”即可。

4）按“!”按钮运行程序，会弹出一个 DOS 窗口显示运算结果，按任意键返回。

5）下次只要打开该工程的目录，双击扩展名为 dsw 的文件即可自动启动 VC++6.0 并装入全部工程所包括的文件，就可以继续工作，修改程序并试运行了。

（2）在 VC++6.0 下运行 DOS 程序的方法之二

1）建立目录 Test。由于 VC++6.0 的工程包含多个文件，为每个工程建立目录比较规整。

2）在此目录中按鼠标右键，新建文本文档，输入上例的源程序，存盘退出。

3）把该文本文件的名称改为“Test.cpp”，不要理会操作系统的警告。（改成 Test.c 也行）。

4）双击该文件，启动 VC++6.0。如果没有关联，用右键点击该文件，在打开方式中选“Microsoft（R）Developer Studio”。

5）强行编译、运行即可，效果与上例相同。可以用此法运行原来的 C 语言程序。

（3）在 VC++6.0 下运行 DOS 程序的方法之三

1）启动 VC++6.0。

2）主菜单选 File 文件，New 新建，翻到 Projects 页，选 Win32 Console Application 控制台应用程序，在 Location 位置处按“…”按钮，选择存放文件的磁盘和目录，在 File 文件处给出文件名（不需要扩展名），按“OK”按钮。

3）选 A“Hello，World!”application，按“Finish”按钮，按“OK”按钮。

4）按“!”按钮就可以直接编译、连接、运行了。这种方式比较正规。

注意：cpp 文件在加入#include"iostream.h" 后支持 cin>>和 cout<<，C 文件不支持。

4.3 输出技术

前面 MFC 基本框架应用程序已介绍，视图对象占据文件框架窗口对象整个客户区，负责显示文件数据并接受发生在客户区的消息，是应用程序与用户间的交互界面。一般输出操作包括文本与图形两种形式，但不论如何都是在不同输出设备上的信息显示处理。为了达到与设备无关的输出特性，Windows 应用程序建立了负责显示器、打印机等装置控制的图形设备界面函数模块（GDI）及其负责的管理维护信息——设备文档（Device Context，DC）。设备文档作为应用程序与设备驱动间的转换站，就是记录当前的书写或绘图工具等信息，如画笔/画刷种类、字体特征、颜料等。MFC 类库中提供的设备文档类主要有：CDC 基类，CPaintDC、CClientDC、CWindowDC 等子类。下面主要介绍文本的输出控制。

1. 在当前窗口上输出字符

在 OnDraw（CCC * pDC）函数中添加：pDC- >TextOut（200，100,"Hello World"）;

2. 在当前窗口上输出数值

在 OnDraw（CCC * pDC）函数中添加：

```
char tmpstr[81];double x=123.6;
sprintf(tmpstr,"%.1f",x);
pDC- >TextOut(200,100,tmpstr);
```

3. 通过消息框输出

在构造函数中添加：

```
double x=3.14;
CString str;
str.Format("x=%f",x);
AfxMessageBox(str);//输出数据
```

或在构造函数中添加：AfxMessageBox（"Hello，World!"）；//输出字符串

4. 自定义输出函数

由于 Windows 中基本的输出函数是针对字符的，在输出数值时需要进行转换，不太方便，我们可以自已编一个函数，如输出一个数值：

```
void test(char Prompt[ ],double XX)
{
    char tmpstr[81];
    sprintf(tmpstr,"%s%f",Prompt,XX);
    AfxMessageBox(tmpstr);
}
```

该函数在使用时只需要写：test（"X="，x）；即可。根据这个原理，我们不难编出输出一个向量（一维数组），和输出一个矩阵（二维数组）的函数。

5. 应用实例

上述的输出方式简明易用，单行文本输出函数 TextOut（）和消息框输出在前述例子中也已有所应用。另外一个使用较多的输出函数是多行文本格式 DrawText（）函数，以下通

过例子说明其使用方法。为了整体了解数据格式，在 CTestView:: OnDraw (CDC * pDC) 中直接定义局部变量后输出。代码如下：

```
void CTestView::OnDraw(CDC * pDC)
{
    CTestDoc * pDoc = GetDocument();
    ASSERT_VALID(pDoc);
    //TODO: add draw code for native data here
    pDC->TextOut(10,30,"数字格式输出:");          //输出的提示标题
    float a =3.0,b =5.0;
    char cs[30];
    CString cstr;
    sprintf(cs,"%0.2f + %0.2f = %0.2f",a,b,a + b); //数值变量输出转换格式 1
    pDC->TextOut(10,70,cs);
    cstr.Format("%0.2f + %0.2f = %0.2f",a,b,a + b);//数值变量输出转换格式 2
    pDC->TextOut(10,50,cstr);
    pDC->TextOut(10,100,"多行文本输出:");         //输出的提示标题
    CRect Rect(50,110,350,200);                    //定义多行文本输出的矩形框对象
    cstr = "太原科技大学\n 机械电子工程学院\n 重大技术装备\nCAD/CAE 实验室";
    //多行文本输出函数调用,其中参数 DT_CENTER 表示以框体对象 Rect 中心对齐
    //使用 DT_LEFT 和 DT_RIGHT 可以实现框体中的左对齐与右对齐
    pDC->DrawText(cstr,cstr.GetLength(),&Rect,DT_CENTER);
}
```

运行输出结果显示如图 4-12 所示。

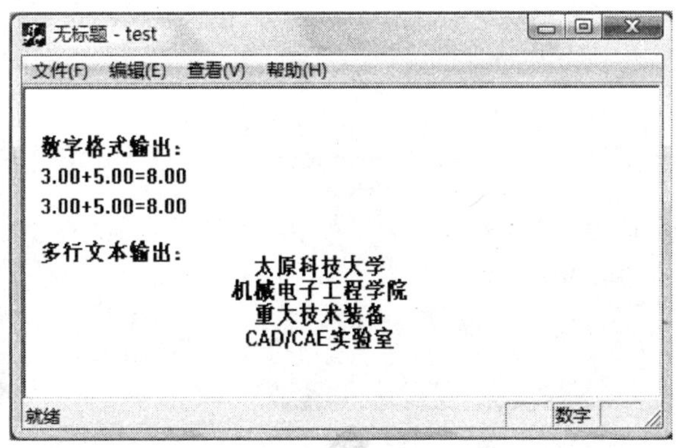

图 4-12 运行输出结果

4.4 输入技术

程序的输入不外乎接受用户输入的数据或命令，而典型的输入方式是通过键盘或鼠标实现。VC ++平台支持的 Windows 编程的输入也不例外，只是使用键盘或鼠标对窗口的各项操

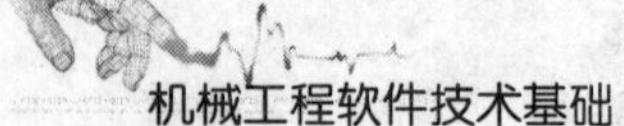

作是以不同的消息引入的，应用程序接受消息后会按内容指派对应的消息响应函数进行处理。虽然 VC ++的消息处理机制比较复杂，但其系统已经提供了 ClassWizard 类管理工具，可使用该工具自动生成消息响应函数框架，建立资源对象和消息处理函数间的关系，程序员只需完善消息响应函数主体的执行代码编写。

1. 在对话框中输入

对话框是 Windows 应用程序实现人机交互最常用的可视化界面。它既可以向用户传递信息，又可以让用户直接输入数据或进行输入选择。对话框有模态对话框和非模态对话框两种。模态对话框必须关闭后才能继续程序的其他工作，非模态对话框在打开期间则允许用户切换到程序的其他部分。

对话框由对话框资源和对话框类组成。在 Workbench 工作平台下，应用资源管理工具（AppStudio）和类管理工具（ClassWizard）非常方便在当前工程中建立需要的程序文件。下面以模态对话框为例来介绍对话框的的创建及使用。

（1）创建对话框资源

步骤一：创建对话框资源。打开“test”工程，在资源视图“Resource View”中选“Dialog”，单击鼠标右键在下拉菜单中选“Insert Dialog”就创建了对话框资源。或执行菜单栏的“Insert”→“Resource”命令，在弹出的“Insert Resource”对话框中选择“Dialog”项，单击“New”按钮，也能创建对话框资源。默认情况下，对话框资源中提供“OK”和“Cancel”两个按钮如图 4-13，同时打开对话框控件工具栏图 4-14。在图 4-13 中已经按图 4-14 提供的 Aa 和 ab| 资源控件添加了三个静态标签和三个编辑控件。

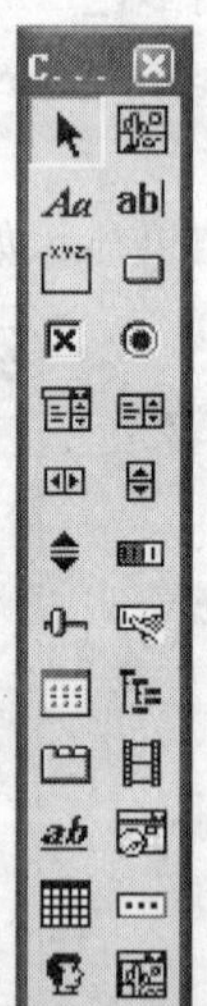

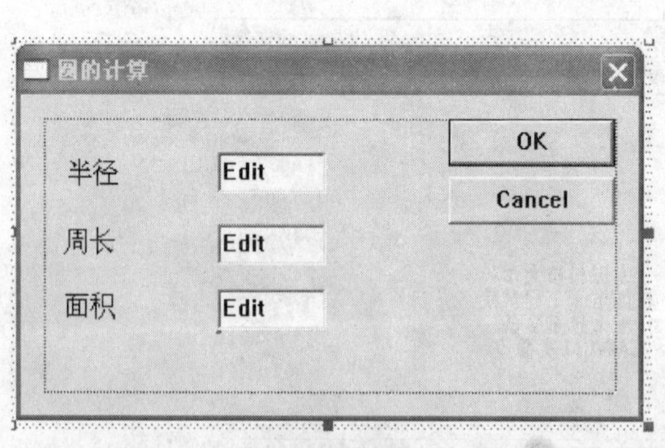

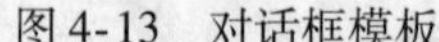
图 4-13　对话框模板

图 4-14　控件工具栏

步骤二：修改对话框属性。打开所创建的对话框资源，按“Enter”键，将弹出其属性对话框，如图 4-15 所示。可以在此设置对话框的属性，例如对话框名字和 ID 值等。

（2）创建对话框类及连接

双击所建对话框任何区域弹出“Add a class”对话框，选择“Create a new class”，单击“OK”按钮，则会出现“New class”对话框，如图 4-16 所示。在该对话框“Name”后的编

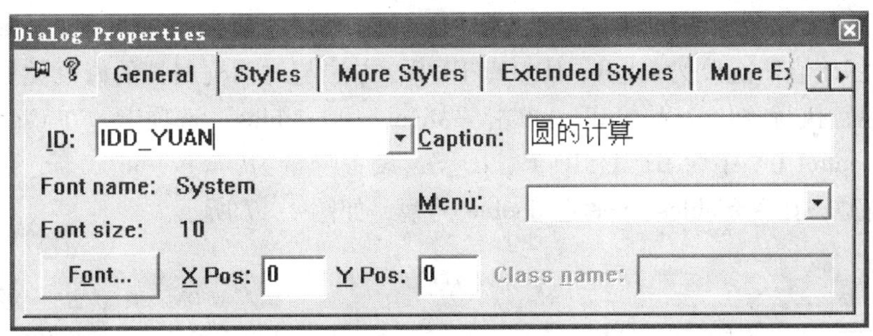

图 4-15　对话框的属性对话框

辑框中填写类名 yuan，单击“OK”按钮，就创建了一个对话框类。在 File View 视图中打开 TestView. cpp 文件。将#include" yuan. h" 输入到#include " TestView. h" 下面。在构造函数中输入以下代码就实现了对话框的连接。运行程序就会显示所创建的对话框类。

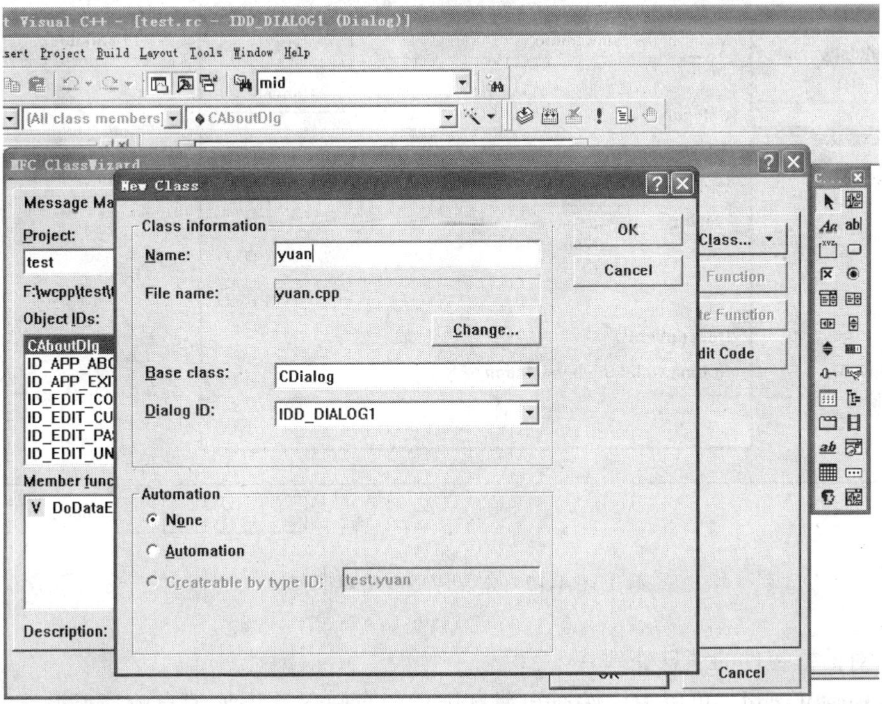

图 4-16　新建类对话框

```
CTestView::CTestView()
{
    //TODO: add construction code here
    yuan a;          //创建一个 yuan 对话框类的对象
    a.DoModal();//调用该对话框
}
```

(3) 为对话框类添加成员变量

要实现对话框和程序通信，还需要给对话框类添加数据成员，以保存各种控件的初始值，并从控件中读取数据。给对话框资源添加三个静态标签和三个编辑框，如图 4-13 所示。将编辑框属性 ID 值依次改为 ID_R、ID_C、ID_S，方法与对话框属性的修改类似。选中对话框，单击右键，执行“ClassWizard”，单击“Member Variables”选项卡，在 Class Name 中选择 yuan，在 Control IDs 中为 ID_R、ID_C、ID_S，设置变量为：m_r、m_c、m_s。在 Category 中选 Value 类型，在 Variables Type 选 double 类型，如图 4-17 所示。

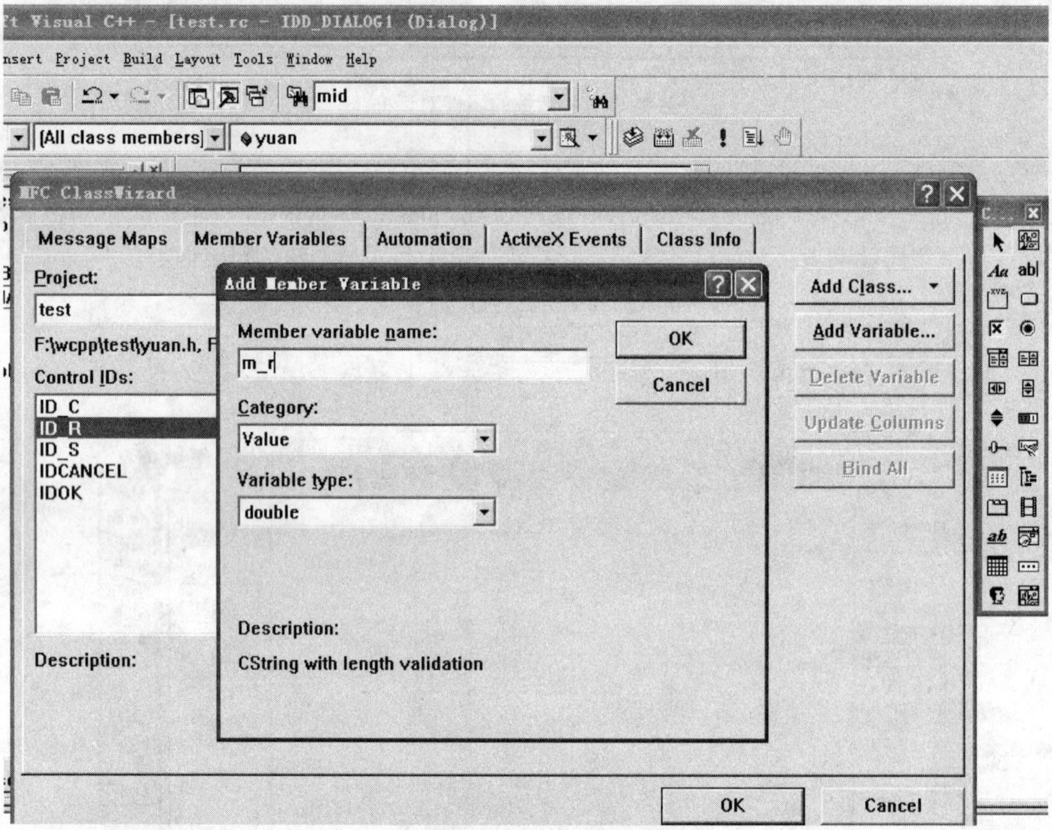

图 4-17　定义成员变量对话框

（4）对话框控件的消息处理

通过 ClassWizard，可以为控件通知消息进行消息映射并添加消息响应函数。以“OK”按钮为例来说明其使用方法。

首先，选中对话框，单击右键，在弹出的下拉菜单中选“ClassWizard”或使用快捷键进入“MFC ClassWizard”对话框。在该对话框中选择“Message Map”选项，在 Class Name 中选择 yuan，在 Control IDs 中选中 ID_OK。此时，在右侧的“Message”列表中，就显示出了该控件可用的消息。这里选择“BN_CLICKED”，单击“Add Function”按钮就会弹出一个可以添加消息响应函数的对话框，如图 4-18 所示。单击“OK”按钮，就完成了对话框消息函数的创建。

其次，在 File View 视图中双击打开 yuan. cpp 文件。在其构造函数中对变量进行初始化，代码如下所示：

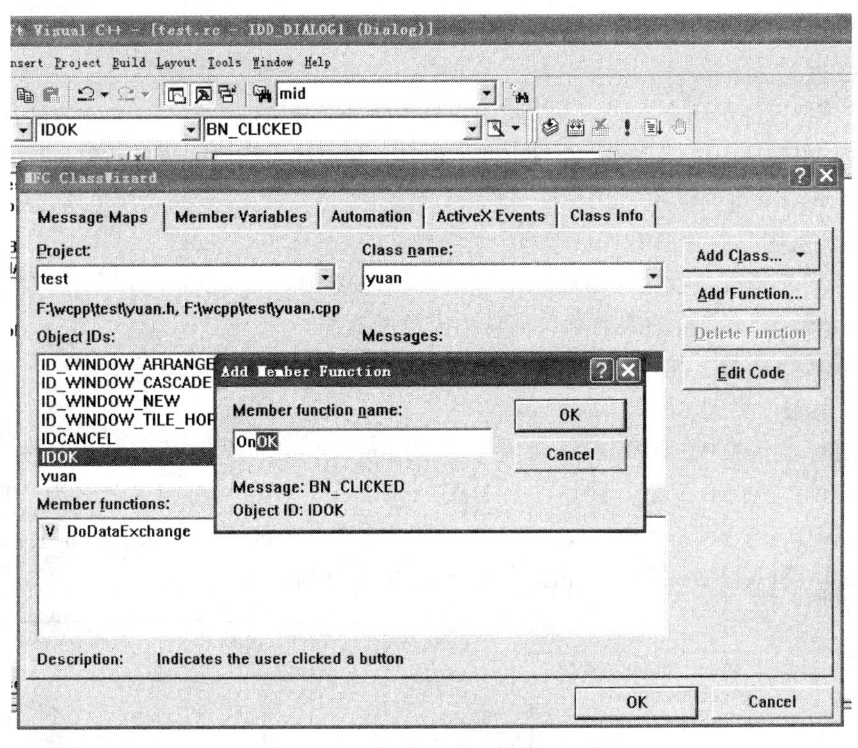

图4-18　添加消息响应函数的对话框

```
yuan::yuan(CWnd * pParent /* =NULL */): CDialog(yuan::IDD,pParent)
{
    //{{AFX_DATA_INIT(yuan)
    m_r =10.0;//给变量圆的半径赋初值
    m_c =0.0;
    m_s =0.0;
    //}}AFX_DATA_INIT
}
```

在其消息响应函数 yuan::OnOK()函数中添加如下代码,并注释 CDialog::OnOK();行。

```
void yuan::OnOK()          //OK 按钮的消息响应函数
{
                           //TODO: Add extra validation here
    UpdateData(true);      //把编辑框中的数据读入到变量
    double PI =3.14159;    //定义圆周率变量
    m_c = PI * 2.0 * m_r;           //计算圆的周长
    m_s = PI * m_r * m_r;           //计算圆的面积
    UpdateData(false);   //把变量中的数据显示到编辑框
//  CDialog::OnOK();
}
```

编译运行程序即实现上述对话框中圆的计算功能。

2. 选择性输入

菜单是用户选择可用命令的一个最常用、最快捷的重要资源，是与用户交互的标准接口之一。当一个菜单被选中时，系统就会发出命令消息，从而引发相应的消息处理函数的执行。

（1）菜单创建的步骤

在程序开发中，菜单的编程一般可分为三步：

1）编辑菜单资源，设置菜单属性（包括菜单名和 ID）。

2）用 Class Wizard 自动映射菜单消息和成员函数。

3）编辑成员函数，加入菜单消息处理代码。

（2）菜单编程实例

1）创建工程。在 Visual C ++ 6.0 中，利用 AppWizard 向导，执行"Files"→"New"菜单命令，在"Projects"中，创建一个 MFC AppWizard［exe］工程，命名为"Example"。在工作区窗口中打开资源视图"Resource View"，展开"Menu"文件夹，系统会已自动生成一个 IDR_ MAINFRAME 菜单，双击该菜单，如图 4-19 所示。

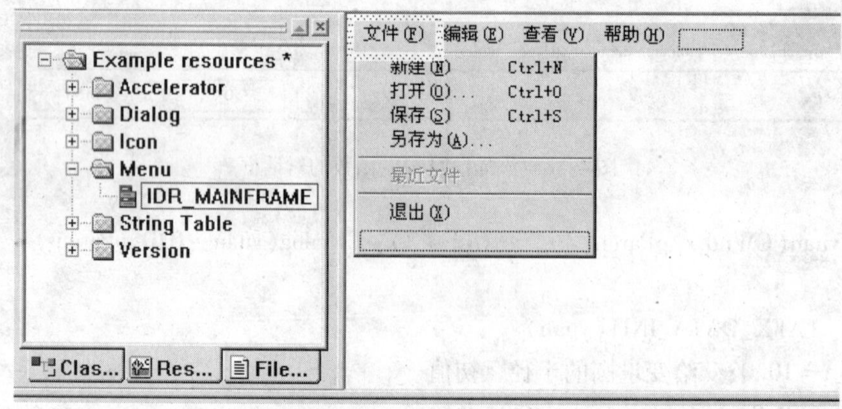

图 4-19　IDR_ MAINFRAME 菜单资源

2）添加菜单项。首先，添加顶层绘图菜单。在主菜单右侧的虚框内，双击就会弹出该菜单项的属性对话框。在"Caption"编辑框中输入"绘图（&D）"（可响应热键 Alt + D），菜单名即显示在菜单上，如图 4-20 所示。其属性对话框中默认了"Pop-up"选项，表示顶层，其本身不执行菜单命令。

其次，添加菜单项。双击"绘图"菜单下的虚框，即可打开菜单项属性对话框，添加菜单项。在该对话框中输入 ID 值及其 Caption 菜单项名称。在属性对话框按图 4-21 所示输入。其中"Prompt"中的信息会在鼠标移到菜单项上时出现在窗口下面的提示区。

3）添加菜单项消息响应函数。首先，利用 ClassWizard 向导，执行"View"→"ClassWizard"，或用"Ctrl + W"快捷键，打开"MFC ClassWizard"对话框。在"Class Name"下的组合框中选择"CExampleView"，在"Object IDs"列表框中选择 ID_POLYGON。在"Messages"中选择"COMMAND"命令消息，如图 4-22 所示。

然后单击"Add Function"按钮，弹出"Add Member Function"对话框，如图 4-23 所示。单击"OK"按钮即可。

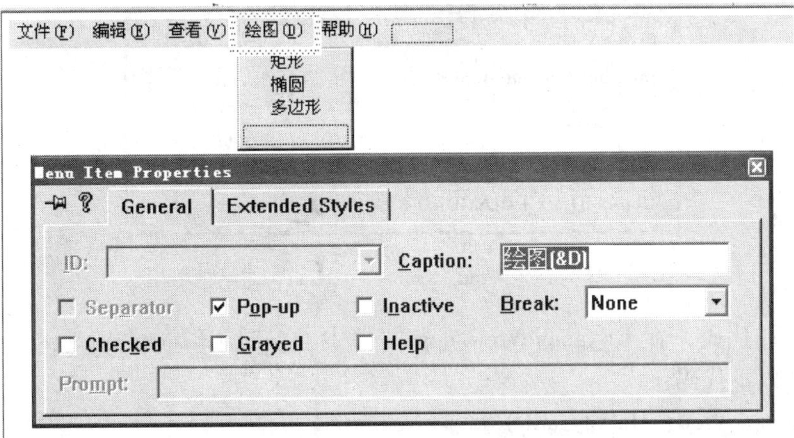

图4-20　添加顶层菜单属性的对话框

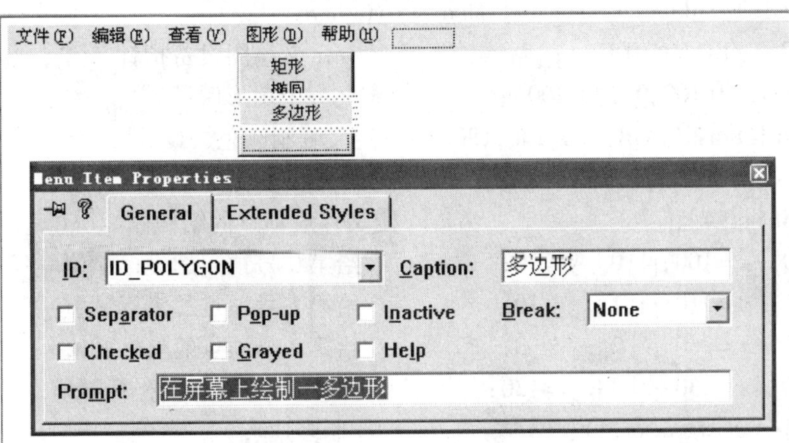

图4-21　添加菜单项属性的对话框

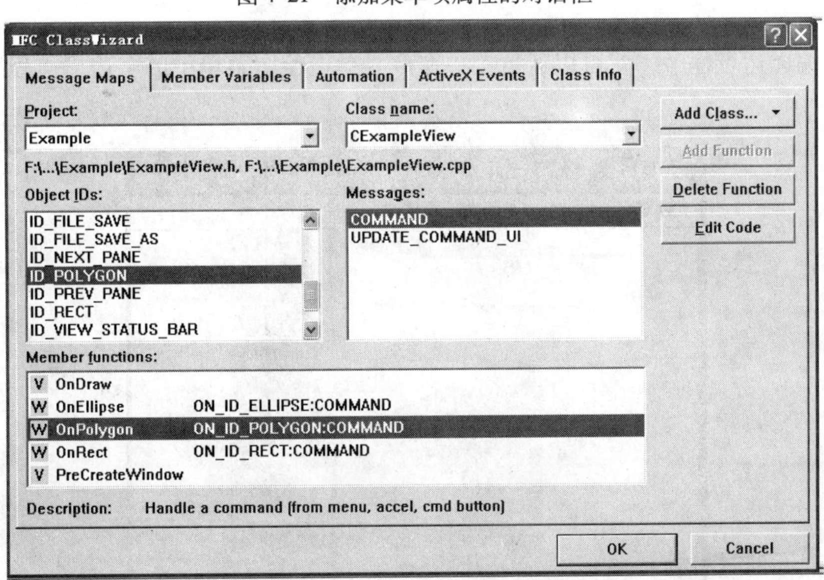

图4-22　“MFC ClassWizard”对话框

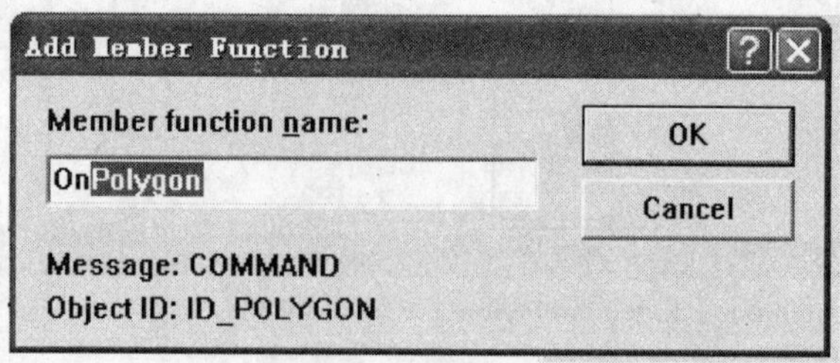

图 4-23 “Add Member Function” 对话框

最后，添加代码，在 CExampleView. cpp 文件中的 void CExampleView:: OnPolygon ( ) 函数里面添加以下代码：

```
void CExampleView::OnPolygon()
{
    //TODO: Add your command handler code here
    CDC  *pDC = GetDC();                    //定义绘图设备指针
    CRect rect(100,0,300,200);          //定义一个矩形区域
    CBrush brush(RGB(180,180,180));//定义画刷颜色
    pDC->FillRect(rect,&brush);        //充填矩形区域
    CPoint pt[4];                       //定义存放顶点的结构体
    pt[0].x=100;pt[0].y=70;             //给第0号顶点的坐标赋值
    pt[1].x=210;pt[1].y=10;             //给第1号顶点的坐标赋值
    pt[2].x=260;pt[2].y=60;             //给第2号顶点的坐标赋值
    pt[3].x=230;pt[3].y=130;            //给第3号顶点的坐标赋值
    pDC->Polygon(pt,4);                 //绘制多边形
    ReleaseDC(pDC);                     //释放绘图设备指针
}
```

此时，编译运行程序，就可以运行菜单命令。单击绘图菜单下的多边形，程序运行结果如图 4-24 所示。

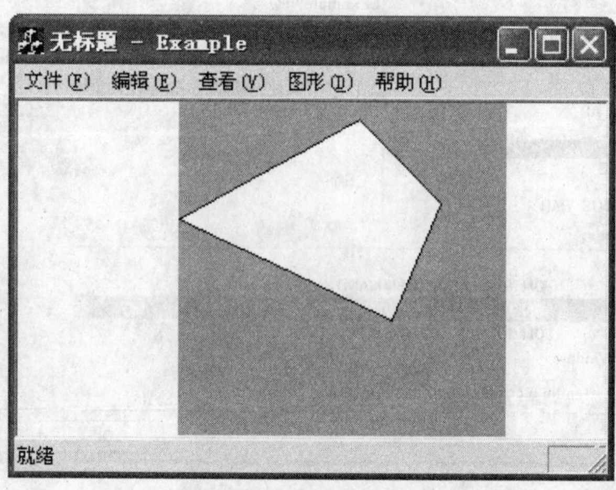

图 4-24 程序运行结果

此外，还可以用“Alt”键或“Ctrl”键加字符为菜单添加快捷键。有关其他操作可以查阅相关书籍。

4.5　消息响应

Windows 应用程序运行的两个最重要部分，一是主函数 WinMain ( )，二是窗口消息处理函数（简称窗口函数）。主函数为应用程序的入口，而窗口函数则是由 Windows 系统调用执行与窗口有关的消息响应工作。使用 MFC 生成的应用程序主函数名为 AfxWinMain ( )，隐含在 VC++系统内。启动应用程序主函数主要的任务有三点：一是进行应用程序的初始化；二是产生并显示主窗口及窗口客户区更新；三是进入消息循环以处理与应用程序相关的消息。消息循环传递是 Windows 系统和应用程序沟通的媒介。

1. Windows 中的消息响应机制

Windows 系统所有硬件配置及外界事件的输入信息，都以消息的类型存放在系统队列，然后再分送这些消息到相关的应用程序队列称为“队列消息”。所有用户的应用程序使用消息循环从应用程序队列取得所要的输入消息，然后传递给相对应的窗口消息处理函数以便其执行要求的操作任务。Windows 系统消息处理流程如图 4-25 所示。图中箭头表示消息传递。

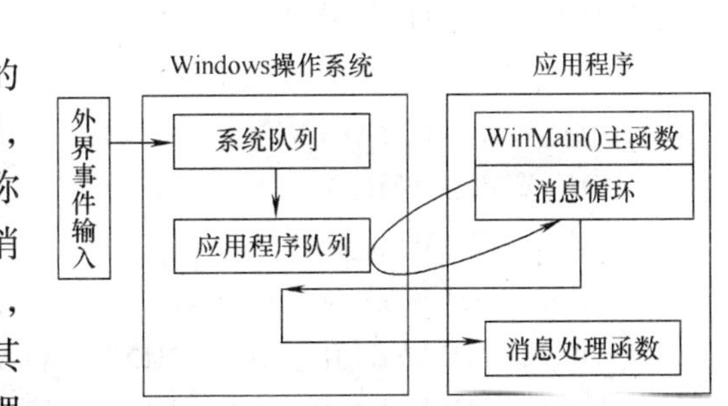

图 4-25　Windows 系统消息处理流程

应用程序人机交互的主要工作，就是接受用户输入的数据或命令（输入消息），经内部运算（消息处理函数）处理后再返回给用户。一般人机交互大多是由键盘和鼠标操作产生的动作消息，归纳起来有：

1）键盘动作产生的键盘消息。

2）键盘动作转换成的字符消息。

3）鼠标动作引发的鼠标消息。

4）鼠标作用在按钮或滚动杆产生的按钮消息。

5）鼠标作用在菜单产生的菜单消息。

6）系统定时器产生的定时消息。

不同的消息是由操作系统的不同部分或应用程序来控制的。MFC 允许大多数程序员完全不用了解消息的底层传递过程，而只需要学会处理消息的高层。因此，使得消息处理非常简单，通常只要使用消息的名称就能由 ClassWizard 类工具引出对应的消息响应函数框架。反映到应用程序中，除去消息响应函数外还有消息映射宏，即出现在 .cpp 文件中的 BEGIN_MESSAGE_MAP ( ) 和 END_MESSAGE_MAP ( )，以及在 .h 头文件中的 DECLARE_MESSAGE_MAP ( )。如：

```
class CTestView : public Cview   //.h 中消息映射的声明
{
……
protected:
```

```
    //{{AFX_MSG(CTestView)
    afx_msg void OnMouseMove(UINT nFlags,CPoint point);//消息响应函数
    afx_msg void OnLButtonDblClk(UINT nFlags,CPoint point);
    afx_msg void OnKeyDown(UINT nChar,UINT nRepCnt,UINT nFlags);
    afx_msg void OnChar(UINT nChar,UINT nRepCnt,UINT nFlags);
    //}}AFX_MSG
    DECLARE_MESSAGE_MAP()
};

BEGIN_MESSAGE_MAP(CTestView,CView)//.cpp 文件中消息映射
    //{{AFX_MSG_MAP(CTestView)
    ON_WM_MOUSEMOVE()                    //消息处理函数宏
    ON_WM_LBUTTONDBLCLK()
    ON_WM_KEYDOWN()
    ON_WM_CHAR()
    //}}AFX_MSG_MAP
    //Standard printing commands
    ON_COMMAND(ID_FILE_PRINT,CView::OnFilePrint)
    ON_COMMAND(ID_FILE_PRINT_DIRECT,CView::OnFilePrint)
    ON_COMMAND(ID_FILE_PRINT_PREVIEW,CView::OnFilePrintPreview)
END_MESSAGE_MAP()
```


下面介绍常用的消息响应函数应用。

2. 按钮的消息响应

鼠标点击按钮的消息一般分为单击（BN_CLICKED）和双击（BN_DOUBLECLICKED）两类，可以通过类管理工具（ClassWizard）产生消息响应函数框架。参见对话框内容的介绍。

3. 菜单的消息响应

菜单可以由鼠标点选也可以由对应的键盘按键激发，不管哪种方式都对应着菜单引发（COMMAND）消息和菜单可用与不可用的状态切换（UPDATE_COMMAND_UI）消息，同样可以通过类管理工具产生消息响应函数框架。参见菜单内容的介绍。

4. 鼠标的消息响应

鼠标在应用程序客户区时的动作产生的消息有以下几种：

1）鼠标移动时产生 WM_MOUSEMOVE。

2）按下鼠标左键产生 WM_LBUTTONDOWN。

3）放开鼠标左键产生 WM_LBUTTONUP。

4）双击鼠标左键产生 WM_LBUTTONDBLCLK。

上述是以鼠标左键为例，类似有鼠标右键及中键的消息。以 WM_MOUSEMOVE、WM_LBUTTONDBLCLK 为例说明应用。使用 ClassWizard，在 Messages 窗口中选择 WM_MOUSEMOVE 和 WM_LBUTTONDBLCLK 消息添加成员函数，并在函数中加入响应消息的代码：

```
void CTestView::OnMouseMove(UINT nFlags,CPoint point)
```

```
{
    //TODO: Add your message handler code here and/or call default
    CString ss;
    ss.Format("鼠标移动中获取点坐标(x,y)=(%d,%d)",point.x,point.y);//屏幕显示坐
                                                                    标提示
    CClientDC dc(this);          //获取客户区输出设备
    dc.TextOut(50,30,ss);        //输出
    CView::OnMouseMove(nFlags,point);
}
void CTestView::OnLButtonDblClk(UINT nFlags,CPoint point)
{
    //TODO: Add your message handler code here and/or call default
    CString ss;
    ss.Format("鼠标双击时获取点坐标(xx,yy)=(%d,%d)",point.x,point.y);
    CClientDC dc(this);
    dc.TextOut(50,50,ss);
    CView::OnLButtonDblClk(nFlags,point);
}
```


鼠标响应屏幕输出结果如图4-26示。其中鼠标在客户区移动时第一行坐标值在变，双击鼠标时第二行的坐标也会改变。

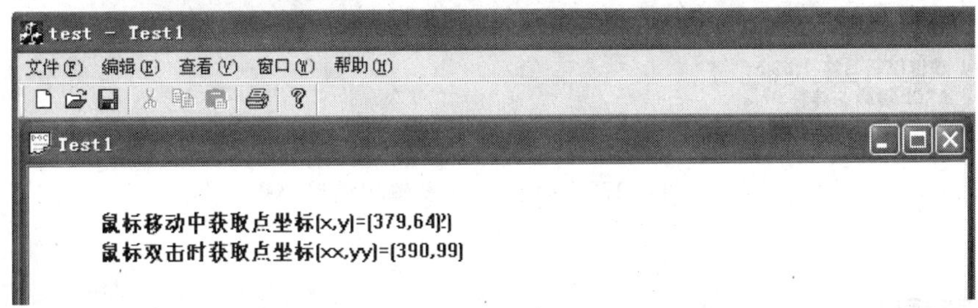

图4-26　鼠标响应屏幕输出结果

5. 键盘动作的消息响应

当用户按下或放开键盘按键时，键盘驱动程序即传递键盘消息给Windows进入系统消息队列，然后再转入拥有控制权的应用程序消息队列，并由应用程序消息响应函数作进一步处理。按键时产生下列消息：

1）按下键盘按键时产生WM_KEYDOWN。

2）放开键盘按键时产生WM_KEYUP。

3）键盘字符消息WM_CHAR。

以WM_KEYDOWN和WM_CHAR为例产生的消息响应函数如下：

```
void CTestView::OnKeyDown(UINT nChar,UINT nRepCnt,UINT nFlags)
{
```

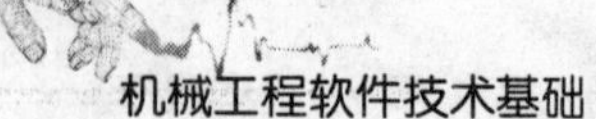


```
    //TODO: Add your message handler code here and/or call default
    CClientDC dc(this);
    char OutStr[100];
    sprintf(OutStr,"虚键键码与键符:%d,%c",nChar,nChar);
    dc.TextOut(10,20,OutStr);
    CView::OnKeyDown(nChar,nRepCnt,nFlags);
}
void CTestView::OnChar(UINT nChar,UINT nRepCnt,UINT nFlags)
{
    //TODO: Add your message handler code here and/or call default
    CClientDC dc(this);
    char OutStr[100];
    sprintf(OutStr,"ASCII 键码与键符:%d,%c",nChar,nChar);
    dc.TextOut(10,40,OutStr);
    CView::OnChar(nChar,nRepCnt,nFlags);
}
```


键盘响应屏幕输出结果如图 4-27 所示。

图 4-27 键盘响应屏幕输出结果

4.6 屏幕图形

1. MFC 程序的画面维护

Windows 应用程序的窗口客户区是一个丰富多彩的图板，它可以显示出应用程序希望的任何信息，而且不论文字、表格、图形等均是以图形方式输出数据。由于 Windows 程序为多任务环境，各种窗口的重叠移动、大小变化中都必须保持窗口内容的完整，这就要求窗口反复重绘更新，实现此项功能的是画面维护消息——WM_PAINT，对应的消息处理函数为 OnPaint ( )。该函数是基础框架 CWnd 类的成员函数，根据画面维护的要求，在其子类中派生重载，如在视图类 CView 中默认的重载成员函数可在 VC ++ 的 MFC \ SRC \ VIEWCORE. CPP 文件中查到，定义如下：

```
void CView::OnPaint()
{
```

```
    CPaintDC dc(this);          //取得设备文本
    OnPrepareDC(&dc);             //绘图操作所需的前置处理
    OnDraw(&dc);                //调用 OnDraw()函数
}
```

由程序可以看出 OnPaint（）函数取得设备文本 CPaintDC 类，此类只在响应 WM_PAINT 消息时才使用，目的是创建设备文本环境对象，而后的窗口更新则是由 OnDraw（）函数实现。通常在视图 CViewr 的派生类中，一般不重载 OnPaint（）消息处理成员函数，只对 OnDraw（)的内容进行改写。如果重载了 OnPaint（）函数，而又不调用 OnDraw（）函数，则 OnDraw（）函数不会被执行，因为它不是具有回调功能的消息处理函数。

2. 在文档视图上绘图

视图类是文档对象与用户间的交互界面，是显示文档数据并接受用户消息的客户区。如上所述负责文档视图窗口更新操作 CView 的成员函数 OnDraw（）当然可以实现屏幕绘图。

```
void CTestView::OnDraw(CDC * pDC)
{
    CTestDoc * pDoc = GetDocument();
    ASSERT_VALID(pDoc);
    //TODO: add draw code for native data here
    //画矩形框
    pDC->MoveTo(100,20);
    pDC->LineTo(100,100);
    pDC->LineTo(200,100);
    pDC->LineTo(200,20);
    pDC->LineTo(100,20);
    //绘制圆或椭圆
    pDC->Ellipse(100,20,200,100);
}
```

绘图运行结果输出如图4-28所示。

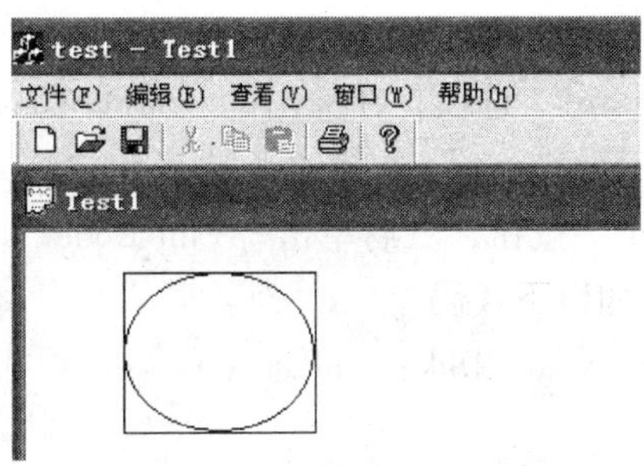

图4-28　绘图运行结果输出

那么如何让图形动起来呢？首先，需要让坐标值为变量：

1）在 CTestView 的头文件中将 i 定义为类成员数据。

2）可在构造函数中给变量赋初值：i=100。

3）在 void CTestView::OnDraw（CDC * pDC）中写入代码：

```
//画矩形框
pDC->MoveTo(i,20);
pDC->LineTo(i,100);
pDC->LineTo(i+100,100);
pDC->LineTo(i+100,20);
```

```
pDC- >LineTo(i,20);
//绘制圆或椭圆
pDC- >Ellipse(i,20,i+100,100);
```

这样当i变动时，图形就会跟着变动。那么，如何让i变动呢?

4）使用ClassWizard类管理工具在CTestView中填写WM_LBUTTONDOWN和WM_RBUTTONDOWN鼠标消息响应函数并填写如下代码，就可以实现鼠标左右键控制下的图形左右移动。

```
void CTestView::OnLButtonDown(UINT nFlags,CPoint point)
{
    //TODO: Add your message handler code here and/or call default
    i- =30;
    Invalidate();
    CView::OnLButtonDown(nFlags,point);
}

void CTestView::OnRButtonDown(UINT nFlags,CPoint point)
{
    //TODO: Add your message handler code here and/or call default
    i+ =30;
    Invalidate();
    CView::OnRButtonDown(nFlags,point);
}
```


3. 在对话框上绘图

对话框类客户区不能通过视图类的OnDraw（）函数更新重绘，因为它们两者毫无关系。要在对话框中输出信息，必须建立它自己的画面维护函数OnPaint（）。

示例：为对话框画一个简单的小车示意图。

1）首先创建对话框图类“dhk”，按“Ctrl+W”快捷键或“View”菜单中的“ClassWizard”选项，在弹出的“MFC ClassWizard”对话框中选择“Message Maps”属性页，在“Class Name”选择“dhk”，在“Messages”中选中“WM_PAINT”消息，单击“Add Function”按钮，之后单击“Edit Code”，进入dhk.cpp文件中的void dhk::OnPaint（）函数。添加以下代码:

```
void CDhk::OnPaint()
{
    CPaintDC dc(this);//device context for painting
    dc.TextOut(30,50,"小车动画演示:");
    dc.Rectangle(x,y,x+100,y+50);          //画小车矩形
    dc.Ellipse(x+10,y+50,x+30,y+70); //画车轮
    dc.Ellipse(x+70,y+50,x+90,y+70); //画车轮
}
```

2）在对话框中添加“向左”“向右”按钮，双击就会弹出“Add Member Function”对话框。单击“OK”按钮，就完成了按钮消息响应函数的添加，如图4-29所示。

图4-29 “Add Member Function”对话框

3）为消息响应函数添加源代码。在dhk.cpp文件中的void dhk::OnButton1（）中添加以下代码：

```
void CDhk::OnButton1()
{
    //TODO: Add your control notification handler code here
    if(x > = -100)
        x = x - 20;   //每点击一次,向左移20
    else
        x = 300;      //如果小车从左侧消失,则从右侧出现
    Invalidate();//刷新
}
void CDhk::OnButton2()
{
    //TODO: Add your control notification handler code here
    if(x < =300)
        x = x + 20;   //每点击一次,向右移20
    else
        x = 0;        //如果小车从右侧消失,则从左侧出现
    Invalidate();//刷新
}
```

其中变量x、y在对话框的头文件中定义：“int x，y;”，在对话框的构造函数中赋初值：“x = 100；y = 80;”。对话框的资源应保持其创建时的初始大小，否则“x = 300;”的有关语句需要更改。小车动画程序运行结果如图4-30所示。

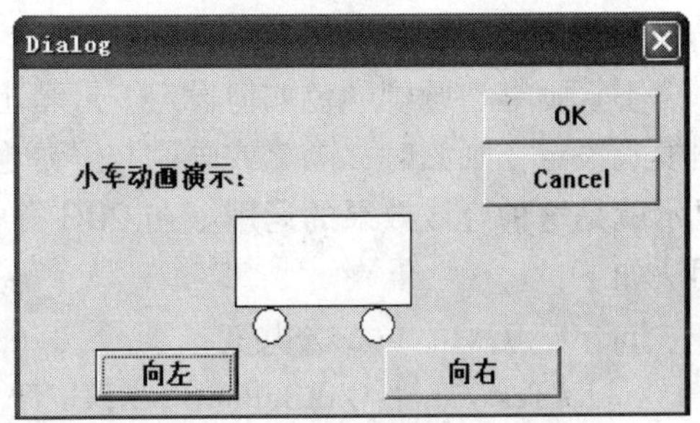

图4-30 小车动画程序运行结果

4. 编写绘图函数

CDC类提供了足够多的图形元素的绘制函数，可以满足用户绘制各种复杂的图形。但绘图中重复的内容很多，为了简化调用，程序员

可按自己画图的方式，把基本绘图函数组合在一起形成自定义的模块化的绘图函数，比如画直线：

```
void line(int x1,int y1,int x2,int y2,CDC * pdc)
{
    pdc->MoveTo(x1,y1);//把笔移动到x1,y1处(不留痕迹)
    pdc->LineTo(x2,y2);//从当前点向x2,y2点画直线
}
```

参数 int x1，int y1，int x2，int y2 分别表示直线的起点（x1，y1）和终点（x2，y2）。该函数在 OnDraw（）函数的前面定义，形式比较符合画图的习惯。比如在 OnDraw（）函数中调用：

line（20，20，100，100，pDC）；//从点 20，20 到点 200，100，画一条斜线

另外用户若需要更改画图时的线型、线宽、颜色等，就需要重新设置画笔、画刷等。这时更应建立满足自己使用要求的函数，如建立宽度为 4 的绿色虚线画笔：

```
void greenDashed(int x1,int y1,int x2,int y2,CDC * pdc)//绿色虚线画笔
{
    CPen hPen;      //画笔对象
    CPen * pPrePen;//画笔指针对象
    LOGPEN LogPen;//画笔结构数据
    POINT Width = {4,0};             //点的x值表示画笔宽
    LogPen.lopnStyle = PS_DASH;      //设定画笔风格为虚线
    LogPen.lopnWidth = Width;        //设定画笔宽度
    LogPen.lopnColor = RGB(0,255,0);//设定画笔颜色
    hPen.CreatePenIndirect(&LogPen);
    if(pPrePen = pdc->SelectObject(&hPen))//选用新画笔
    {
        pdc->MoveTo(x1,y1);
        pdc->LineTo(x2,y2);          //画直线
        pdc->SelectObject(pPrePen);//返回原画笔
    }
}
```

在 OnDraw 中调用即可：greenDashed（20，40，200，120，pDC）；

5. 绘图效果控制

不管画笔、画刷颜色如何设定，屏幕上绘图输出时产生的颜色还得由绘图模式决定。绘图模式决定在画图时，画笔或画刷与屏幕窗口底色的合成效果才是输出的图形，图形的动画显示就是这种合成效果的运用。在 CDC 类中用于设定绘图模式的是 SetROP2（）成员函数，用法如下：

```
int x0,y0,x1,y1;//公共变量
void CTestView::OnLButtonDown(UINT nFlags,CPoint point)//按鼠标左键
{
```

```
    //TODO: Add your message handler code here and/or call default
    CClientDC dc(this);
    x0 = x1;y0 = y1;
    x1 = point.x;y1 = point.y;
    dc.SetROP2(0);//返回原画点模式
    dc.Ellipse(x0 - 50,y0 - 50,x0 + 50,y0 + 50);//绘制圆或椭圆
    dc.SetROP2(9);//设置画点与屏幕颜色相反
    dc.Ellipse(x1 - 50,y1 - 50,x1 + 50,y1 + 50);//绘制圆或椭圆
    CView::OnLButtonDown(nFlags,point);
}
```

第5章

软件界面设计

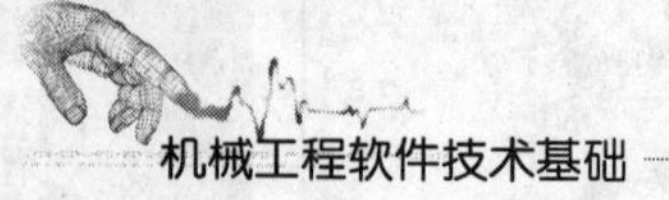

5.1 软件界面设计概述

界面的英文是Interface，不仅可以翻译为“界面”，也可以翻译为“接口”。接口是指两个体系间的接合部位、边缘区域，用于系统数据的传递，它是一个较为宽泛的概念，包括：

1）硬件和硬件之间的接口，如RS-232接口、USB接口等。

2）硬件和软件之间的接口，如VXI现场总线接口，CAN总线接口。

3）软件和软件之间的接口，如各种Windows软件开发工具、数据库访问工具和工程软件的二次开发工具包等。

4）软件和用户之间的接口，即人与计算机在信息交互时的软件部分，一般称为人机交互界面，也叫用户界面（User Interface，UI），简称界面。类似的定义还有图形用户界面（Graphics User Interface，GUI）等。

作为前三类接口，更多地体现为规范，即用来规范信号和数据在传输过程中的格式，以使信号和数据在不同系统中传递时能够正确地识别和处理。而软件和用户之间的接口，即界面，更多地表现为一种个性化的功能部分，其表现形式灵活，没有固定的格式。它担负了用户和软件系统之间交互式的数据与需求传递的功能，就是要使软件系统在使用时更加舒适、有效，便于用户使用，并顺利完成用户需要它完成的工作。

界面是一个软件系统中非常重要的部分，从一开始就决定了一个软件系统在用户心目中的第一印象。而且一个简洁、有效的界面不仅能够适度、合理地展现软件的功能，甚至可以弥补一个软件在功能上的某些缺陷和不足。现实告诉我们，如果用户不能接受一个软件的界面，或者对软件界面的便捷和有效存在不满，即便软件系统具有强大的核心功能，也难以提高系统在用户心中的满意程度。

界面设计不是一项单纯的软件开发工作，它不仅要与软件系统功能所涉及的技术领域紧密相关，而且还包含了认知心理学、人机工程和美学等诸多因素，是一项多学科交叉的工作。在漫长的软件发展中，界面设计工作一直没有被重视起来。做界面设计的人也被贬义地称为“美工”。其实软件界面设计就像工业产品中的工业造型设计一样，是产品的重要卖点。一个友好美观的界面会给人带来舒适的视觉享受，拉近人与电脑的距离，为商家创造卖点。界面设计不是单纯的美术绘画，它需要定位使用者、使用环境、使用方式并且为最终用户而设计，是纯粹的科学性的艺术设计。检验一个界面是否优秀的标准既不是某个项目开发组领导的意见也不是项目成员投票的结果，而是最终用户的感受。界面设计要和用户研究紧密结合，界面设计是一个不断为最终用户设计满意的视觉效果的过程，在软件开发过程中对界面设计工作必须给予足够的重视。

本章着重讨论在Windows操作系统环境下，工程软件开发过程中的人机交互界面的基本设计原则和常见技术，包括：数据的输入与输出、软件运行过程中的界面处理以及数据的操作。并简单介绍面向工程软件二次开发时的软件与软件间接口设计问题。

5.2 工程软件界面设计的一般性原则

人机界面设计首先需要确立用户类型，然后根据用户的特点预测他们对不同界面的反应，从而从多个方面展开设计分析。对于工程软件而言，由于面向的是具有一定专业知识和理解能力的工程技术人员，并且使用软件的目的在于解决实际问题，而非娱乐，因而在设计时必须遵从一些一般性原则。

1. 一致性原则

所谓一致性原则包含了两个层面的内容，从一般层面上讲，一致的人机界面不会增加用户的负担，让用户始终用同一种方式思考与操作。最忌讳的是每换一个屏幕用户就要换一套操作命令与操作方式。Windows 下的应用软件之所以备受青睐，与其界面的一致性不无关系。例如，以对号图标表示确定，以问号图标表示帮助，以打印机图标表示打印等。从专业层面上讲，工程软件中必然要涉及大量的工程专业术语，在这些术语的使用上，必须一致、准确，必要时以国际通用的英文单词辅助说明。若术语使用的不一致，将导致用户在操作时产生疑惑，影响正常运行。

2. 便捷性原则

工程软件的使用目的比较单一，多用来解决一类具有共性的工程问题，在处理不同工程问题时，往往存在大量相同的操作。而且，随着用户对系统的逐渐熟悉，会希望通过一些“捷径”来简化操作。因而，必须为用户提供一批简写命令，如在 AutoCAD 中需要取消上一步操作时，既可以输入 undo 命令，也可以简单地使用一个字母 u 做代替，或者提供快捷键，甚至一些批处理指令等。另一方面，设计软件界面时，必须站在用户的角度，把不言而喻的事情简单明确地在界面上表达出来。这样可以有效地提高工程软件的运行效率，缩短工作时间。

3. 简约性原则

苹果公司的雪豹操作系统和微软公司的 Vista 操作系统为用户展现了全新的用户界面形式，极大地提高了界面的美观程度和娱乐性。然而，对于工程软件而言，由于其着重于解决专业领域的工程问题，要求其在软件界面风格上应首先表现出严谨认真的风格。不需要从增加用户娱乐性的角度考虑界面设计问题，而应该多采用一些简洁、方便的界面元素来满足用户操作需要，不宜采用过多过于花哨的效果来吸引用户的注意。这样一方面可以有效利用计算机硬件资源，另一方面也可以有效营造出必要的工作氛围。

4. 反馈性原则

很多工程软件面向解决复杂工程问题，如三维造型软件中的 Pro/E、UG 等，在进行复杂机电产品设计时，需要进行大量耗时的几何分析、计算以及光影渲染；再如有限元软件 Nastran、Ansys 等，在进行大规模有限元分析计算时，往往需要面对几十万甚至几百万个单元的操作运算，运算过程时间较长。因此，在进行界面设计时，必须考虑提供一定的系统信息反馈。不仅让用户知道自己的每一个操作是否正确有效，而且在响应时间十分长的情况下，必须能够让用户了解软件所处的运行状态和运行结果，一方面避免用户产生“死锁”的错觉，另一方面能够及时做出判断，从运行过程中脱离出来，避免不必要的错误结果。

5.3 工程软件的人机界面基本类型

根据可同时进行的工作数量分类，工程软件可分为多任务软件和单任务软件，这两类软件在界面设计上有着明显的不同，必须加以区别对待。

如常用的 Word、Excel、PowerPoint 等办公软件，均属于多任务软件，即在同一个系统上可以同时进行多个任务。类似 AutoCAD、UG、CATIA 等工程软件，也都属于此类软件。从界面外观上看，此类软件的一个共性特征是能够打开多个窗口，菜单栏中必然存在“窗口（W）”一项，而且在此下拉式菜单中，还需要显示所有正在处理的文档名称，工作时用户可以在不同文档间相互切换，图 5-1 所示为多任务软件界面示例。此类工程软件界面的开发设计可以参考标准的 Windows 程序开发模式，按照多文档多视图方式设计即可。

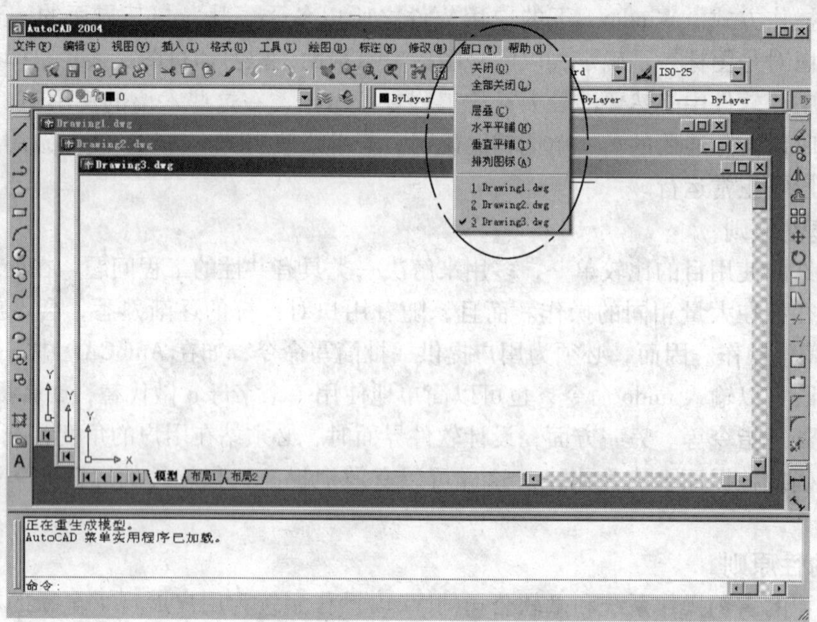

图 5-1　多任务软件界面示例

然而，还有大量的工程软件，使用时是单任务的。如一般的软件系统安装程序就是最典型的单任务软件，它引导用户按照某一个固定的流程逐步输入一定的参数，逐个环节运行下来，最终完成工作。图 5-2 所示的单任务安装软件界面，即是一个典型的单任务软件人机界面。从界面表现形式上看，拥有参数输入区域、信息输出区域和“上一步（B）”与“下一步（N）”按钮。对于工程软件而言，一般的 CAE（计算机辅助工程）软件，如 Ansys、Nastran 等有限元分析软件多属于单任务的工程软件。此类软件界面的设计一定要考虑到它的流程性，并且必须要考虑到前后流程中输入的参数必需能够灵活调整，尽可能保留中间过程中做过的操作，减少重复工作。图 5-3 所示为 Ansys 的运行界面，是一个典型的单任务工程软件运行界面。在左侧功能区，可以选择不同流程段，修改输入的参数和更改已经进行的操作，如修改网格划分密度、更改材料参数等。不需要在菜单上设置与多任务功能相关的窗口操作功能。

除了这类单任务的 CAE 软件外，还有一些工程软件不仅仅是单任务的，而且对系统资源都是独占性的，如测试系统软件、数控软件等，为独占式单任务工程软件。这些工程软件往往与硬件紧密相关，对计算机的软、硬件资源均形成独占模式，而且往往有实时性要求。因而，此类工程软件的界面设计也具有一定的独特性，必须考虑在使用时屏蔽用户对其他系统的操作，以防出现不良后果。其典型界面如图 5-4 和图 5-5 所示，将固定的功能固化在按

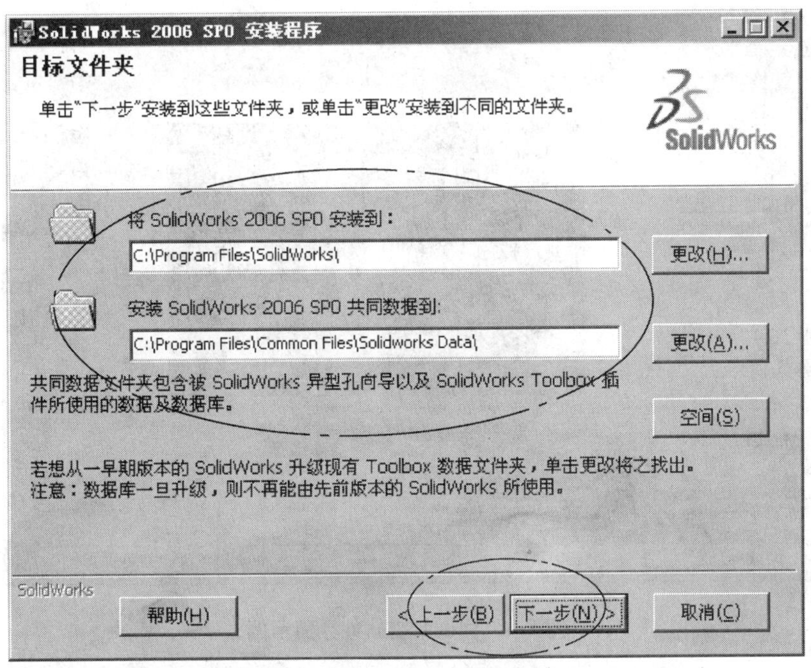

图 5-2　单任务安装软件界面示例

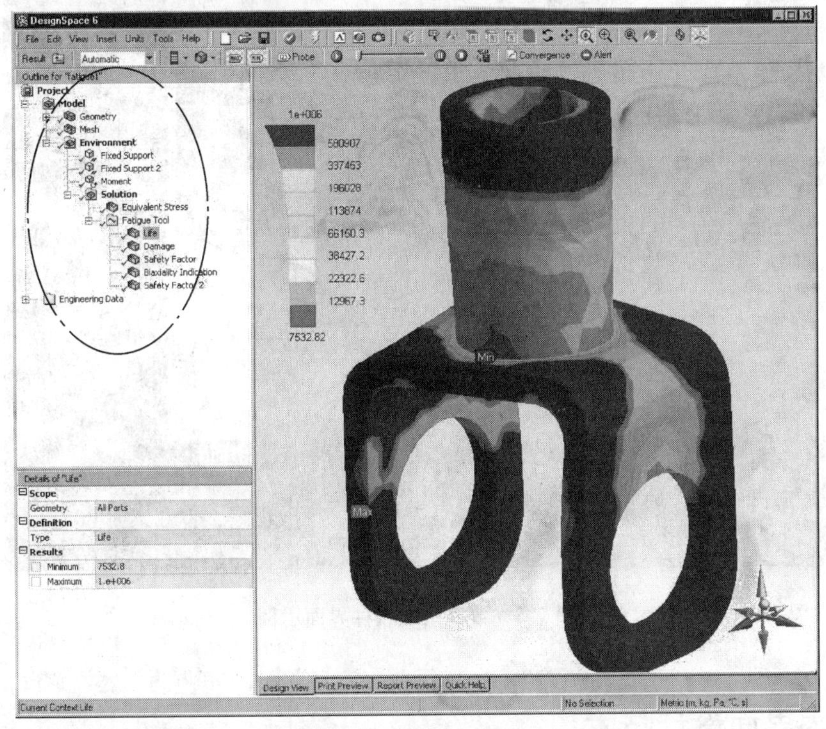

图 5-3　单任务工程软件界面示例

钮上，一般很少提供菜单栏，甚至连窗口的标题栏都取消，禁止了对窗口大小、位置以及关闭的操作。

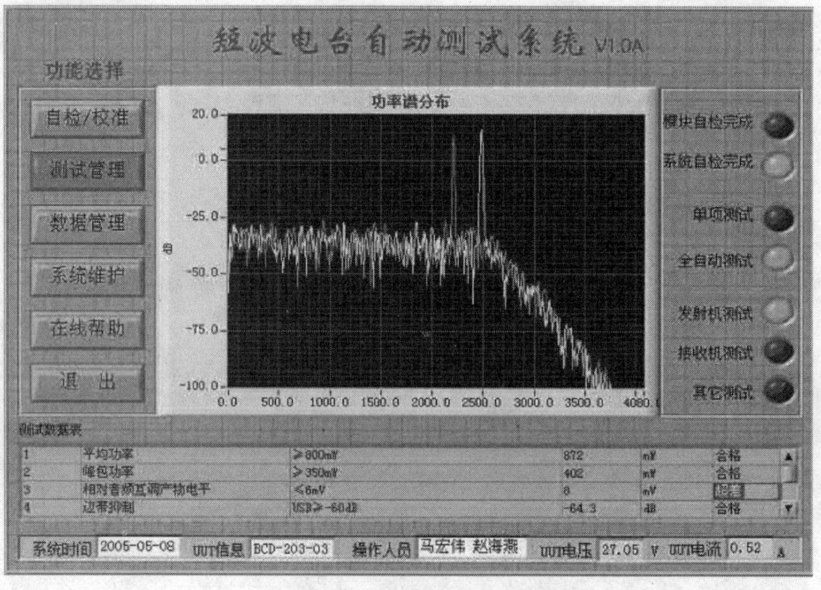

图 5-4　测试系统软件界面示例

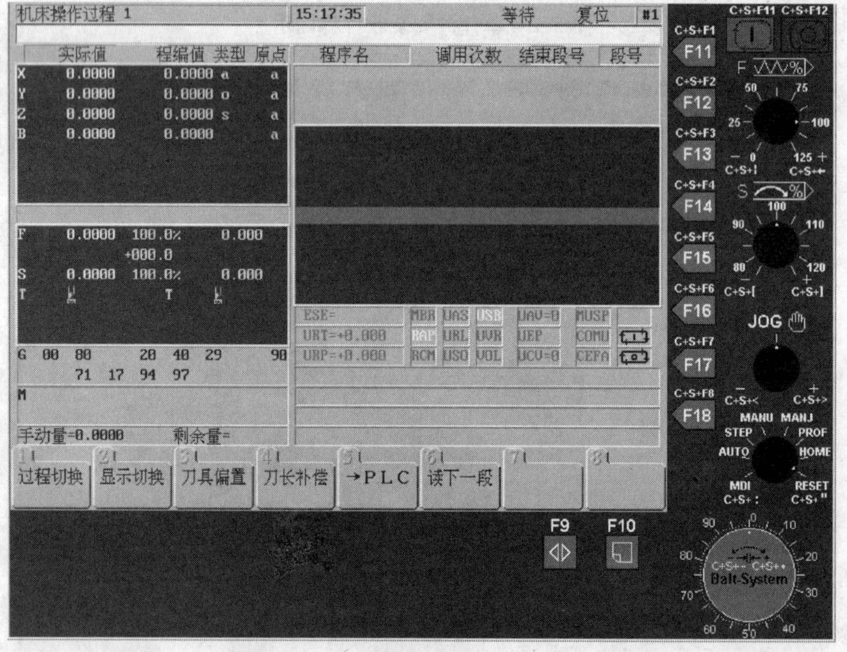

图 5-5　数控系统软件界面示例

5.4　基本界面设计技术

从功能上讲，界面的作用即是在用户和软件系统之间进行信息交互。基于 Windows 系统的工程软件人机界面主要由窗口部分、信息输入部分和信息输出部分等三大部分构成。窗口部分是人机界面的主体部分，为用户与软件的信息交互提供了一个基本平台，用于容纳信息输入部分和输出部分；信息输入部分用于接收来自用户的使用需求，并对用户提供的指令、参数进行预处理，然后提供给系统内核使用；信息输出部分则是根据用户的操作指令和提供的参数，将软件系统的响应以合理的形式反映出来，供用户使用。

1. 界面窗口设计

一个软件的界面窗口就像一个容器，在这个容器内要放置信息输入部分和信息输出部分，它的设计一方面取决于软件的类型，例如前述多任务类的工程软件，其设计上往往采用Windows软件常用的结构形式，窗口由窗框、标题栏、状态栏、菜单栏、滚动条和视区构成，图5-1所示为AutoCAD软件的窗口，它是一种比较经典的窗口设计方案。

界面可以设计成单窗口的，也可以设计成多窗口的，常见的Windows软件一般都是单窗口的程序。采用Windows方式开发典型的单文档/多视图模型，将数据与界面的关联抽象为文档对象与视图对象的关联。一些生产控制系统，由于需要同时监测控制多个现场，因而多采用多窗口的界面，这主要由功能要求决定。

窗口的设计即是要根据软件的功能，对窗口区域进行分割，分别放置不同的功能区域，并且提供给用户调整的空间，如图5-6为典型的窗口区域分割方案，而具体方案需要根据具体的功能要求决定，此处不再赘述。

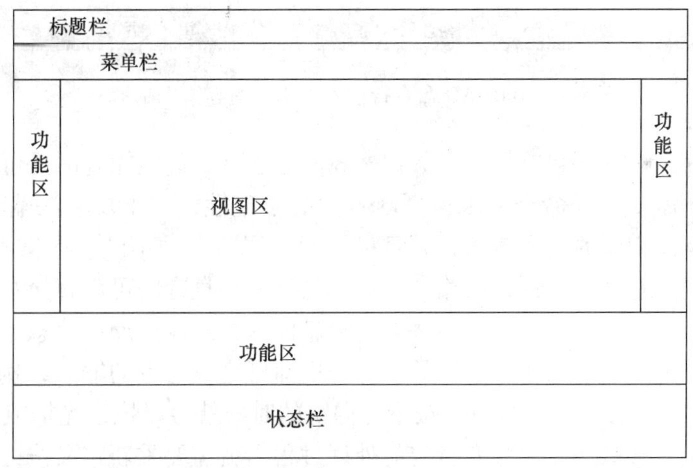

图5-6　窗口区域分割方案

2. 信息输入部分设计

用户输入的信息主要包括了用户输入的命令和数据两类。命令的输入是指用户对软件系统发出的指令或针对系统功能作出的选择，这些指令可以是没有参数的，如“启动”、“结束”等命令，也可以是带有一定参数的，如旋转某个角度等。数据的输入主要是与命令或工程参数相关的数值，如设定一个圆形半径或矩形的长宽等。输入的数据一般情况下直接为数值，个别情况下也有可能为表达式形式。在界面设计时主要有以下几种信息输入方式可供使用：

(1) 键盘直接输入方式

键盘直接输入方式适用于命令的输入和数据的输入，是最早的人机交互方式。DOS中的命令行输入就是一种典型的键盘直接输入方式，这种方式主要应用在没有图形用户界面的时期，其优点在于对系统资源要求低，使用方便迅速；其缺点在于用户需要掌握大量的专用命令以及相关的参数。这种方式看似落后，但对于熟练用户而言，他们可以直接通过键盘迅速输入指令和参数，简单快捷地完成工作，从而得到广泛的应用，尤其在很多工程软件中，例如 AutoCAD 中就始终保持了键盘输入方式。

如图 5-7 所示，在采用键盘输入方式时，由于用户可能出于无意或对系统的不了解，输入错误的信息。因而需要设定良好的容错纠错机制，在接受命令信息时，必须对输入命令的合法性、合理性进行判断，并且及时地反馈信息，如：输入确认、错误警告与提示、返回重新输入。既不能让用户无法意识到输入命令的错误，又不能因为错误的命令与参数输入而导致系统崩溃。由于命令的键盘输入方式需要大量的命令匹配与语法分析，因而在系统规模较小、功能较为单一的功能软件中，尽量不要采用这种命令行输入方式，以减少系统开销。

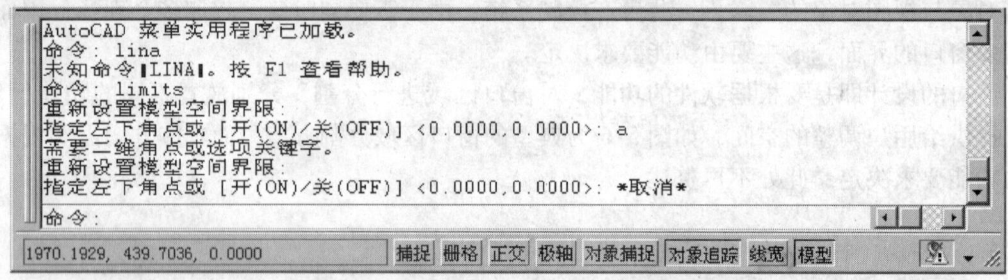

图 5-7　AutoCAD 命令行输入方式下的容错机制示例

在接受参数信息时，必须首先判断数据格式的合法性，确定输入的是可以正确转化为数值的信息，然后还需要根据命令要求，判断数据的合理性，在出现非法输入或不合理数据时，必须为用户反馈相应的错误信息，并且尽可能根据错误的不同，提供不同的反馈信息，协助用户及时发现问题，改正错误的输入。这样的反馈信息有的可以直接在窗口的状态栏或者专门设定的信息栏中体现，也可以通过弹出消息框的方式输出反馈信息。

有的时候，单个键按下或者若干键的组合使用即可完成命令的输入，例如按下"PgUp"键、"PgDn"键就可以直接进行翻页，按下方向键的时候就可以控制光标或者某些对象的移动，此时如果系统对某些按键命令有特定的处理过程，就需要重新定义按键按下和抬起的消息响应函数来实现。对于若干键的组合使用，如"Ctrl + A"可以实现全选命令、"Ctrl + S"可以实现存盘命令，这些键组合使用主要是为了给用户提供一种快捷方式。在实际工程软件设计中，如果能够适度地使用键盘命令，将能有效提高系统操作的便利性和有效性。然而，这些键盘命令的使用一定要符合常规习惯，否则将会成为用户的负担，严重影响系统使用。

（2）菜单输入方式

菜单输入方式是当前人机界面中使用最为广泛的交互方式之一。从表达方式上来分，包括文本菜单和图形菜单两种基本形式；从操作形式上来分，菜单可以分为固定式、瀑布式、下拉式和弹出式等。由于菜单可以使用户摆脱命令序列的记忆，只需要通过简单的鼠标操作即可实现操作，而且能够有效避免用户的错误输入，因此，菜单是有效的人机交互手段之一。

对于如图 5-8 所示的文本菜单，菜单设计必须考虑菜单系统结构、菜单选项的数目和次序、标题、提示格式、菜单的层次等因素。如在菜单结构设计时，宜采用广而浅的菜单树而不宜采用窄而深的菜单结构，否则将会增加用户的操作和记忆难度；在确定菜单选项次序时，必须优先考虑将常用操作放在前边，并且当菜单选项数目过多的时候，应当考虑将菜单选项分类进行分隔，以便于用户查找。菜单标题的设计是最为重要的一个环节，要求简练、鲜明、易懂。尤其对于工程软件，在进行标题设计时，必须注意术语的使用要符合一致性原则，并且选择为工程界所公认的定义和概念。菜单项中还有一个不可缺少的部分为快捷键，即菜单项中带有下划线的字母，该字母的设置可以为用户提供键盘操作菜单的途径，以提高效率，同时也能起到协助用户理解菜单项的作用，因而在设计时往往需要从菜单项的英文翻译中选择具有代表性的字母。

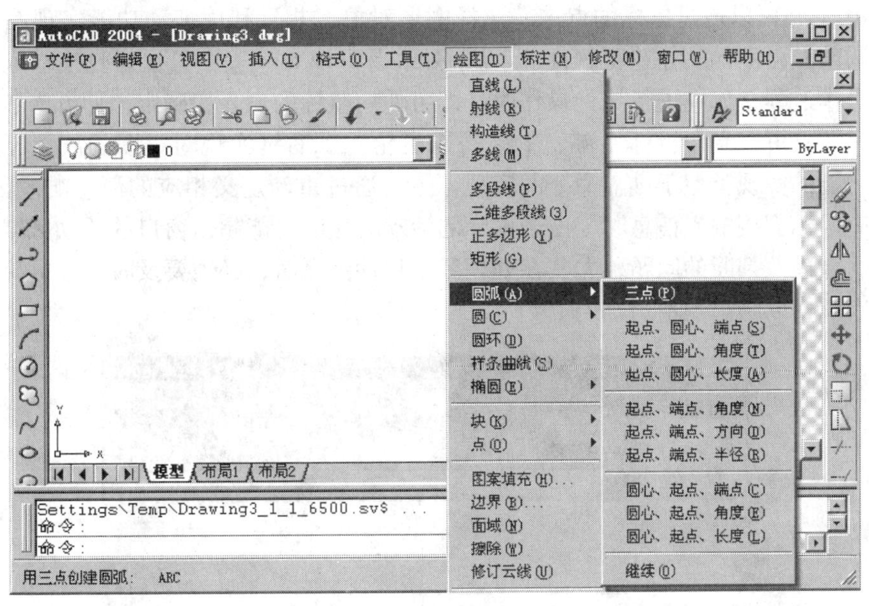

图5-8 文本菜单形式示例

图形菜单在Windows软件中统称为“按钮”，它采用直观的简单图形作为命令的表现形式，为用户提供了一种快捷化的操作途径。图5-9所示为图形菜单示例。在设计图形菜单时，不能追求大而全，把所有的命令都制作出对应的图形菜单，这样一方面加大了系统开发工作，另一方面过多图形菜单的排放会造成零乱的效果，使用户难以找到最需要的快捷按钮，反而失去了意义。在图形菜单的设计上，图形的绘制是重点，一方面要求图形能够有效表达命令的含义，另一方面还需要图形足够简洁，否则在像素有限的情况下，难以表达清楚。一般而言，现有的VC++等开发工具都提供了相应的图形菜单

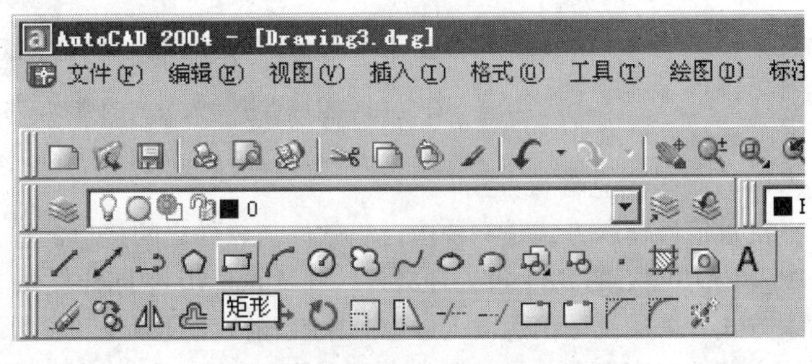

图5-9 图形菜单示例

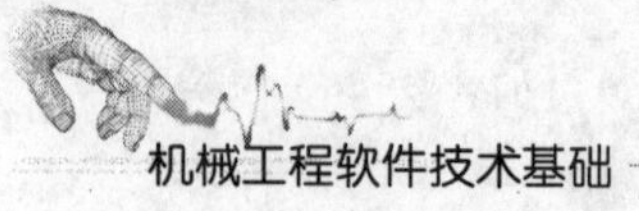

空间，并且提供了相应的函数为图形菜单增加功能提示，因而具体设计方法不再赘述，请参考本书的有关章节或相关的开发手册。

（3）鼠标直接输入方式

鼠标直接输入是一种非常灵活的用户信息输入方式，这里的鼠标直接输入并非指用鼠标单击按钮实现命令输入，而是指使用鼠标进行对视图对象的一些具体操作。鼠标直接输入相当于同时输入了特定的命令和对应的参数，其中命令主要依靠鼠标是否单击其他的按钮或者单击某区域；而参数的输入则是主要通过鼠标在屏幕上移动时坐标的变化实现。

在 Word 等文本编辑软件中，最典型的即是通过拖动鼠标，成批选择文本或图形对象。而在工程软件设计中，鼠标直接输入功能是非常重要的一个人机交互手段，如图 5-10 所示，在 AutoCAD 中，可以通过鼠标的点选，选择图形对象，并且利用拖动功能实现图形对象的几何参数调整。再例如实体造型软件 Pro/E、UG、SolidWorks 等中，鼠标直接输入更是能够大大简化操作过程，如在进行拉伸操作时，即可使用鼠标的输入，确定拉伸方向、拉伸的终止位置等，并且可以利用鼠标左键、中键（或滚轮）和右键实现对视图的放大、旋转等功能。这些功能的实现类似于键盘命令的实现，主要通过重新定义相应的消息响应函数即可。系统在响应鼠标直接输入信息时，由于鼠标的活动区域有可能超出窗口的活动区域，因此同样面临数据合理性判断的问题，尤其在处理鼠标移动消息时，必须要及时对鼠标位置信息进行合理性判断，以防出现不当响应。

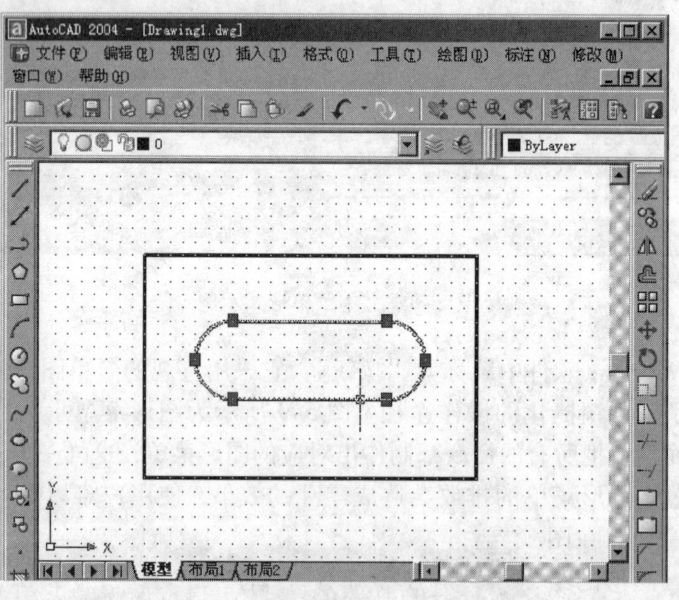

图 5-10　鼠标直接输入方式的典型示例

（4）批量信息输入方式

批量信息输入方式是一种接近于软件与软件之间接口的输入方式，最典型的输入方式就是在 DOS 环境下的 BAT 批处理文件，在 AutoCAD 中同样提供了 SCR 命令组文件的批量信息输入方式。采用批量信息输入可以一次性输入大量命令和参数，对于提高系统运行效率、降低用户劳动强度具有非常重要的意义。然而，正因为一次性输入大量的命令和参数，造成系统出现问题的风险增大，一旦在批量信息中存在一个非法数据，即有可能造成前功尽弃的严重后果。因此，在采用批量信息输入时，对用户也提出了较高的要求，要求用户必须对系统指令足够熟悉，严格遵守系统定义的数据格式，并且对于给定的批量信息必须认真检查，以防止出现非法数据。

在界面设计时，对于批量信息输入方式，必须设定合理的检查功能和信息反馈机制。在很多工程软件中都提供了相应的批量信息输入方式，如 Ansys 提供了 APDL 语言工具，其实质即是一种批量信息处理机制，再如 Matlab 中 *.m 文件的使用，也可以归属为批量信息输入方式。在这些批量信息的输入时，系统必须能够解释每条信息代表的命令，并且判断命令组合时的合法性问题，并能够对错误信息做出及时的判断和提示。批量信息输入的处理非常复杂，此处做一个简单了解即可，不再做深入论述。

（5）专用控件输入方式

专用控件输入方式是利用滑动条、箭头按钮等专用输入控件实现信息的输入。在 Windows 软件中，常用的输入控件有复选框、滚动条、旋转按钮、滑动条、列表视图、文本编辑框、单选框和列表框等。这些控件的可操作性和可控制性强，在给用户提供便捷操作的同时还可以有效控制用户输入的数据，防止错误信息的输入。图 5-11 给出了一些典型的专用控件输入方式。图 5-11a 所示为滑动条与文本编辑相结合的输入方式，用户可以直接使用鼠标拖动滑动块，连续调整要输入的数值，而且不必担心输入错误；图 5-11b 所示为利用上下箭头按钮来控制数值的升降，其操作同样体现了便利性和数据输入的安全性；图 5-11c 和图 5-11d 所示为复选框和单选框，用户可以通过这两种控件，对要处理的问题进行基本的设定。在界面设计时，专用控件的使用主要与对话框相结合，具体可参照本书附录或有关 VC ++ 资料中关于对话框设计部分的介绍。

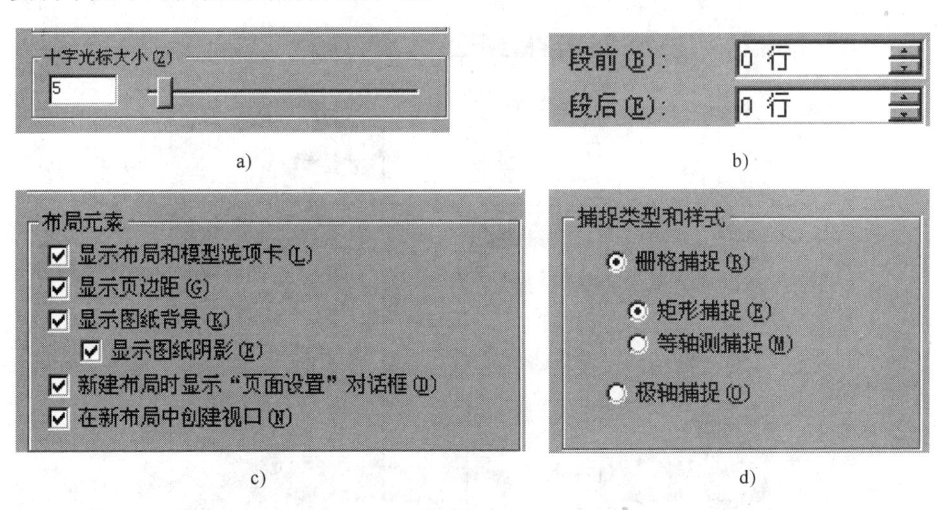

图 5-11　专用控件输入方式

a）滑动条输入方式　b）上下箭头输入方式　c）复选框输入方式　d）单选框输入方式

（6）对话框输入方式

相较前述几种信息输入方式，对话框输入方式并非某种特定的输入形式，而是上述几种方式的组合。对话框是当前图形用户界面中最为通行的一种信息输入方式，具有较强的灵活

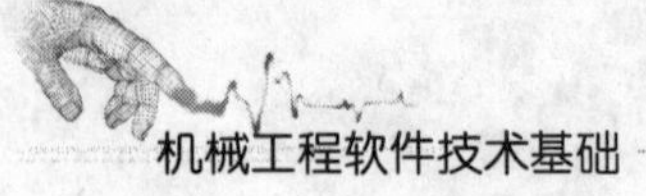

性，可以一次性输入多个数据的组合，在当前 Windows 应用程序中，几乎所有的信息提供环节都通过对话框来实现。图 5-12 所示为 AutoCAD 中进行剖面线填充时弹出的对话框，该对话框为一个模态对话框，其中包含了多种输入方式，如图 5-13 中在填充图案的选择上，采用了下拉式列表，可以使用户通过单击向下的箭头，打开选择列表，选择需要的图案。在选择后该对话框甚至通过一个图片控件及时显示出所选择的图案形状；如图 5-14 所示，在角度的输入上，采用了一种混合式的输入方法，既可以由用户直接输入合法的数值，也可以单击向下箭头，直接从列表中选择预设的数值以提高效率；在对话框右下角部分是一个单选输入方式，用于选择关联或者不关联。这些输入形式的有机组合将协助用户有效地完成剖面线填充工作。

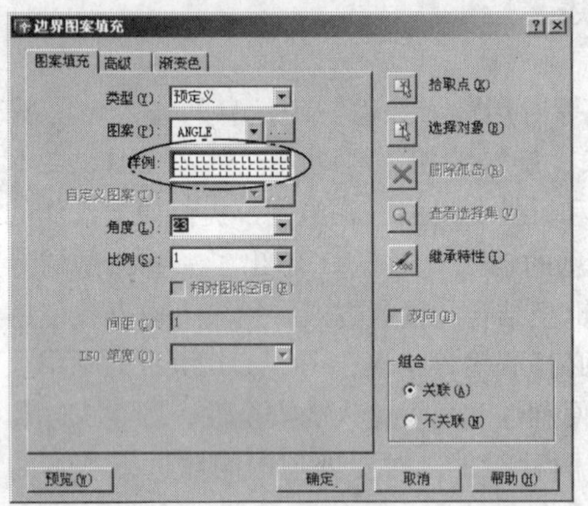

图 5-12　进行剖面线填充时弹出的对话框

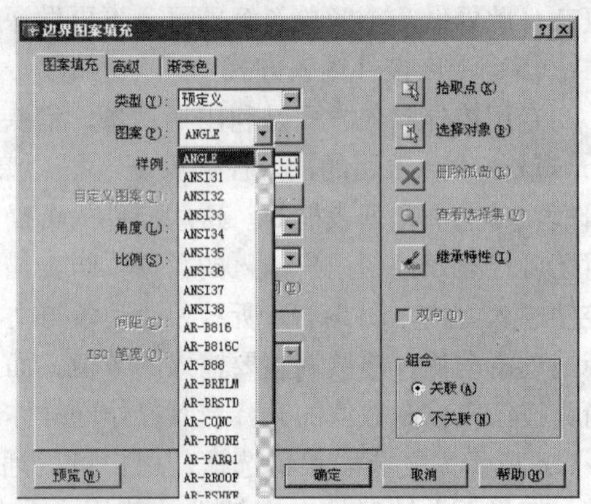

图 5-13　下拉式列表输入方式示例

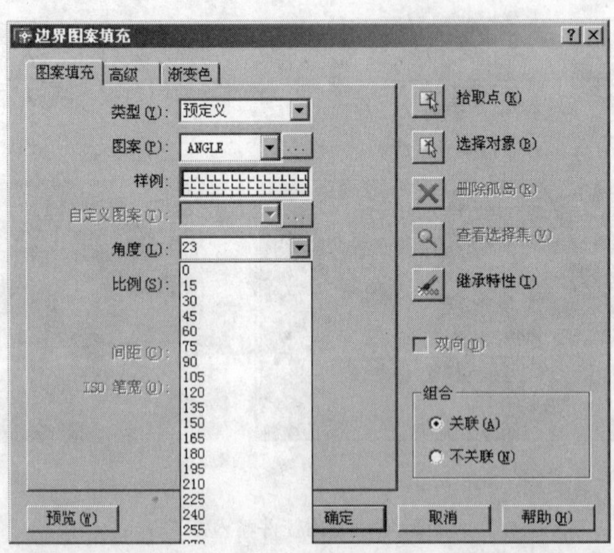

图 5-14　键盘输入与下拉式列表相结合的输入方式

图 5-12 所示对话框具有了一个对话框应有的基本要素，如“确定”按钮、“取消”按钮和“帮助（H）”按钮等，各个选择功能区域通过分割线隔离，有效划分功能区域。这些

基本要素都是一些具有通用性的设计方法，具体设计的控件，可以参考具体开发语言。此外在这个对话框的设计上，有很多技巧方法需要注意。如在各个输入部分均预先设定了一些初始值，这样可以有效减少用户的操作步骤，提高使用效率。在下拉列表内容的设计上，可以按照一定顺序进行排列，方便用户查找。甚至可以根据一定的统计规律，将使用频率比较高的一些选项直接放置在前边，这样可以有效提高效率。或者利用下拉列表右边跟随的带有省略号的按钮，弹出如图5-15所示的对话框，以使用户能够更方便地选取所需要的参数。

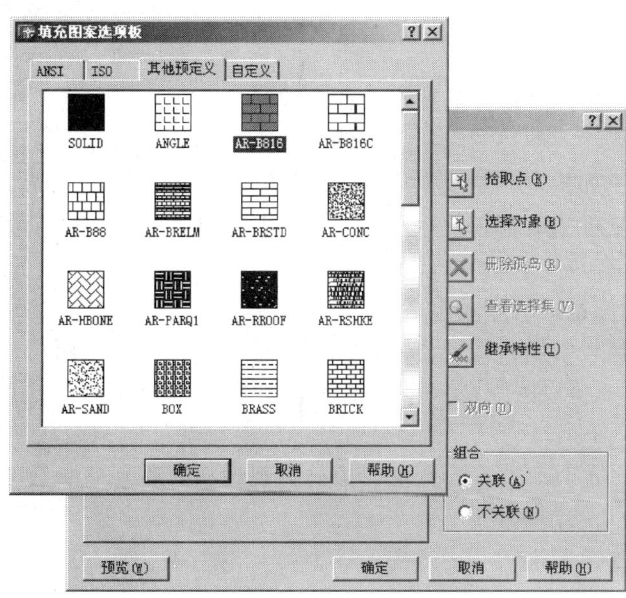

图5-15 图形化的快捷选择方式示例

对话框设计中，首先需要根据功能要求，确定在对话框中安置哪些控件；然后需要根据各个输入控件实现功能的重要程度对对话框进行几何设计，即确定对话框的尺寸、区域分割等，要达到比例协调、重点突出、美观大方的目的。此外还必须注意数据的传递与检查，即一方面要在用户自由输入的部分设置合理的输入合法性检查，防止将非法数据引入系统核心，并要设计相应的提示功能，协助用户顺利输入合理的数据；另一方面由于对话框引入了大量的参数和选择，必须保证在变量设计上，能够处理好局部变量和全局变量的关系，将对话框引入的数据完整、合理地引入系统核心。

3. 信息输出部分设计

人机界面的作用是实现人与计算机系统的信息交互，因此，信息输出的设计是软件人机界面设计的另一个重要组成部分。信息输出部分的设计就是要解决如何将系统对用户的响应以合理的形式反映在界面上的问题。

从输出信息的功用考虑，输出的信息包括软件操作辅助信息和软件运行结果信息；从输出信息的表现形式考虑，输出的信息主要包括文本信息和图形信息两类；从输出信息与时间的关系考虑，输出的信息主要包括静态信息和动态信息两类。以下主要从输出信息的功用角度，介绍工程软件的界面设计问题。

（1）软件操作辅助信息的输出

软件操作辅助信息的输出本质上是对用户在使用软件时的一种引导性或警示性的信息，对于提高界面友好程度，减少用户操作不当具有重要的意义。此类信息以文本信息为主，往往是提醒用户在输入命令和参数时需要注意的事项，或者是当错误的输入产生后，给用户的通知。图形信息往往出现在警示性提示中，辅助文本信息提醒用户注意，如一些消息框中的感叹号等具有通用意义的符号。

常见的操作辅助信息包括：

1）命令提示，告知用户下一步操作应该输入什么样的命令或参数，或者可以选择的操作类型。

2）参数名称：通知用户现在需要输入什么数据，往往采用中英文相结合的方式提示。

3）参数符号：除输入项目的汉字名称外，还要有标准的英文代号。

4）参数单位：比如长度，是以米（m）为单位，还是以毫米（mm）为单位。

5）参数范围：软件一般都有适用范围，这一点在输入时就要提示清楚，否则超出了合理的范围，计算就没有意义了。

常见的操作辅助信息提示方式包括：

1）文字提示：比较常用，用词要恰当，不要有歧义，不要使用户产生误解，既不要太复杂，也不要太简单。可以跟随在鼠标点选操作时的位置浮动显示，也可体现在窗口的状态栏中或弹出消息框。

2）图形提示：图形具有文字所无法比拟的直观性，有些几何参数的输入最好采用图形提示，即在输入界面上绘制示意图。

3）其他提示：如色彩提示、声音提示等。

（2）软件运行结果信息的输出

工程软件的目的就是协助用户解决工程问题，一般包括工程文档处理、数据采集与分析、运算分析与优化等。因而，在工程软件界面设计时，必须遵从简洁、有效原则，充分考虑运行结果信息输出的形式，让用户尽可能方便地得到结论性的结果。常见的运行结果输出形式包括文本形式、图形图像形式、动画形式以及文件形式等。

结果按照文本形式输出，其优点在于形式简明直接、占用系统资源少，能够让用户直接得到精确的数据，并且可以通过预先设计文档模版，直接生成相应的数据报告。然而，由于文本形式中，各个数据相对独立性强，难以表现出数据的整体趋势，而且，在面对大量信息输出时，难以迅速找到用户所需的数据，因此文本形式主要用于结论性或数据量较小的结果输出。

结果按照图形图像形式输出，其优点在于直观、整体性好。图 5-16 所示为 Ansys 中应力分布的图像形式输出。按照这样的输出方式，用户可以一目了然地看出整体应力分布趋势，找到应力最大区域。在采用类似三维方式进行结果输出时，往往需要利用实体的三维表达和图像渲染技术，最常用的是 OpenGL 开发工具。OpenGL 工具主要是将一个三维实体模型的表面三角形化，然后可以在各个三角形面片上附带相关的工程分析数据，在显示时即可利用 OpenGL 提供的相关函数，完成数据的显示和渲染，在必要时还可以进行一些用户操作。在许多工程软件中，还涉及到三维实体数据的表达，常用的方式是将三维模型进行四面体剖分，在各个节点上保留数据采样，在查询数据时采用插值的方法进行，而显示的时候则需要与 OpenGL 工具相结合，将三维实体数据转化到二维平面上，具体技术可参考相关技术文献。

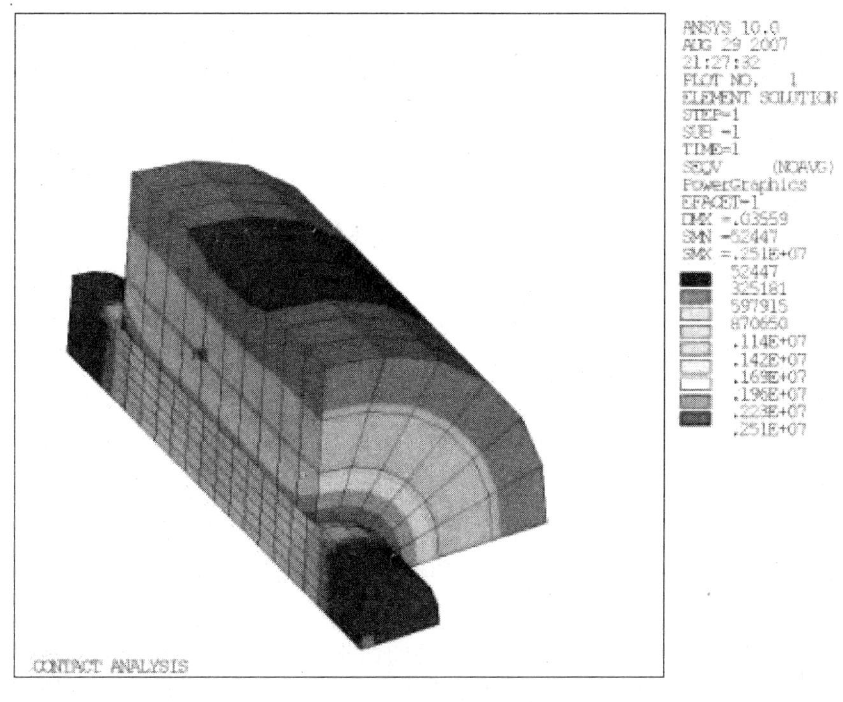

图 5-16　Ansys 中应力分布的图像形式输出

二维的图形方式相对于三维方式而言，尽管直观性稍差，但对系统资源的占用少，显示速度快，易于操作处理，也是非常重要的信息输出方式。而且类似 AutoCAD 类的软件，其主要工作就是要生成工程用的图形，因此，其运行结果必须采用二维图形的方式输出。此时的界面设计就需要根据计算机图形学的方法，将需要的图形显示出来。类似的还有如图5-17所示的有限元网格剖分图，尽管表达形式显得比较简单，但该图形有效地将结构分析时的网格剖分结果显示出来，能够协助用户判断网格剖分的合理性并做出及时调整，是一种有效便捷的信息输出手段。在工程测试软件中，测量数据也必须使用二维图形来表示，如图 5-18 所示。

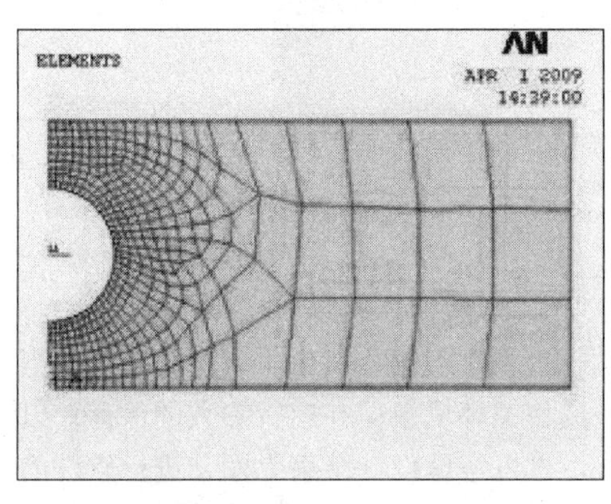

图 5-17　Ansys 中网格剖分的图形化输出

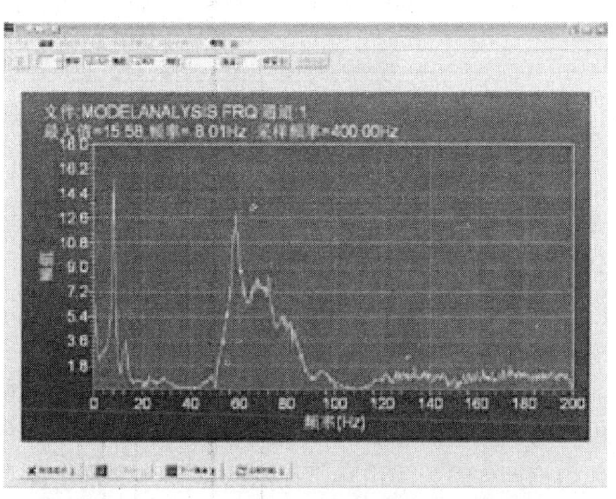

图 5-18　工程测试软件中的数据输出形式

此外，常见的数据图形表达方式还有灰度图、等高线图等。这些表达形式的选择需要根据具体应用场合决定，唯一的原则就是要使用户能够有效地得到数据，方便判断和进一步操作。在采用图形输出方式时，需要处理好要显示的数据与屏幕坐标之间的换算和比例关系，否则将影响图形输出效果。

动画形式输出主要用于表达过程性的信息，例如在进行加工仿真时，动画效果可以让用户有效地看到全部加工过程，了解可能出现问题的环节。再如装配分析，采用动画效果能够让用户了解整个装配过程是否合理。由于动画输出对系统资源占用较大，因而，在进行界面设计的时候要慎用动画形式输出结果，以防止占用过多的系统运行时间；此外，由于动画输出往往是为了简单表现过程中的大体情况，因此在设计时，考虑一定的简化，从而可以降低对系统资源的需求，提高运行效率。

文件输出方式主要用于作为软件的接口或者用户存档使用，因而在设计时，若提供了文件输出方式，则必须严格规范文件的结构，以便后续使用，此处不做过多介绍。

虚拟现实技术也是一种非常重要的输出形式，它综合应用了声、光、电，甚至机械作用，提高用户的沉浸感，在工程训练、模拟操作方面得到了广泛的应用。

（3）其他信息输出

其他信息输出包括了类似安装界面、开始界面、结束界面和运行状态界面等的输出。由于工程软件在加载时需要的时间较长，因而在进行安装、运行和退出时，有效地输出适当的界面，可以避免用户产生烦躁心理。同时由于软件的商品性，有效利用各个阶段的界面输出，可以充分宣传软件的功能、特点和优势。

1）安装界面是用户接触到软件的第一个计算机界面。大型软件的安装时间很长，有安装界面可以避免枯燥，还能宣传软件的功能、特点、新特性等。

2）开始界面是软件的欢迎界面或封面，在软件启动时停留一段时间或按一下鼠标即可消失。图 5-19 所示为 AutoCAD 的开始界面。开始界面的停留时间需要根据系统加载情况来确定，由于工程软件使用的硬件平台不同，因此软件加载时间也难以确定，因而在软件设计时，还需要考虑到软件加载时的消息传递。较为理想的是在开始界面中实时显示加载过程，显示正在加载的模块，这样的反馈也让用户易于掌握软件启动时间，同时可以利用这些时间及时介绍软件，进一步提高用户对系统的了解熟悉程度。

图 5-19　AutoCAD 的开始界面

3）结束界面是软件退出时的界面，一般情况下，软件的退出很少安排专门的界面，当用户选择退出后，主要界面迅速消失，只是在后台完成相关环境数据和运行参数的保存，以免用户产生系统不由自己控制的感觉。个别情况下，也可以考虑设计结束界面，进行软件的宣传和介绍。

4）运行状态界面，由于工程软件往往处理的数据量大、处理过程复杂，所需要的时间较长，因而在处理过程中应该安排一些控件，用以显示一些表示软件运行状态，以免用户无法确定系统状态。

总体而言，软件界面设计是影响软件是否成功的重要因素之一。对于工程软件而言，良好的界面对于用户的意义尤为重要。然而，对于初涉界面设计的开发人员而言，往往热衷于使用一些花哨的界面元素，以显示编程技巧，殊不知对于工程应用而言，简洁带来的美感要远远优于华而不实的效果带来的感觉。要开发出成功的工程软件界面，首先应该对所属工程领域的应用和需求有足够的了解，掌握必要的专业知识，然后灵活应用各种界面元素，综合地实现界面功能。

5.5 可视化界面

1. 可视化的概念

（1）可视化（Visualization）的定义

什么是可视化？用直观的图形代替文字；用直观的图形、曲线、表格等代替数据；动态地显示数据；动态地显示模型、图样、参数等的变化。即用模拟量代替数字量，用形象代替抽象，用动态代替静态。

科学技术的飞速发展，各种先进计算机技术、测量手段以及仪器设备的广泛应用，人们需要对科研和生产中信息源产生的大规模数据集合进行分析和解释，对建立的数学模型和模拟模型进行理解和判断。由于庞大的数据缺乏直观形象的整体概念，不借助于有效的工具，很难做出准确的理解和决策。

把数字符号转换为几何图像或图形，使研究者能够观察它们的模拟形态和计算过程，并进行交互控制。将可视化思想引入到设计计算中，采用数据可视化技术，充分发挥 Visual C++ 这一可视化开发平台的作用，进行机械设计软件的开发，使设计参数、设计指标以图形的方式展现在界面上，设计过程开放，按照需要进行交互设计，用户可以清楚地看到参数、设计指标的变化，所见即所得。

可视化设计具有下列优点：

1）大大加深了人类对数据的理解和利用。它能使人们观察到在传统的科学计算或工程设计中难以观察到的现象和规律。

2）大大加快了数据的处理速度，使庞大的数据得到有效的利用。

3）大大加强了工程设计的直观性，减少了工程设计和试验的费用。

4）人们不仅能得到计算结果，而且能知道在计算、设计过程中发生了什么变化，并可改变参数，观察其影响，对计算、设计过程实现引导和控制。

（2）可视化的应用

可视化对于我们其实并不陌生，它的应用非常广泛，如 Windows 操作系统中的窗口——形象的多任务操作系统，下拉或弹出式菜单——代替键盘命令的可视化操作手段，图标——功能形象化，代替抽象的命令，按钮——以软代硬的例子，滑动控件——可视化的模拟量输入手段。在操作系统领域，Windows 系统成功的原因就是：直观、形象、方便，虽然耗用大量的 CPU、显卡、内存与硬盘资源。以软代硬，把仪器的面板画到计算机屏幕上，如钟表、录音机、播放器、计算器等（也称仿真或虚拟仪器技术）。文字处理系统的可视化——Word的“所见即所得”。软件开发平台的可视化——VB、VC的可视化开发环境。

（3）可视化技术

充分利用图形的直观性，采用计算机仿真技术，实现可视化设计。包括输入可视化、尺寸参数调整可视化、设计过程可视化、输出结果可视化等。

（4）虚拟设计

克服传统人机对话工具（键盘、鼠标、平面显示器）的限制，采用更方便的人机对话工具（如三维鼠标、触摸屏、语音、手势、动作、数据手套等），和更有真实感的输出设备（如立体显示器、头盔），使设计者产生一种身临其境的感觉（沉浸式），便于发挥设计灵感，类似于用泥来直接塑造产品。这是可视化设计的最高境界。

2. 输入可视化示例

（1）模拟输入

采用滑动条（Slider）控件可以产生模拟输入的效果，比如在Windows或播放器当中调节音量。我们可以通过一个简单的例子来尝试一下模拟输入的效果。

1）在对话框上画编辑框和滑动条控件，分别建立数值整型 m_E1 = 50 和控制型 m_S1 变量。

2）建立对话框的初始化函数 OnInitDialog，并在其中进行滑动条的初始化：

```
m_S1.SetRange(0,100);//设置滑动条范围
m_S1.SetPos(m_E1);     //数据传给滑动条
```

3）建立滑动条的消息响应函数 OnCustomdrawSlider1，插入代码：

```
UpdateData(true);//读入数据
m_E1 = m_S1.GetPos();//数据传给变量
UpdateData(false);//显示数据
```

滑动条模拟输入界面运行效果如图5-20所示，用鼠标拖动滑动条，编辑框中的数据就会跟着变化。

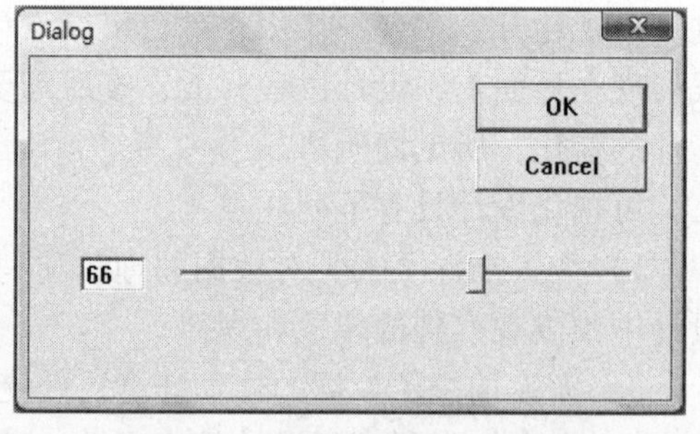

图5-20　滑动条模拟输入界面运行效果

（2）图形提示

假如我们需要计算矩形梁的横截面积，可以这样来提示输入信息：

1）在对话框上布置三个编辑框，配静态文本说明，建立整型变量 m_E1、m_E2、m_E3。

2）建立对话框的绘图函数 OnPaint，并在其中画一个矩形并标注出宽和高。

```
dc.Rectangle(20,40,60,120);//画梁截面
dc.TextOut(35,130,"B");      //显示提示 B
dc.TextOut(65,70,"H");       //显示提示 H
```

3）把“OK”按钮改造成“计算”按钮，添加消息响应函数，插入代码：

```
UpdateData(true);  //读入数据
m_E3 = m_E1 * m_E2;      //计算面积
```

UpdateData(false);//显示数据

//CDialog::OnOK();

图形提示输入界面运行效果如图5-21所示。

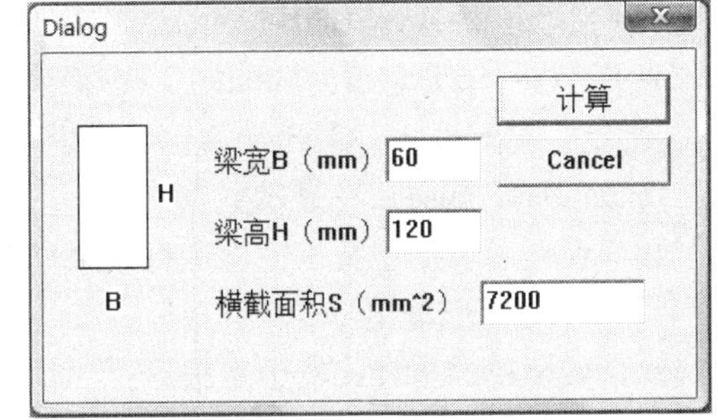

图5-21 图形提示输入界面运行效果

（3）图形随动

利用上下按钮和消息响应函数，编一个勾股定律的演示程序：

1）在对话框上布置一行控件：一个静态文本，一个编辑框，一个上下按钮。

2）静态文本中填“勾”，编辑框定义数值整型变量m_E1，上下按钮定义控制变量m_S1。

3）选中上下按钮属性中的“Auto buddy”和“Set buddy integer”两个复选框。

4）同样建立“股”静态文本，m_E2整型变量编辑框，和m_S2上下按钮。

5）建立“弦”静态文本，m_E3双精度变量编辑框。

6）建立对话框的初始化函数，插入代码：

m_S1.SetRange(0,100);//设置m_S1(即m_E1)的变化范围

m_S2.SetRange(0,100);//设置m_S2(即m_E2)的变化范围

7）在对话框程序中包含数学头文件，建立对话框绘图函数OnPaint，插入代码：

int x0 =20,y0 =135;//定义原点

UpdateData(true);//读入数据

m_E3 = sqrt(m_E1 * m_E1 + m_E2 * m_E2);//计算弦长

dc.MoveTo(x0,y0);　　　　//把笔移动到原点

dc.LineTo(x0 + m_E1,y0);　//画线到勾的长度

dc.LineTo(x0,y0-m_E2);　　//画线到股的高度

dc.LineTo(x0,y0);　//画竖线回到原点

UpdateData(false);　//显示数据

8）建立两个上下按钮变化的消息响应函数OnDeltaposSpin1和OnDeltaposSpin2，均插入代码：　Invalidate();

图形与输入参数随动运行效果如图5-22所示。

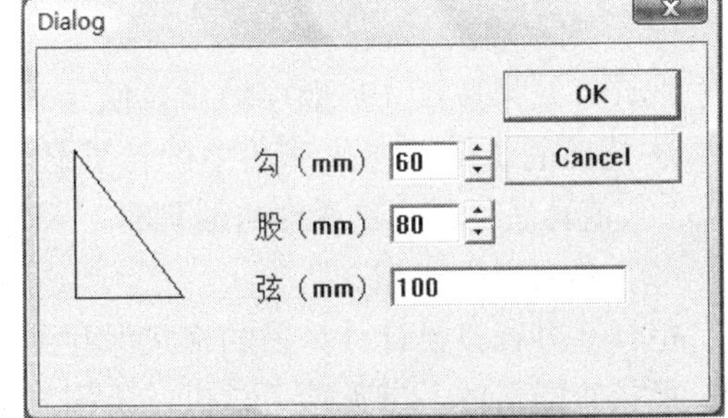

图5-22 图形与输入参数随动运行效果

3. 输出可视化示例

（1）动态文字输出

微型数字式电子表程序：

1）在对话框上布置编辑框整型变量m_E1，静态文本“时”，m_E2，“分”，m_E3，“秒”。

2）在对话框中建立全局对象CTime m_SysTime。

3）建立对话框的初始化函数OnInitDialog，插入代码：

SetTimer(1,1000,NULL);//设置定时间隔为1000ms

4）建立对话框的时间响应函数 OnTimer，插入代码：

```
m_SysTime = CTime::GetCurrentTime();//取得系统时间
m_E1 = m_SysTime.GetHour();   //得到时
m_E2 = m_SysTime.GetMinute();//得到分
m_E3 = m_SysTime.GetSecond();//得到秒
UpdateData(false);//显示数据
```

数字式电子表动态文字输出运行效果如图 5-23 所示。

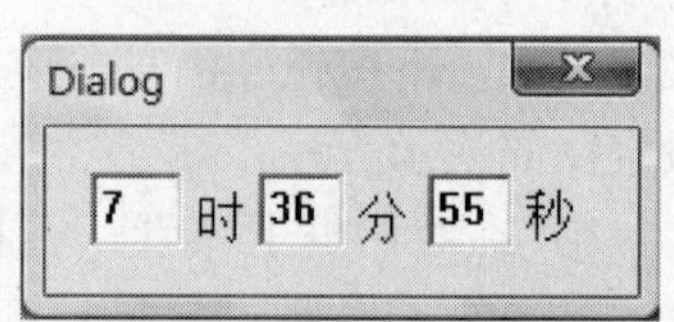

图 5-23　数字式电子表动态文字输出运行效果

（2）动态图形输出

一个最简单的指针式电子表程序：

1）在对话框中建立全局对象 CTime m_SysTime。

2）建立对话框的初始化函数 OnInitDialog，插入代码：

```
SetTimer(1,1000,NULL);//设置定时间隔为1000ms
```

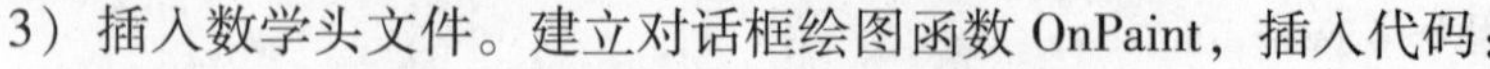

3）插入数学头文件。建立对话框绘图函数 OnPaint，插入代码：

```
CRect rect;                //定义一个矩形对象
GetClientRect(&rect);//得到客户区的大小,不包括标题栏
dc.Ellipse(rect);   //画表盘
m_SysTime = CTime::GetCurrentTime();//取得系统时间
int second = m_SysTime.GetSecond();   //取得秒
int x1 = (int)(0.5 * rect.right * (1 + sin(second * 3.1416/30.0)));   //算秒针 x 坐标
int y1 = (int)(0.5 * rect.bottom * (1- cos(second * 3.1416/30.0)));//算秒针 y 坐标
dc.MoveTo((int)(0.5 * rect.right),(int)(0.5 * rect.bottom));   //把笔移动到表盘中心
dc.LineTo(x1,y1);//画秒针
```


4）建立对话框的时间响应函数 OnTimer，插入代码：　　Invalidate（）；

去掉 OK 和 Cancel 按钮。指针式电子表动态图形输出运行效果如图 5-24 所示。感兴趣的同学可以自行加入分针和时针。

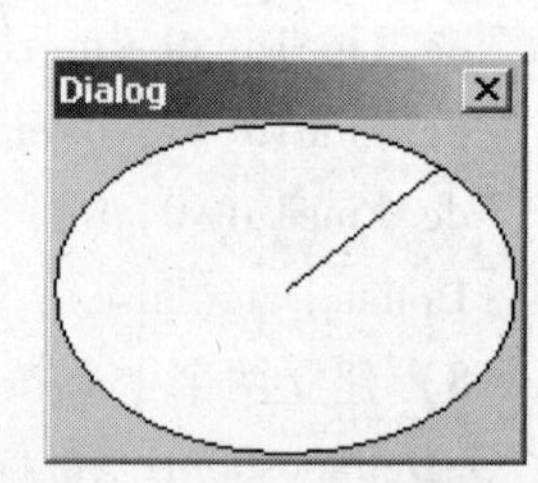

图 5-24　指针式电子表动态图形输出运行效果

4. 计算过程可视化示例

（1）流水输出

把计算结果按照先后顺序输出，便于了解计算过程。参见第 2 章算法基础的 2.2.2 迭代算法中的计算数学函数值的泰勒级数和 2.2.3 数值算法的最小二乘法直线拟合。

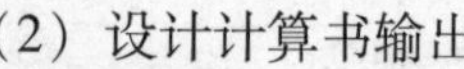

（2）设计计算书输出

把计算过程以设计计算书的格式保存到磁盘文件中，达到可存档、可核查的目的。参见第 7 章机械工程算例的 7.7 桥式起重机起升机构电动机功率计算和 7.9 叉车发动机功率计算。

（3）进度条

有些软件的计算、处理时间很长，比如优化等，应该安排进度条（加速条）或进度钟，显示一些表示计算机正在运行用户软件的信息，免得用户等得烦或误认为计算机死锁了。

1）在对话框上布置一个进度条控件，定义控制型变量 m_P1,。

2）给对话框建立初始化函数 OnInitDialog，添加：

```
m_P1. SetRange32(0,60);//设置进度条范围
m_P1. SetStep(1);          //设置进度条步长
m_P1. SetPos(0);             //设置进度条初始值
SetTimer(1,1000,NULL);//设置定时间隔为1000ms
```

3）演示时可添加对话框的时间响应函数 OnTimer，插入代码：

```
m_ P1. StepIt (); //使进度条移动
```

4）实际使用时在程序中调用上述语句使进度条移动即可。

进度条运行效果如图 5-25 所示。

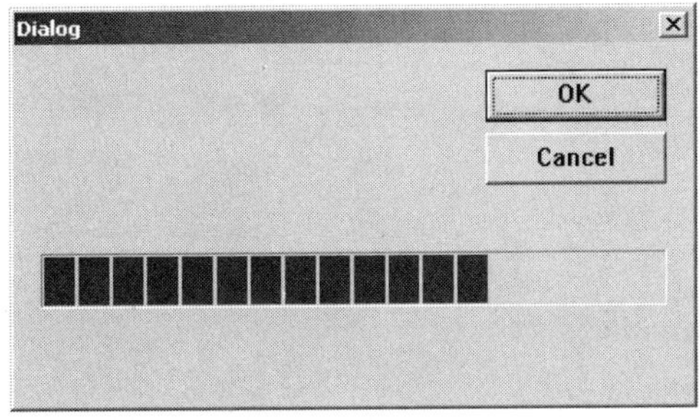

图 5-25　进度条运行效果

第6章

文件与数据库操作

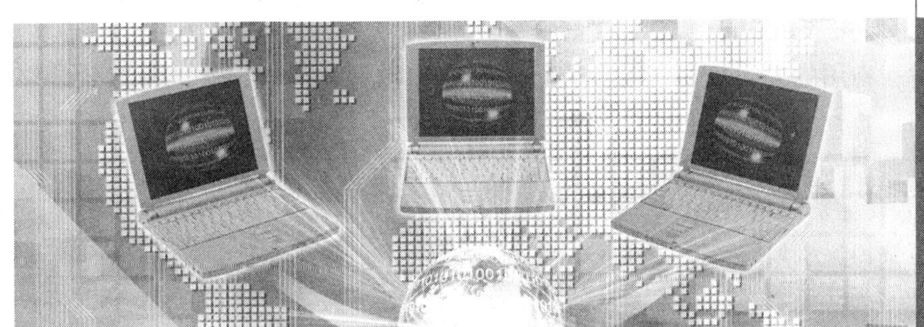

6.1 文件与软件接口

学习 C 语言时重点往往在循环语句、条件语句、输入输出等方面，没多少学时来讲文件，也没有什么机会练习，使许多同学对文件有一些陌生和畏惧。其实文件很简单，而且很重要。下面就来了解一些文件和接口的概念。

1. 什么是文件

简单说，文件就是数据在存储介质上的存在形式。这里的数据是广义的，包括数值、字符、程序代码、机器指令、声音信号、图像编码等。因此有数据文件、文本文件，源程序文件、可执行文件，声音文件、图形文件等。总之文件是信息向磁盘、U 盘、光盘等介质上存储时，采用的一种组织方式。

2. 广义的接口

过去一提到接口，人们往往首先想到硬件，如电源插头、插座、打印机用的并行接口、鼠标等设备用的 USB 接口等。其实，现在接口的概念也是广义的，包括硬件接口、软件接口、协议、标准等，文件也是一种广义的接口。下面我们就来盘点一下各种接口。

（1）什么是接口

1）传递信息的设备——硬件接口

包括传统接口：插头、插座、电源适配器、并行接口、串行接口、USB 接口、集线器（Hub）；人机对话的接口：键盘与显示器；输入接口：键盘与鼠标；输出接口：显示器、打印机、绘图机；信号与命令接口：变换器、放大器、缓存、A/D 板、传感器、执行元件等。

2）软件也是接口

包括驱动程序：打印机驱动、绘图机驱动、显卡驱动、扫描仪驱动；信息处理：信号变换、译码、映射；操作系统：DOS 系统、Windows 系统、UNIX 系统、Linux 系统；支撑软件系统：二维绘图软件、三维建模软件、媒体播放软件；软件界面：输入对话框、输出的数据、图形等。

3）标准也是接口

前面说文件是信息在介质上存储时，采用的一种组织方式，这里面有两层含义，一层含义是信息的组织，如磁盘上的磁道、族等，与存储介质有关；另一层含义是信息的格式，与软件有关。

比如 ASCII——美国信息交换标准码，是现代计算机技术的基础，文本文件就是以 ASCII 码的格式存放的。

各种数据库文件的格式，如 Access、Foxpro 等。

各种图形文件格式，如位图 bmp 格式，压缩的 jpg 图像格式，AutoCAD 的 dwg 格式，被称为事实上的工业标准的 DXF 图形交换文件格式，国标 IGES 初始图形交换规范格式，国际标准 STEP 产品数据交换规范格式等。

TCP/IP 互联网通信协议，构建了互联网的基础。

（2）接口的作用

1）方便连接

无论从硬件还是软件的角度，接口都能够起到方便连接的作用。可以说接口就是为了方便连接而专门设置的一个标准化的部件。如连接硬件的打印机并行接口，USB 串行接口。

2）传递信息

在这里，接口有点儿像外交部，专门负责对外事务，又有点儿像一个翻译，负责在两个不同语言的团体之间交流信息。这种接口可以是硬件的，如硬件的译码器，电平转换器，也可以是软件的，如 Windows 为了与各种设备通信准备的驱动程序，互联网 TCP/IP 通信协议。

3）加工处理信息

接口不但能够连接部件、传递信息，还能够翻译、过滤和处理信息。

4）智能化终端

现在接口的功能正日益向译码、锁存、缓冲等综合智能化处理发展。比如现在的路由器和交换机能够自动判断网线是直通线还是交叉线。其实大型计算机的终端设备，每一台联网的计算机都可以看做是一台智能化的终端。

（3）如何使用接口

1）尽量采用接口，起到方便连接、方便维修更换的作用。

2）尽量采用标准，增强通用性。如采用数据库存放数据，采用图形标准存放图形。

3. 文件接口

文件也是一种传递数据用的接口。如在用户与计算机之间传递数据用的输入数据文件和输出数据文件，在程序模块之间传递数据用的中间数据文件，在不同图形系统之间传递数据用的图形交换文件等。

6.2　C 语言中的文件操作

VC ++6.0 继承 C 语言中绝大部分的库函数，因此如果熟悉 C 语言的话，采用 C 语言中的函数来进行文件操作是完全可以的。

如前所述，所谓“文件”一般是指存储在外部介质上数据的集合。一批数据是以文件的形式存放在外部介质（如磁盘）上的。操作系统是以文件为单位对磁盘上的数据进行管理的，各种软件也是以文件为单位向磁盘输入、输出数据的。也就是说，如果想从外部介质上读取数据，比如播放 VCD，必须先按文件名找到所指定的文件，然后再从该文件中读取数据。如果要向外部介质存储数据，比如录制 VCD，也必须先建立一个以文件名标识的文件，才能向该文件输出数据。

C 语言把文件看做是一个字符（字节）的序列，又称流式文件，可分为 ASCII 文件和二进制文件。ASCII 文件又称文本文件，它的每个字节存放一个 ASCII 代码，代表一个字符，例如记事本的 *. txt 文件。ASCII 文件的内容是可读的，像一封明码电报，采用的编码是美国信息交换标准码即 ASCII 码。ASCII 文件中除了字符外还有一些表示回车、换行、文件结束之类的符号。在 ASCII 文件中不能对信息规定诸如字体、字号之类的信息，因此是一种无格式的文本文件，或纯文本文件。

二进制文件是把内存中的数据按其在内存中的存储形式原样输出到磁盘中存放。可以节省大约一半的存储空间，还能缩短转换时间，但用户不能直接看到文件的内容。

1. 读数据文件

（1）文件指针

ANSI C 标准规定采用缓冲文件系统，即系统自动在内存中为每个正在使用的文件开辟一个缓冲区。采用缓冲文件系统的好处是可以加快文件的读写速度。在缓冲文件系统中，"文件指针"是一个重要概念。文件的信息存放在一个系统定义的结构体类型 FILE 当中，可以定义一系列的文件指针来代表不同的文件。所有针对文件的操作都必须通过与之对应的文件指针来进行。有时把输入、输出设备也看作文件，文件指针类似于一种句柄或设备上下文（设备中介）。

定义文件指针：

```
FILE *fp;
```

其中，fp 是一个标识符，表示 file pointer 的意思，类似于匈牙利命名法。

（2）文件输入

假如在当前目录中有一个文本文件 ABC. txt（可以用记事本建一个），有 9 行内容，我们可以在 OnDraw 函数中添加下列代码，把文件的内容读出来，显示在主框架窗口中：

```
FILE *fp1;//定义一个文件指针 fp1
int ii;//定义一个整型变量 ii 作为循环变量
char temp[200];//定义一个字符数组用来临时存放一行的数据
fp1 = fopen("ABC. txt","r");//以只读的方式打开数据文件 ABC. txt
for(ii =0;ii <9;ii ++)//循环读入 9 行数据
{
    fgets(temp,200,fp1);//从文件指针 fp1 对应的文件中读一个字符串
    pDC- >TextOut(100,100 +20 * ii,temp);//把字符串显示到屏幕上
}
fclose(fp1);//关闭文件
```


程序中 fopen 是一个 C 语言的库函数，用来打开一个文件，通常的调用方式为：

fp = fopen（filename, type）；

其中，fp——文件指针；filename——文件名，是一个字符串，是文件包含扩展名的全名；type——文件使用方式，也是一个字符串，见表 6-1。

表 6-1　文件使用方式

文件使用方式	含　义
"r"	打开一个文本文件用于只读，该文件应该已经存在，否则出错
"w"	创建一个文本文件用于写，若不存在该文件，则新建，若存在，则删除重建
"rb"	打开一个二进制文件用于只读
"wb"	创建一个二进制文件用于写

程序中 fgets 也是 C 语言的库函数，用来从指定文件读入一个字符串，通常的调用方式为：

gets（str, n, fp）；

其中，str——字符串数组，要有足够的大小；n——这一行最多读入 n - 1 个字符；fp——文

件指针。如果在读入 n-1 个字符结束之前遇到换行符或 EOF 文件结束符，则读入结束。

程序中 fclose 是关闭文件的 C 语言函数。用法见上述程序。应该养成在程序结束之前关闭所有使用的文件的习惯。否则有可能丢失文件缓冲区中的数据或造成系统资源紧张。

(3) 读取文件中的数据

假如在当前目录中有一个文本文件 InData. txt（可以用记事本建一个），有6行内容，其中奇数行的内容为提示信息，偶数行的内容为单个的数据，我们可以在 OnDraw 函数中添加下列代码，把文件的内容读出来，显示在主框架窗口中：

```
FILE *fp1;//定义一个文件指针 fp1
int ii;      //定义一个整型变量 ii 作为循环变量
char temp[200];  //定义一个字符数组用来临时存放一行的数据
char temp2[200];//定义一个字符数组用来组合输出字符串
double x[10];      //定义一个数组用来读取数据
fp1 = fopen("InData.txt","r");//以只读的方式打开数据文件 InData.txt
for(ii = 0;ii < 3;ii ++)//循环读入 3 组数据
{
    fgets(temp,200,fp1);//从文件指针 fp1 对应的文件中读一个字符串
    fscanf(fp1,"%lf\n",&x[ii]);//从文件中格式化地读一个双精度数
    sprintf(temp2,"%s = %f\n",temp,x[ii]);//组合输出字符串
    pDC- > TextOut(100,100 + 20 * ii,temp2);//把字符串显示到屏幕上
}
fclose(fp1);//关闭文件
```

程序中 fscanf 是一个 C 语言的库函数，用来从指定文件格式化地读入数据，它与 scanf 的区别仅在于增加了第一个文件指针参数，其他参数的用法完全相同。

程序中 sprintf 是一个 C 语言的库函数，用来向指定字符数组格式化地输出数据，它与 printf 的区别仅在于增加了第一个字符数组名参数（指向字符串的指针），其他参数的用法完全相同。

2. 写数据文件

(1) 输出一个文本文件

我们可以在某个程序框架的构造函数，如 * View. cpp 的构造函数中添加下列代码，运行程序时会输出一个单列的乘法口诀表文件：

```
FILE *fp1;//定义一个文件指针 fp1
int ii;      //定义一个整型变量 ii 作为循环变量
fp1 = fopen("ABC.txt","w");  //以写的方式打开数据文件 ABC.txt
for(ii = 1;ii < =9;ii ++)        //循环写出 9 行数据
{
    fprintf(fp1,"%d x 9 = %2d\n",ii,ii * 9);//向文件格式化地输出数据
}
fclose(fp1);//关闭文件
AfxMessageBox("文件已输出");//显示提示用消息框
```

程序中 fprintf 是一个 C 语言的库函数，用来向指定文件格式化地输出数据，它与 printf 的区别仅在于增加了第一个文件指针参数，其他参数的用法完全相同。

程序中 AfxMessageBox 是 VC ++6.0 中经常用的一个函数，用来弹出一个消息框，显示一些提示信息。

(2) 复制一个文本文件

假如在当前目录中有一个文本文件 file1. txt（可以用记事本建一个，也可以用前面输出的文本文件），我们可以在某个程序框架的构造函数，如 * View. cpp 的构造函数中添加下列代码，运行程序时会把一个文本文件复制成另一个文本文件：

```
FILE *fp1,*fp2;//定义两个文件指针 fp1、fp2
char temp[200];//存放一行字符的字符数组
fp1 = fopen("file1.txt","r");//打开文件 file1.txt 用于读
fp2 = fopen("file2.txt","w");//打开文件 file2.txt 用于写
while(feof(fp1) = = NULL)//循环,直到文件结束
{
    sprintf(temp,"\0");  //给字符数组"清零"
    fgets(temp,200,fp1);//从 fp1 文件中读一个字符串
    fputs(temp,fp2);     //向 fp2 文件中写一个字符串
}
fclose(fp1);//关闭 fp1 对应的文件
fclose(fp2);//关闭 fp2 对应的文件
AfxMessageBox("文件复制完成");//显示提示用消息框
```

程序中 feof 是一个 C 语言的库函数，用来探测指定文件是否结束，文件若没有结束返回 0（NULL 就是 0），文件若结束了返回非零。

程序中 fputs 是 C 语言的库函数，用来向指定文件输出一个字符串，通常的调用方式为：

fputs (str, fp);

其中，str——存放输出字符串的数组；fp——文件指针。

6.3 VC ++6.0 中的文件操作

在 VC ++6.0 中，有关文件操作的函数被封装在 CStdioFile 类当中。CStdioFile 类继承自 CFile 类，CStdioFile 对象可以以文本方式（默认）或者二进制方式操作被缓冲的流式文件。

前面的例子可以用 VC ++6.0 的 CStdioFile 类中的成员函数重写一遍。

1. 读数据文件

(1) 文件输入

假如在当前目录中有一个文本文件 ABC. txt（可以用记事本建一个），我们可以在某个程序框架的构造函数中添加下列代码，把文件的内容读出来，显示在消息框中：

```
CString strText; //定义一个 CString 类型的字符串
char szLine[200];//定义一个传统的一维字符数组
CStdioFile file; //定义一个 CStdioFile 的对象
```

```
file. Open(" ABC. txt" ,CFile::modeRead);//以读的模式打开文件 ABC. txt
while(file. ReadString(szLine,200))   //循环按行读入最长为200的字符串
{
    strText = strText + szLine;//把各行字符串连接起来
}
MessageBox(strText);//用消息框输出全部文本信息
file. Close();           //关闭文件
```

程序中 Open 是 CStdioFile 类中的成员函数，用来打开文件，CFile:: modeRead 表示以读的模式打开。正常打开文件时返回1（true），否则返回0（false）。

程序中 ReadString 是 CStdioFile 类中用来从文件中读一行字符的成员函数，按上例的用法会保留换行符。成员函数 Close（）则用来关闭文件。

（2）ReadString 的另一个重载版本

同样，假如在当前目录中有一个文本文件 ABC. txt（可以用记事本建一个），我们在某个程序框架的构造函数中添加下列代码，试一下 ReadString 的另一个重载版本：

```
CString strText;//定义一个 CString 类型的字符串
CString szLine;  //定义一个 CString 类型的字符串
CStdioFile file;//定义一个 CStdioFile 的对象
file. Open(" ABC. txt",CFile::modeRead);//以读的模式打开文件 ABC. txt
while(file. ReadString(szLine))     //循环按行读入字符串
{
    strText = strText + szLine + "\r\n";//把各行字符串连接起来并加回车换行
}
MessageBox(strText);  //用消息框输出全部文本信息
file. Close();            //关闭文件
```

在 ReadString 的这种用法中，回车和换行符均不读到字符串中，需要人为地添加"\r\n"才能正常显示成一行一行的文本。

（3）读取文件中的数据

假如在当前目录中有一个文本文件 InData. txt（可以用记事本建一个），有6行内容，其中奇数行的内容为提示信息，偶数行的内容为单个的数据，我们可以在 OnDraw 函数中添加下列代码，把文件的内容读出来，显示在主框架窗口中：

```
int ii;           //定义一个整型变量 ii 作为循环变量
CString strText,strData;//定义两个 CString 类型的字符串
double x[10];      //存放数据的数组
char temp[100];  //临时字符串
CStdioFile file;//定义一个 CStdioFile 的对象
file. Open("InData. txt",CFile::modeRead);//以读的模式打开文件 InData. txt
for(ii =0;ii <3;ii ++)//循环读入3组数据
{
    file. ReadString(strText);//按行读入字符串
```

```
        file. ReadString(strData);//按字符串读入数据
        x[ii] = atof(strData);    //把字符串转换成数值
        sprintf(temp,"%s = %f",strText,x[ii]);//组合输出字符串
        pDC->TextOut(100,100 + ii * 20,temp);    //把字符串显示到屏幕上
    }
```

读写数据文件对于格式的要求非常严格，通常应该把符合规定格式的读写过程编写成用户自定义函数，使用时直接调用即可，免得经常出错。

2. 写数据文件

（1）输出一个文本文件

我们可以在某个程序框架的构造函数，如 * View. cpp 的构造函数中添加下列代码，运行程序时会输出一个单列的乘法口诀表文件：

```
int ii;          //定义一个整型变量 ii 作为循环变量
CString strText;//定义一个 CString 类型的字符串
CStdioFile file;//定义一个 CStdioFile 的对象
file. Open("ABC. txt", CFile::modeCreate | CFile::modeWrite);//创建文件 ABC. txt 用于写
for(ii = 1;ii <= 9;ii ++)//循环写出一列乘法口诀
{
    strText. Format("%d x %d = %d\r\n",9,ii,9 * ii);//格式化输出到字符串
    file. WriteString(strText);//向文件输出一个字符串
}
file. Close();//关闭文件
```

程序中 CFile:: modeCreate | CFile:: modeWrite 的写法，保证即使当前目录中没有 ABC. txt 这个文件，也能创建并输出内容。如果只写 CFile:: modeWrite，则当前目录中必须有 ABC. txt，程序会重写其内容。而如果只写 CFile:: modeCreate，则能够创建文件，却无法写数据。

程序中 Format 是 CString 类的成员函数，用来给对象格式化赋值，类似于 sprintf。

程序中 WriteString 是 CStdioFile 类中的成员函数，用来向文件输出一个字符串，需要人为地添加" \r\n" 回车换行符。

（2）复制一个文本文件

假如在当前目录中有一个文本文件 file1. txt（可以用记事本建一个，也可以用前面输出的文本文件），我们可以在某个程序框架的构造函数，如 * View. cpp 的构造函数中添加下列代码，运行程序时会把一个文本文件复制成另一个文本文件：

```
CStdioFile file1,file2;//定义两个 CStdioFile 的对象
CString strText;        //定义一个 CString 类型的字符串
file1. Open("OldFile. txt",CFile::modeRead);//以读的模式打开文件 OldFile. txt
file2. Open("NewFile. txt",CFile::modeCreate|CFile::modeWrite);//创建文件用于写
while(file1. ReadString(strText))        //循环按行读入字符串
{
```

```
        file2.WriteString(strText + "\r\n");//向文件输出一个字符串并添加回车换行符
    }
    file1.Close();//关闭文件
    file2.Close();//关闭文件
    AfxMessageBox("文件复制完成");//显示提示用消息框
```

注意：为了简化起见，上述程序中没有写有关打开文件的保护语句。

6.4　数据库系统

数据库系统，(Data Base System，DBS) 的应用十分广泛，管理信息系统 (Management Information System，MIS) 的基础就是数据库系统。其他许多诸如人事管理系统、地理信息系统、产品数据管理 (Product Data Management，PDM) 等都离不开数据库系统的支持。现在十分流行的网络查询，就是在一个联网的数据库当中查询。建立动态的网页，也需要用到数据库。而且数据库系统的操作非常简单，基本不需要编程，是一种只需要知道"做什么"，不需要知道"怎么做"(所谓"非过程化"编程) 的系统。

1. 什么是数据库

文件是数据在存储介质上的存在形式，而数据库是一种特殊的文件。信息在存储介质上以文件的形式保存，而信息在文件当中以什么方式来组织管理呢？答案是以表格、记录的方式来管理比较好。前面提到的数据文件为流式文件，适合于从头到尾地进行读写。而数据库这种特殊的文件是一种格式化的文件，它特别适合于检索信息。在一个数据库当中，一般有若干张表，而每张表中有许多记录，每条记录是由若干字段组成的。

学习 VC++经常遇到"属性"这个词，同类事物的不同个体具有不同的属性。比如企业的职工，具有姓名、年龄、工资、电话等属性。每个职工都有属于自己的姓名、年龄等属性。把一个单位或部门的职工属性罗列在一起，就构成了一张职工花名册，这就是一张二维表格，也就是数据库当中的一个表。姓名、年龄等同类的属性构成了表中的一列，称为字段。每个职工属性的集合构成了表中的一行，称为一条记录。姓名显然是职工最重要的属性，称为关键字段。一张职工花名册可以按照年龄、工资等不同的方式排列每个职工在表中的先后次序，称为排序。有了职工花名册，可以根据姓名来查找电话号码，或根据年龄列出接近退休的职工，称为检索。

可见通过表格这种方式来组织管理数据非常方便，表格是数据库的基础。采用数据库的方式来管理数据的优点是数据与处理这些数据的程序分离；数据易于扩充；数据便于进行排序、检索、统计等操作；数据具有标准的格式，便于交流。

2. 数据库系统

数据库既然是具有特殊格式的文件，那么都有哪些数据库文件的格式呢？由于采用不同的数据库文件格式和管理方式，出现了不同的数据库系统，如 dBASE、FoxBASE、Visual FoxPro、PowerBuilder、Access、SQL Server 2000、Oracle 等数据库系统。数据库系统的作用是替用户创建数据库，管理数据库，进行一些检索、统计、报表等工作，也可以用该数据库系统定义的语言开发一些专用的信息管理系统。

dBASE 和 FoxBASE 数据库系统是 DOS 环境下的数据库系统，现在已基本无人问津了。

Visual FoxPro 数据库系统既兼容 FoxBASE 系统的指令与数据库，又引入了可视化界面，很适合于初学者学习数据库的概念与简单操作。Access 则因与 Office 和 VC 同属微软而在小型数据库开发方面具有一定的优势。

SQL 是结构化查询语言（Structured Quevy Language）的缩写。SQL 是专为数据库而建立的操作命令集，是一种功能齐全的数据库语言。使用 SQL 语言只需要发出“做什么”的命令，不用考虑“怎么做”的问题，其功能强大、简单易学、已经成为数据库操作的基础，现在几乎所有的数据库均支持 SQL。

3. 数据库应用

工程上的许多表格都可以用数据库来管理，比如材料、型钢，电动机、减速器、制动器、缓冲器、联轴器等部件都具有不同的种类和属性，很适合于用数据库来管理。

传统的机械设计过程当中许多数据需要通过查手册的方式来获得，而当我们把这个过程转化到计算机辅助设计（CAD）当中去的时候，就会遇到问题，计算机不会查纸质的表格。这时电子表格数据库成为纸质手册最好的替代品。

对于少量的数据可以编写到程序当中，但这不符合数据与程序分离的原则。为了修改少量数据而不得不修改源程序是不合适的。

有些数据可以通过数据文件来保存和管理，这也能起到数据与程序分离的作用。但是当数据量比较大的时候，数据库将成为最好的选择。

采用数据库来保存和管理数据，等于把数据的创建、维护工作分离出去，使数据库系统成为我们所开发的专业机械 CAD 软件的一个支撑软件系统。其优点是数据与处理这些数据的程序完全分离；数据易于修改、扩充；数据便于进行排序、整理；数据具有标准的格式，便于交流。而缺点是需要涉及应用程序与数据库的接口问题。

6.5 读写数据库技术

尽管数据库是一种电子表格，但是通过程序来查这个表仍然需要一些接口和方法。最简单的方法是把数据库中的某个表转化为一个文本文件，供程序读取。但这种方法不够直接。通常数据库系统留有与高级语言的接口，下面介绍直接读取数据库的方法。

1. 为什么要读写数据库

所谓读数据库，就是由程序来查数据库这个电子表格。为了获得使用数据库的好处，即：能使数据的格式标准、规范、标准化程度高；数据的通用性强，使用方便；数据的维护和交流方便等优点，必须要学会怎样用 VC ++ 来读数据库这种特殊的文件。

2. 建立数据库

以 Access 数据库文件为例，这是一种以 mdb 为扩展名的特殊格式的文件。

1）启动 Microsoft Office Access 2003，单击菜单“文件”，选“新建…”，选“空数据库…”，选择数据库文件的保存位置，修改文件名为 YZR6. mdb，按“创建”按钮，选“使用设计器创建表”，单击“设计”按钮，按照表 6-2 的表头输入字段名称，选择数据类型，除第 2 个字段选“文本”外，其他字段均选“数字”，其中编号字段为长整型，其他为单精度型，关闭并且保存该表，表的名称起为“YZR6S3J40”。

2）双击进入编辑表的状态，录入表 6-2 中的数据，如图 6-1 所示。

表 6-2　**YZR** 电动机技术数据（6 极 S3——40%）

编　号	机座号	额定功率 /kW	额定转速 /(r/mim)	定子电流 /A	转子电流 /A	功率因素 /cosφ	效率 (%)	最大转矩倍数	定子铜耗 /W
1	112M-6	1.5	866	4.8	11.2	0.76	62	2.2	450
2	132M1-6	2.2	908	6	11.5	0.76	74	2.9	360
3	132M2-6	3.7	908	9.12	12.8	0.78	79	2.5	439
4	160M1-6	5.5	930	14.9	27.5	0.77	78	2.6	968
5	160N2-6	7.5	940	18	26.5	0.79	80	2.8	862
6	160L-6	11	945	25.5	28.6	0.82	80	2.5	1150
7	180L-6	15	962	32.8	44.4	0.834	83	3.2	1259
8	200L-6	22	964	48	68.0	0.787	86	2.63	1320
9	225M-6	30	962	63	74.4	0.83	87	2.97	1108
10	250M1-6	37	960	70.4	93	0.89	90	3.1	1631
11	250M2-6	45	965	77.5	95.4	0.839	87	3.5	1846
12	280S-6	55	969	101	119.8	0.91	90	3	2000
13	280M-6	75	979	138.6	122.8	0.905	91	3.2	2369

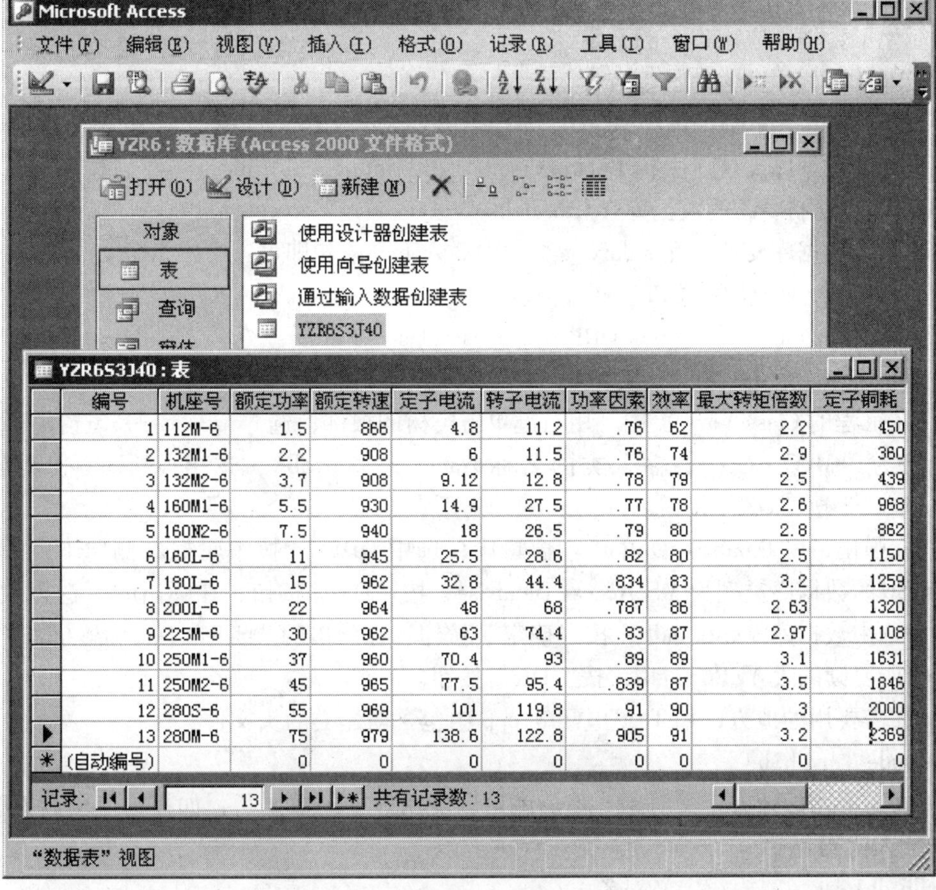

编号	机座号	额定功率	额定转速	定子电流	转子电流	功率因素	效率	最大转矩倍数	定子铜耗
1	112M-6	1.5	866	4.8	11.2	.76	62	2.2	450
2	132M1-6	2.2	908	6	11.5	.76	74	2.9	360
3	132M2-6	3.7	908	9.12	12.8	.78	79	2.5	439
4	160M1-6	5.5	930	14.9	27.5	.77	78	2.6	968
5	160N2-6	7.5	940	18	26.5	.79	80	2.8	862
6	160L-6	11	945	25.5	28.6	.82	80	2.5	1150
7	180L-6	15	962	32.8	44.4	.834	83	3.2	1259
8	200L-6	22	964	48	68	.787	86	2.63	1320
9	225M-6	30	962	63	74.4	.83	87	2.97	1108
10	250M1-6	37	960	70.4	93	.89	89	3.1	1631
11	250M2-6	45	965	77.5	95.4	.839	87	3.5	1846
12	280S-6	55	969	101	119.8	.91	90	3	2000
13	280M-6	75	979	138.6	122.8	.905	91	3.2	2369
(自动编号)		0	0	0	0	0	0	0	0

图 6-1　建立数据库

3）数据库经过多次编辑修改后占据的磁盘空间会变大，这时可以在 Access 系统的“工具”菜单中选“数据库实用工具”，“压缩和修复数据库”，然后关闭 Access 系统，你会发现数据库文件所占的字节数变少了。

4）如果要把数据库转化为早期的格式，可以在 Access 系统的“工具”菜单中选“数据库实用工具”，“转换数据库”，“转为 Access97 文件格式”即可。

3. VC 读写数据库的方式

（1）ODBC 方式

ODBC 是 Open DataBase Connectivity（开放数据库连接）的英文缩写。MFC 对 ODBC 的 API 函数进行了封装，可简化程序。

（2）DAO 方式

DAO 是 Data Access Objects（数据访问对象）的英文缩写。MFC 对 DAO 进行了封装。

（3）ADO 方式

OLE DB 是 Object Link and Embedding DataBase（对象链接和嵌入数据库）的英文缩写。OLE DB 是 VC 提供的基于 COM 接口的数据库应用程序开发技术。

ADO 是 ActiveX Data Objects（ActiveX 数据对象）的英文缩写。ADO 技术是基于 OLE DB 的访问接口，属于数据库访问的高层接口。该技术封装了 OLE DB 的接口，定义了 ADO 对象，简化了数据库应用程序的开发。

4. 用 ODBC 方式访问数据库

1）建立 MFC AppWizard［exe］工程 TestDB，选单文档，选第二项 Header files only 只包含头文件的数据库支持，去掉 Docking toolbar 和 Printing and print preview，选 As a statically linked library。复制要读的数据库 YZR6. mdb。

或者不选数据库支持，在 stdafx. h 文件中插入下列语句即可：

```
#ifndef _AFX_NO_DB_SUPPORT
#include <afxdb. h> //MFC ODBC database classes
#endif //_AFX_NO_DB_SUPPORT)
```


2）在工程的 Class View 页中，用右键单击类树的根部，选 New Class…，选择 Class type 类的类型为“MFC Class”，输入类的名称 Name 为“mydb”，选 Base class 基类名称为“CRecordset”，按“OK”按钮。

3）在弹出的“Database Options”窗口中，选中 ODBC，按编辑框右侧向下的小三角，选择要读取的数据库类型为 MS Access Database，按“OK”按钮；在弹出的“选择数据库”窗口中，选中数据库 YZR6. mdb，按“确定”按钮；在弹出的“Select Database tables”窗口中，选择所要读的表 YZR6S3J40，按“OK”按钮。

4）在需要用的地方，如 TestDBView. cpp 中包含新建类的头文件：

```
#include "mydb. h"
```

5）在需要用的地方定义对象，然后就可以使用表中的数据了，如在构造函数 CTestDB-View 中插入代码：

```
mydb db1;            //定义对象
double aa;
```

```
char temp[81];
db1.Open();          //打开数据库
db1.MoveFirst();   //把数据库指针移到第1条记录
db1.Move(3);           //把数据库指针向后移动3条记录
aa = db1.m_column3;//读出第4条记录中第3个字段的数据
sprintf(temp,"aa = %f",aa);
MessageBox(temp);
```

这种方式的优点是所生成的类当中能够自动生成一系列与数据库字段对应的变量名（将来还可以改），能适应 Microsoft Office Access 2003 版的数据库。而缺点是每次运行都要再选一次数据库，不能用在反复读取数据库的场合。如果注册数据库源的话也只能在注册了的计算机上使用，可移植性太差。

5. 用 DAO 方式访问数据库

1）建立 MFC AppWizard［exe］工程 TestDB，选单文档，选第二项 Header files only 只包含头文件的数据库支持，去掉 Docking toolbar 和 Printing and print preview，选 As a statically linked library。复制要读的数据库 DDJ. mdb。（只支持 Access97 建立的数据库）

或者不选数据库支持，在 stdafx. h 文件中插入下列语句即可：

```
#ifndef _AFX_NO_DAO_SUPPORT
#include <afxdao.h> //MFC DAO database classes
#endif //_AFX_NO_DAO_SUPPORT
```

2）在工程的 Class View 页中，用右键单击类树的根部，选 New Class…，选择 Class type 类的类型为“MFC Class”，输入类的名称 Name 为“mydb”，选 Base class 基类名称为“CDaoRecordset”，按“OK”按钮。

3）在弹出的“Database Options”窗口中，选中 DAO，按编辑框右侧向下的“…”，在弹出的“打开”窗口中，选中数据库 DDJ. mdb，按“打开”按钮；回到“Database Options”窗口中，去掉数据库名称 DDJ. mdb 前面的路径信息，按“OK”按钮；在弹出的“Select Database tables”窗口中，选择所要读的表 DDJ，按“OK”按钮。

4）在需要用的地方，如 TestDBView. cpp 中包含新建类的头文件：

```
#include "mydb.h"
```

5）在需要用的地方定义对象，然后就可以使用表中的数据了，如在构造函数 CTestDBView 中插入代码：（在 mydb. h 文件中核对一下与数据库字段对应的变量名）

```
mydb db1;            //定义对象
double aa;
char temp[81];
db1.Open();          //打开数据库
db1.MoveFirst();   //把数据库指针移到第1条记录
db1.Move(3);           //把数据库指针向后移动3条记录
aa = db1.m____H;       //读出第4条记录中第2个字段的数据
sprintf(temp,"aa = %f",aa);
MessageBox(temp);
```

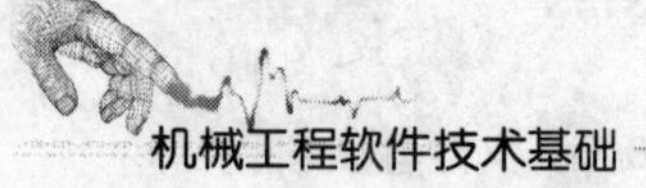

这种方式的优点是所生成的类当中能够自动生成一系列与数据库字段对应的变量名（将来还可以改），不需要在运行时再选一次数据库。而缺点是只支持 Access97 建立的数据库，不能适应 Microsoft Office Access 2003 版的数据库。对于由 Access2003 转化为 Access97 格式的数据库文件能接受，但不能产生与字段对应的变量。

6.6 用 ADO 方式访问数据库

1. 直接用 ADO 方式访问数据库

1）建立 MFC AppWizard ［exe］工程 TestDB，选单文档，不需要选任何数据库支持，去掉 Docking toolbar 和 Printing and print preview，选 As a statically linked library。复制要读的数据库 YZR6. mdb。

2）在 StdAfx. h 头文件的末尾加入：

```
#import "c:\program files\common files\system\ado\msado15. dll" \
    no_namespace \
    rename("EOF","adoEOF")
```

编译时有一个警告，不用理会。

3）在 TestDBView. cpp 文件的构造函数 CTestDBView 中插入代码：

```
CString DBA = "YZR6";
CString table = "YZR6S3J40";
int hang = 2;
int lie = 2;
CString Rstr = "-1";//返回值

_ConnectionPtr myLn;
_RecordsetPtr myLs;
CoInitialize(0);
myLn. CreateInstance(_uuidof(Connection));

//连接数据库
CString openstr = "Provider = Microsoft. Jet. OLEDB. 4. 0;Data Source = " + DBA + ". mdb";
myLn->Open((_bstr_t)openstr,"","",adModeUnknown);
myLs. CreateInstance(_uuidof(Recordset));
CString sqlstr = "select * from " + table + " order by 编号";//根据情况,ID 或编号
myLs->Open((_bstr_t)sqlstr,(IDispatch *)myLn,adOpenStatic,adLockOptimistic,adCmd-
Text);

//读取数据
myLs->Move((long)(hang-1));
Rstr = (LPCTSTR)(_bstr_t)myLs->GetCollect((_variant_t)(long)(lie-1));
```

AfxMessageBox(Rstr);

这种方式的优点是,不需要在运行时再选一次数据库,能适应 Microsoft Office Access 2003 版的数据库。缺点是程序比较复杂,适合于编成一个函数使用。

2. 编写用 ADO 方式访问数据库的函数

1)建立 MFC AppWizard[exe]工程 TestDB,选单文档,不需要选任何数据库支持,去掉 Docking toolbar 和 Printing and print preview,选 As a statically linked library。复制要读的数据库 YZR6. mdb。

2)在 StdAfx. h 头文件的末尾加入:

```
#import "c:\program files\common files\system\ado\msado15. dll" \
no_ namespace \
rename (" EOF"," adoEOF")
```

编译时有一个警告，不用理会。

3）在工程的 Class View 页中，用右键单击类树的根部，选 New Class…，选择 Class type 类的类型为“Generic Class”通用类，类的名称 Name 输入 mydb，按“OK”按钮。

4）在 mydb. h 文件的类定义中插入两个成员函数的声明:

```
//读字符型字段，DBA 数据库名，table 表名，hang 行，lie 列，ID 检索字段的名称
CString GetSingleInfo1 (CString DBA, CString table, int hang, int lie, CString ID =" 编号");
//读数值型字段，DBA 数据库名，table 名表，hang 行，lie 列，ID 检索字段的名称
double GetSingleInfo2 (CString DBA, CString table, int hang, int lie, CString ID =" 编号");
```

5）在 mydb. cpp 文件中插入这两个成员函数的定义:

```
//读字符型字段，DBA 数据库名，table 表名，hang 行，lie 列，ID 检索字段的名称
CString mydb::GetSingleInfo1(CString DBA,CString table,int hang,int lie,CString ID)
{
    CString Rstr;//返回值
    //连接数据库及初始化
    _ConnectionPtr myLn;
    _RecordsetPtr myLs;
    CoInitialize(0);
    myLn. CreateInstance(_uuidof(Connection));
    try
    {
        //连接数据库
        CString openstr ="Provider =Microsoft. Jet. OLEDB. 4. 0;Data Source =" +DBA +". mdb";
        myLn- >Open((_bstr_t)openstr,"","",adModeUnknown);
        myLs. CreateInstance(_uuidof(Recordset));
        CString sqlstr ="select * from " +table +" order by " +ID;
    myLs- >Open((_bstr_t)sqlstr,(IDispatch *)myLn,adOpenStatic,adLockOptimistic,adC-
```

```
mdText);

        if(myLs->adoEOF)
        {
            AfxMessageBox("表记录为空");
        }
        else
        {       //表非空
                myLs->Move((long)(hang-1));
                Rstr=(LPCTSTR)(_bstr_t)myLs->GetCollect((_variant_t)(long)(lie-1));
        }
    }
    catch(_com_error &e)
    {
            Rstr="-1";
            AfxMessageBox(e.Description());
    }
    if(myLs->GetState()==adStateOpen)
    {  //关闭记录集
       myLs->Close();
       myLs=NULL;
    }
    if(myLn!=NULL)
    {  //关闭连接
       try
       {
              myLn->Close();  //关闭连接
              myLn.Release();//释放对象
       }
       catch(_com_error &e)
       {
              AfxMessageBox(e.Description());
       }
    }
    return Rstr;
}
//读数值型字段,DBA 数据库名,table 名表,hang 行,lie 列,ID 检索字段的名称
double mydb::GetSingleInfo2(CString DBA,CString table,int hang,int lie,CString ID)
{
```

```
  double Value;
  Value = atof(GetSingleInfo1(DBA,table,hang,lie,ID));
  return Value;
}
```

6）在需要用的地方，包含新建类的头文件：

```
#include "mydb.h"
```

然后就可以定义对象，使用上述两个函数读取数据库表中的数据了。

3. 用ADO方式读数据库实例

1）建立MFC AppWizard［exe］工程TestDB，选单文档，不需要选任何数据库支持，去掉Docking toolbar和Printing and print preview，选As a statically linked library。复制要读的数据库YZR6.mdb。

2）插入一个对话框，类的名称起为DLG，在对话框中插入四个编辑框控件，定义分别代表记录号、字段号、字符内容、数值内容的变量：

```
int     m_EDIT1;
int     m_EDIT2;
CString m_EDIT3;
double  m_EDIT4;
```

用四个静态文本加以说明。

在对话框的构造函数中给前两个变量赋初值：

```
m_EDIT1 =1;
m_EDIT2 =2;
```

在对话框文件DLG.cpp中包含头文件：

```
#include "mydb.h"
```

在对话框的构造函数之前添加mydb db1;

把OK按钮改造成“查询数据”，双击，在其消息响应函数OnOK中插入代码：

```
UpdateData(true);
m_EDIT3 = db1.GetSingleInfo1("YZR6","YZR6S3J40",m_EDIT1,m_EDIT2,"编号");
m_EDIT4 = db1.GetSingleInfo2("YZR6","YZR6S3J40",m_EDIT1,m_EDIT2,"编号");
UpdateData(false);
//CDialog::OnOK();
```

3）在TestDBView.cpp文件中插入头文件：

```
#include "DLG.h"
```

在构造函数CTestDBView中插入代码：

```
DLG D1;
D1.DoModal();
exit(0);
```

4）按“!”，编译、连接、运行程序，出现对话框。用ADO方式读数据库的效果如图6-2所示。

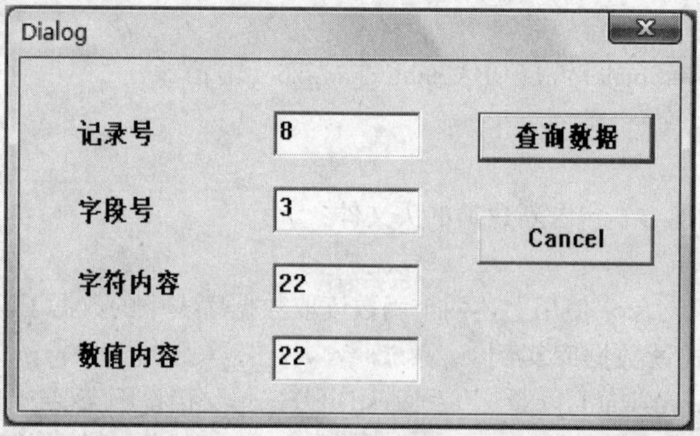

a)

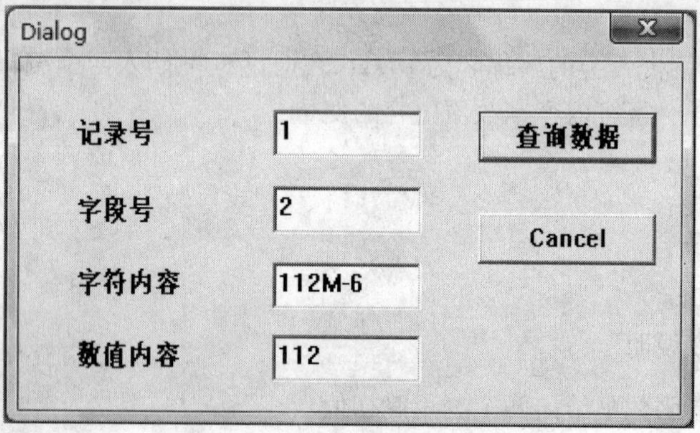

b)

图 6-2　用 ADO 方式读数据库的效果

a）数值型字段　b）字符型字段

第7章

机械工程算例

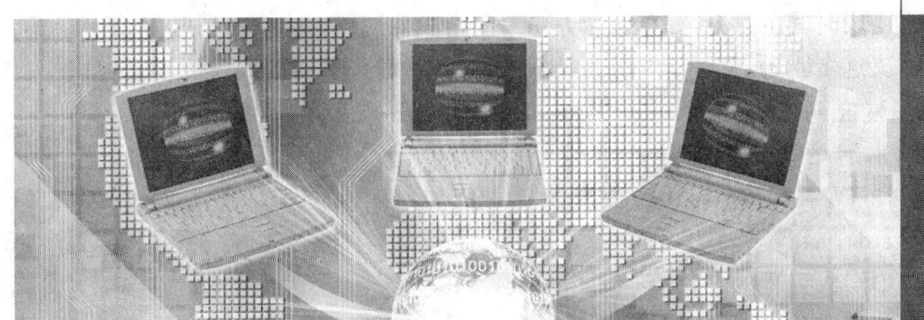

学习编程，尤其是用 VC ++ 编写 Windows 界面的程序，必须动手上机实践，否则许多操作性的步骤和程序的调试技巧是无法掌握的。本章结合机械工程的基础性知识，结合工程实际中可能遇到的问题，设计了单位换算、材料力学截面特性和应力计算、机械功率与传动速比计算、及简单的动画制作等例子，手把手地教大家用 VC ++ 编写 Windows 界面的程序。每一个算例都体现了由浅入深、重视界面的理念，具有一定的实用性、资料性和趣味性。希望通过这一章的训练，进一步掌握 VC ++ 操作，Windows 下的输入、输出界面技术，并理解消息响应机制。

7.1 单位换算专用计算器

实际生活中有一些物理量在工程上习惯采用的单位与物理学中所采用的单位不同，换算起来也不是很直观。比如速度，工程上习惯采用 km/h，物理学中习惯采用 m/s，百米赛跑则采用所用时间的秒数来代表运动员的速度。我们可以在 VC 下开发一个单位换算专用计算器来解决这个问题。

1. 建立对话框界面

（1）建立单文档框架

启动 VC ++6.0，在 File 文件菜单中选“New”（新建），在 Projects 工程页中选“MFC AppWizard [exe]”，在 Location 位置窗口中选好存放工程文件夹的位置，在 Project name 名称窗口中输入工程的名称，如 Calculator，该名称是工程文件夹的名称，也是可执行文件的名称及程序名称的组成部分。

在向导的第一步选单文档界面，按“Next”按钮；第二步和第三步均取默认设置，直接按“Next”按钮；第四步可以去掉“Docking toolbar”浮动工具条和“Printing and print preview”打印选项，按“Next”按钮；第五步选“As a statically linked library”，把 MFC 库作为静态连接库，使可执行文件能够在没有安装 VC 的计算机上运行，按“Next”按钮，按“Finish”按钮，按“OK”按钮。

（2）建立对话框

翻到“Resource View”页，展开资源树，在“Dialog”上点右键，选“Insert Dialog”；调整对话框资源的大小，在新添的对话框上点右键，选“Class Wizard”（类向导），按“OK”按钮，同意为新添的对话框建立类，给这个新的对话框类起一个名字，如 DLG，按“OK”按钮，再按“OK”按钮。

（3）调用对话框

翻到“File View”页，展开文件树，双击“DLG. cpp”，复制“#include " DLG. h"”，双击“CalculatorView. cpp”，在一串包含头文件语句的后面添加刚才复制的“#include " DLG. h"”，在构造函数 CCalculatorView 中插入：

DLG D1；D1. DoModal（）；exit（0）；

按“!”，编译、连接、运行程序，出现对话框。

不直接采用基于对话框的工程，而选择在单文档框架中调用对话框，是为了扩展方便。

（4）在对话框上添加控件

翻到“Resource View”页，左键双击“Dialog”，双击“IDD_DIALOG1”调出对话框资

源界面，单击控件工具栏上的“Aa”按钮，在对话框资源界面上绘制Static Text静态文本控件，用右键点击该控件，选Properties，翻到General页，把Caption标题窗口中的“Static”改成“速度（km/h）”，必要时用鼠标左键拉伸修改控件的大小。

单击控件工具栏上的“ab|”按钮，在对话框资源界面上“速度（km/h）”静态文本控件的右侧绘制Edit Box编辑框控件，必要时用鼠标左键调整控件的位置，拉伸修改控件的大小。

如此添加“速度（m/s）”，和“速度（s/100m）”静态文本控件，并在它们的右侧分别添加编辑框控件。完成后的单位换算专用计算器对话框界面如图7-1所示。

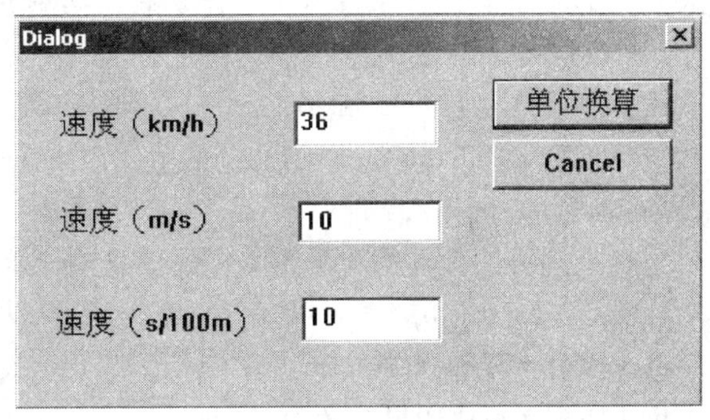

图7-1 单位换算专用计算器对话框界面

（5）为编辑框控件建立变量

在对话框资源界面上点右键，选“Class Wizard”（类向导），翻到“Member Variables”页，双击“IDC_EDIT1”，Member variable name类变量名称取为m_EDIT1，Category种类选Value，Variable type变量型取double，按“OK”按钮。同样建立m_EDIT2和m_EDIT3双精度变量。别忘了按“OK”按钮。可以在对话框的构造函数DLG中给变量m_EDIT1赋非0的初值，如36。

2. 建立“OK”按钮的消息响应函数

在对话框资源界面上对“OK”按钮点右键，选“Properties”，翻到“General”页，把Caption标题窗口中的“OK”改成“单位换算”。双击该按钮，同意其消息响应函数为OnOK，按“OK”按钮，在OnOK函数中插入：

```
UpdateData(true);
m_EDIT2 = m_EDIT1/3.6;
m_EDIT3 = 100.0/(m_EDIT1/3.6);
UpdateData(false);
//CDialog::OnOK();
```

别忘了注释掉原来函数中的语句CDialog::OnOK();

按“!”，编译、连接、运行程序，出现对话框，改变第一个编辑框中的数据，按“单位换算”按钮，就能得到结果。

3. 建立各编辑框的消息响应函数

（1）不按“单位转换”按钮，实现即时转换

在对话框资源界面上点右键，选“Class Wizard”（类向导），翻开“Message Maps”页，在Project工程窗口中为“Calculator”，Class name类窗口中为“DLG”，Object IDs对象标识窗口中选中“IDC_EDIT1”的情况下，在Messages消息窗口中选中“EN_CHANGE”，按“Add Function”（添加函数）按钮，同意该消息响应函数的名称为“OnChangeEdit1”，按“OK”按钮，按“Edit Code”（编辑代码）按钮，在OnChangeEdit1函数的TODO标记的下一行插入：

```
OnOK();
```

（2）反向转换

这个计算器只能把以 km/h 为单位的速度换算成以 m/s 和 s/100m 为单位的速度，能不能反过来换算呢？当然可以。按上述方法建立第 2 个编辑框的消息响应函数 OnChangeEdit2，插入：

```
UpdateData(true);
m_EDIT1 = m_EDIT2 * 3.6;
m_EDIT3 = 100.0/(m_EDIT1/3.6);
UpdateData(false);
```

再按上述方法建立第 3 个编辑框的消息响应函数 OnChangeEdit3，插入：

```
UpdateData(true);
m_EDIT1 = 3.6 * 100.0/m_EDIT3;
m_EDIT2 = m_EDIT1/3.6;
UpdateData(false);
```

按“!”，编译、连接、运行程序，看看效果怎么样？这样，我们只要输入任何一种单位的速度，就能换算出另外两种单位的速度，显示了消息响应函数的威力。

7.2 材料力学截面惯性矩计算

在材料力学的弯曲应力计算中，截面惯性矩的计算是一项繁琐而基础性的工作。下面以非标工字型钢梁为例，计算其截面特性。

1. 输入参数

工字型钢梁如图 7-2 所示，需要输入的参数有：

1）上翼缘板宽 b1；

2）上翼缘板厚 d1；

3）下翼缘板宽 b2；

4）下翼缘板厚 d2；

5）腹板净高 h1；

6）腹板厚 d3。

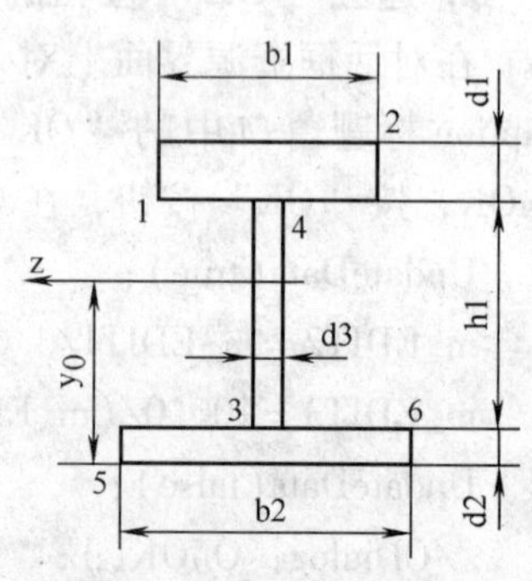

图 7-2 工字型钢梁

2. 输出参数及其计算公式

（1）横截面积 s0

s0 = b1 * d1 + b2 * d2 + h1 * d3

（2）中性轴位置 y0

按照截面静矩平衡的原理来计算。由于截面是左右对称的，z 方向的中性轴位置不必计算。

y0 = (b1 * d1 * (0.5 * d1 + h1 + d2) + b2 * d2 * 0.5 * d2 + h1 * d3 * (0.5 * h1 + d2))/s0

（3）纵向弯曲的截面惯性矩 Jz

按照每一部分自身惯性矩加移轴惯性矩求和的原理来计算。

Jz = b1 * d1 * d1 * d1/12.0 + b1 * d1 * (0.5 * d1 + h1 + d2 - y0) * (0.5 * d1 + h1 + d2 - y0)
  + d3 * h1 * h1 * h1/12.0 + d3 * h1 * (0.5 * h1 + d2 - y0) * (0.5 * h1 + d2 - y0)
  + b2 * d2 * d2 * d2/12.0 + b2 * d2 * (0.5 * d2 - y0) * (0.5 * d2 - y0)

3. 建立对话框界面

(1) 建立单文档框架

利用 MFC 应用程序向导 MFC AppWizard [exe]，建立名为 Section 的单文档静态连接库程序（工程 Project）框架，参见 7.1。

(2) 建立对话框

插入对话框资源，利用类向导 Class Wizard，建立名为 DLG 的对话框，参见 7.1。

(3) 调用对话框

在 SectionView.cpp 前面插入包含语句“#include "DLG.h"”，并在其构造函数 CSectionView 中插入定义对话框对象和调用对话框的语句“DLG D1;D1.DoModal();exit(0);”，参见 7.1。

(4) 在对话框上添加控件

建立一个狭长的对话框，从上到下建立控件。先建立第一个静态文本控件，设置其属性标题为“上翼缘板宽 b1 (mm)”。在静态文本控件的右边建立第一个编辑框控件。再建立第二个静态文本控件，设置其属性标题为“上翼缘板厚 d1 (mm)”。在静态文本控件的右边建立第二个编辑框控件。以此类推，为需要输入的六个截面几何参数建立相应的静态文本框和编辑框控件，排成一竖列。可以看出，静态文本控件的作用是提示所要输入的项目名称及单位。

采用同样的方法，在对话框的下半部分，建立输出界面。为需要输出的三个截面特性参数建立相应的静态文本框和编辑框控件（这里输出用的编辑框要长一些），也排成一竖列。

为了美观起见，可以用一个分组框 Group Box 把输入的六组控件圈起来，设置分组框属性 Properties 中的标题为“输入参数”。再用一个分组框 Group Box 把输出的三组控件圈起来，设置分组框属性 Properties 中的标题为“输出参数”。

(5) 为控件定义变量

在对话框空白处单击鼠标右键，选类向导 Class Wizard，翻到成员变量 Member Variables 页，分别为六个输入用的编辑框建立名为 b1、d1、b2、d2、h1、d3 数值型（Value）整型(int) 的变量。同样分别为三个输出用的编辑框建立名为 s0、y0、Jz 数值型（Value）双精度型（double）的变量。

(6) 建立“OK”按钮的消息响应函数

把“OK”按钮改为“计算”按钮，双击该按钮建立其消息响应函数，把计算部分插入，并在计算部分的前面插入“UpdateData(true);”，在计算部分的后面插入“UpdateData(false);”，注释掉原来的“CDialog::OnOK();”语句。把 Cancel 按钮改为“退出”按钮。整个对话框界面如图 7-3 所示。按“!”，编译、连接、运行程序，在编辑框中输入全部六项数据，按“计算”按钮，就能得到截面特性的结果。

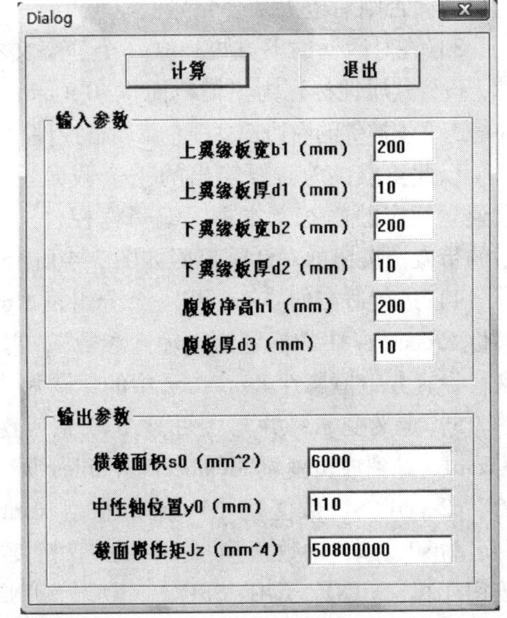

图 7-3 截面惯性矩计算对话框界面

为了使用方便，可以在对话框的构造函数 DLG 中为输入变量赋初值：

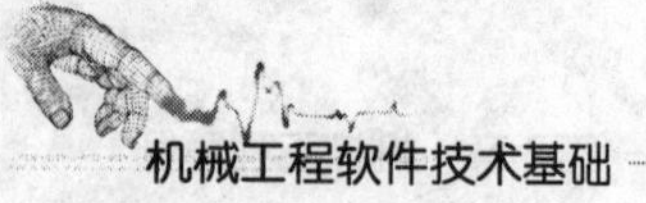

b1 = 200；　d1 = 10；　b2 = 200；　d2 = 10；　h1 = 200；　d3 = 10；

4. 纺锤形“spin”微调按钮的使用

纺锤形“spin”按钮可以用来微调输入数据，如果想使用“spin”按钮，需要重打锣鼓另开张，重新建立工程，在一开始就把对话框资源界面拉宽一些，然后重新建立控件。同样从对话框的上方开始：

1）建立第一个静态文本控件，设置其属性标题为“上翼缘板宽 b1（mm）”。在静态文本控件的右边建立第一个编辑框控件。在紧挨着编辑框控件的右边建立第一个纺锤形按钮控件，在其属性 Properties 中式样 Styles 页中选中“Auto buddy”（自动与前一个控件建立伙伴关系）、“Set buddy integer”（与伙伴绑定）、“No thousands”（数值可以超过 1000）这三个选项。

2）建立第二个静态文本控件，设置其属性标题为“上翼缘板厚 d1（mm）”。在静态文本控件的右边建立第二个编辑框控件。在紧挨着编辑框控件的右边建立第二个纺锤形按钮控件，在其属性 Properties 中式样 Styles 页中选中“Auto buddy”（自动与前一个控件建立伙伴关系）、“Set buddy integer”（与伙伴绑定）、“No thousands”（数值可以超过 1000）这三个选项。

以此类推，为需要输入的六个截面几何参数建立相应的静态文本框、编辑框控件和纺锤形按钮控件，排成一竖列。注意：必须一组一组地做，否则对应关系会弄乱！

3）在对话框的下方再建立一个静态文本控件，设置其属性标题为“横截面积 s0（mm^2）”。在静态文本控件的右边建立一个编辑框控件。

以此类推，为需要输出的三个截面特性参数建立相应的静态文本框、编辑框控件。完成后的带微调按钮的对话框界面如图 7-4 所示。

图 7-4　带微调按钮的对话框界面

4）进行适当的修饰：用一个分组框 Group Box 把输入的六组控件圈起来，设置分组框属性 Properties 中的标题为“输入参数”，再用一个分组框 Group Box 把输出的三组控件圈起来，设置分组框属性 Properties 中的标题为“输出参数”。

5）定义变量，并与控件建立联系：在对话框空白处单击鼠标右键，选类向导 Class Wizard，翻到成员变量 Member Variables 页，分别为六个输入用的编辑框建立名为 b1、d1、b2、d2、h1、d3 数值型（Value）整型（int）的变量。同样分别为三个输出用的编辑框建立名为 s0、y0、Jz 数值型（Value）双精度（double）的变量。然后为六个纺锤形“spin”按钮 IDC_SPIN1、IDC_SPIN2、IDC_SPIN3、IDC_SPIN4、IDC_SPIN5、IDC_SPIN6 建立 CSpinButtonCtrl 控制型变量 m_SPINb1、m_SPINd1、m_SPINb2、m_SPINd2、m_SPINh1、m_SPINd3，别忘了按“OK”键。

再调用类向导 Class Wizard，翻到 Message Maps 消息页，在 Project 工程窗口中为“Section”，Class name 类窗口中为“DLG”，Object IDs 对象标识窗口中选中“DLG”的情况下，在

Messages 消息窗口中选中“WM_INITDIALOG”，按“Add Function”（添加函数）按钮，按“Edit Code”（编辑代码）按钮，在 OnInitDialog 函数的 TODO 标记的下一行插入：

```
m_SPINb1. SetRange (2, 500);    //确定 b1 按钮上下限
m_SPINd1. SetRange (2, 50);     //确定 d1 按钮上下限
m_SPINb2. SetRange (2, 500);    //确定 b2 按钮上下限
m_SPINd2. SetRange (2, 50);     //确定 d2 按钮上下限
m_SPINh1. SetRange (2, 800);    //确定 h1 按钮上下限
m_SPINd3. SetRange (2, 50);     //确定 d3 按钮上下限
```

为了使用方便，可以在对话框的构造函数 DLG 中为输入变量赋初值。

6）把“OK”按钮改为“计算”按钮，双击该按钮建立其消息响应函数，把计算部分插入，并在计算部分的前面插入“UpdateData（true）;”，在计算部分的后面插入“UpdateData（false）;”，注释掉原来的“CDialog::OnOK();”语句。把 Cancel 按钮改为“退出”按钮。整个对话框界面如图 7-4 所示。按“!”，编译、连接、运行程序，现在可以用鼠标单击纺锤形“spin”按钮的上下箭头来调整输入参数的数值了。仍然按“计算”按钮得到截面特性的运算结果。

5. 所见即所得的“spin”按钮

首先建立微调按钮的消息响应函数。在对话框空白处点击鼠标右键，选类向导 Class Wizard，翻到“Message Maps”消息页，在 Project 工程窗口中为“Section”，Class name 类窗口中为“DLG”，Object IDs 对象标识窗口中选中“DLG”的情况下，在 Messages 消息窗口中选中“WM_PAINT”，按“Add Function”（添加函数）按钮，按“Edit Code”（编辑代码）按钮，在“OnPaint”函数的 TODO 标记的下一行插入：

```
OnOK();
```

在对话框空白处点击鼠标右键，选类向导 Class Wizard，翻到“Message Maps”消息页，在 Project 工程窗口中为“Section”，Class name 类窗口中为“DLG”，Object IDs 对象标识窗口中选中“IDC_SPIN1”的情况下，在 Messages 消息窗口中选中“UDN_DELTAPOS”，按“Add Function”（添加函数）按钮，同意函数名为“OnDeltaposSpin1”，按“OK”按钮，按“Edit Code”（编辑代码）按钮，在“OnDeltaposSpin1”消息响应函数的 TODO 标记的下一行插入：

```
Invalidate();
```

以此类推，为每一个“spin”按钮建立相同的消息响应函数。

注意：虽然在这里暂时还不绘制图形，但是必须借助于 OnPaint 函数，否则微调按钮的效果会滞后一拍。

按“!”，编译、连接、运行程序，现在只要用鼠标单击纺锤形“spin”按钮的上下箭头，不但编辑框的输入参数会变化，输出参数也会同步变化，“计算”按钮倒显得多余了。

6. 输入和输出的可视化

（1）输入可视化

在上述程序的基础上，把对话框拉宽大约一倍，左侧留出图形区域，放置一个分组框 Group Box，标题设置为“图形显示”。

在“OnPaint”函数中添加：（坐标点参见图 7-2）

```
OnOK(); // 计算惯性矩等
```

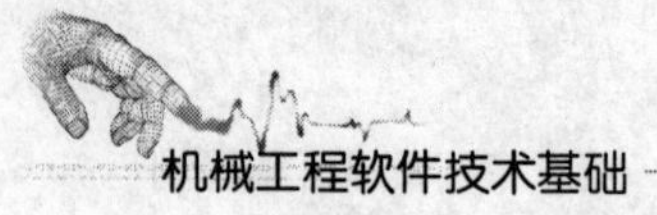


```
int xb,yb,x1,y1,x2,y2,x3,y3,x4,y4,x5,y5,x6,y6;
double kk =0.5; // 比例
xb =150;yb =225; // 基点
x1 =xb -(int)(0.5 * b1 * kk);   y1 =yb -(int)(0.5 * h1 * kk);
x2 =x1 +(int)(b1 * kk);         y2 =y1 -(int)(d1 * kk);
x3 =xb -(int)(0.5 * d3 * kk);   y3 =yb +(int)(0.5 * h1 * kk);
x4 =x3 +(int)(d3 * kk);         y4 =y3 -(int)(h1 * kk);
x5 =xb -(int)(0.5 * b2 * kk);   y5 =yb +(int)(0.5 * h1 * kk +d2 * kk);
x6 =x5 +(int)(b2 * kk);         y6 =y5 -(int)(d2 * kk);
dc.Rectangle(x1,y1,x2,y2); //画上翼缘板
dc.Rectangle(x3,y3,x4,y4); //画腹板
dc.Rectangle(x5,y5,x6,y6); //画下翼缘板
```

按“!”，编译、连接、运行程序，现在只要用鼠标单击纺锤形“spin”按钮的上下箭头，不但编辑框的输入参数和输出参数会同步变化，还能看到图形也同步按比例变化。

（2）输出可视化

在“OnPaint”函数中再添加：

```
int y7;
y7 =y5 -(int)(y0 * kk);
dc.MoveTo(xb -20,y7);
dc.LineTo(xb +20,y7);
```

可以画出一条代表中性轴位置的直线。至此，这个程序就算全部完成了，完成后的可视化的截面惯性矩对话框界面如图7-5所示。

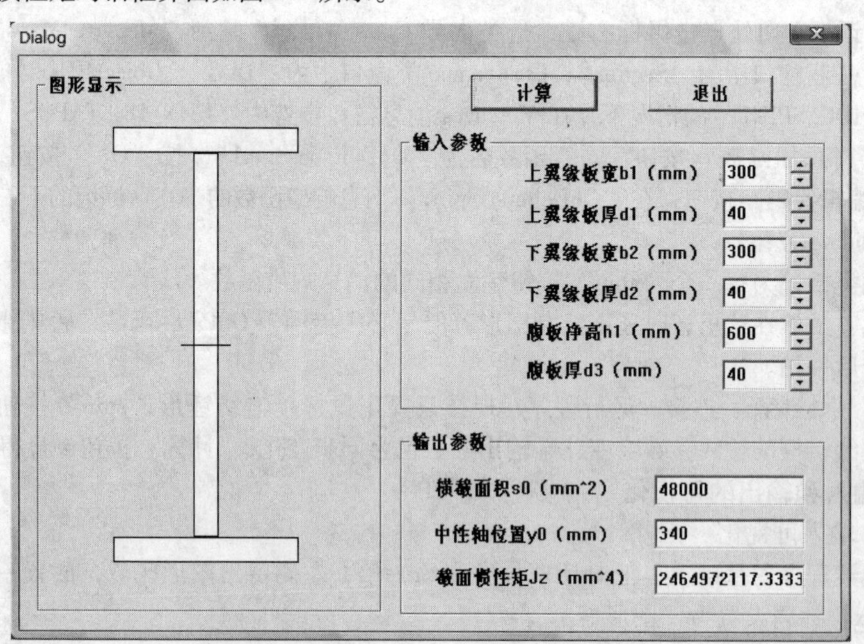

图7-5 可视化的截面惯性矩对话框界面

7.3 材料力学弯曲应力计算

工程上无论弯矩、扭矩，还是应力、变形，许多物理量都是根据参数通过公式计算出来的，我们不妨利用 VC++建立一个专用计算器，使计算过程直观、方便。

1. 对话框界面

启动 VC++6.0，建立名为 Stress 的单文档静态连接库工程，插入类名为 DLG 的对话框，在 StressView.cpp 文件中包含对话框头文件“#include " DLG.h"”，并在构造函数 CStressView 中调用对话框，如图 7-6 所示。

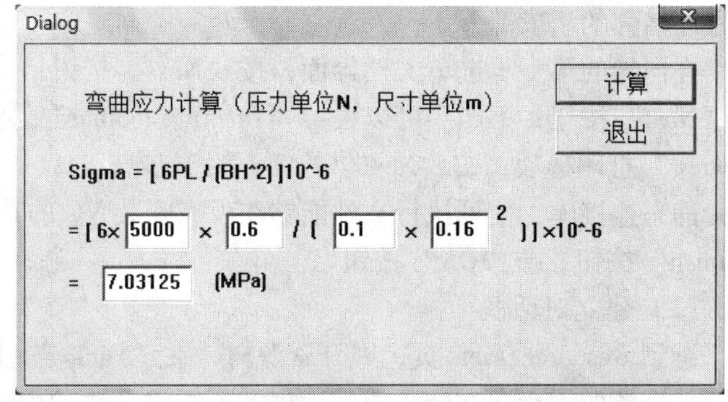

图 7-6 弯曲应力计算对话框界面

把对话框拉成狭长形，用控件在对话框资源上“画”出矩形截面悬臂梁的弯曲应力公式：

$$\text{Sigma} = \frac{6PL}{BH^2}10^{-6}\ \ (\text{MPa})$$

其中变量一律用编辑框，运算符号一律用静态文本框。弯曲应力计算对话框界面如图 7-6 所示。

2. 定义变量

给每个编辑框定义相应的双精度变量 m_P、m_L、m_B、m_H、m_Sigma。在对话框的构造函数 DLG 中给输入参数赋初值：

```
m_P = 5000.0;
m_L = 0.6;
m_B = 0.1;
m_H = 0.16。
```

3. 消息响应函数

把“OK”按钮改造成“计算”按钮，把“Cancel”按钮改造成“退出”按钮，建立“计算”按钮的消息响应函数，插入：

```
UpdateData(true);
m_Sigma = 6 * 1e - 6 * m_P * m_L/( m_B * m_H * m_H);
UpdateData(false);
```

注释掉原来的“CDialog::OnOK();”。

按“!”，编译、连接、运行程序，输入参数后按“计算”按钮得到运算结果。

7.4 简单小车动画设计

绘制图形是界面设计的重要内容，而动画是图形的最高境界。下面的一个简单动画实例

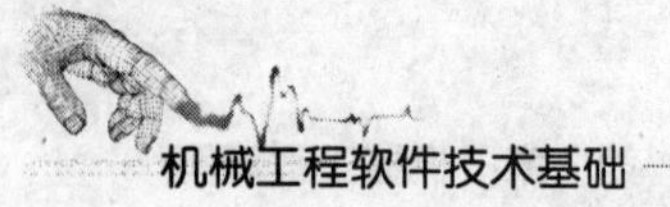

中综合了在对话框上绘制图形，按钮的消息响应函数，简单的坐标计算等内容。

1. 建立对话框界面

（1）建立单文档框架

启动 VC ++6.0，在“File”文件菜单中选“New”…（新建），在 Projects 工程页中选 MFC AppWizard [exe]，在 Location 位置窗口中选好存工程文件夹的位置，在 Project name 名称窗口中输入工程的名称，如 Car，该名称是工程文件夹的名称，也是可执行文件的名称，及程序名称的组成部分。

在向导的第一步选单文档界面，按“Next”按钮；第二步和第三步均取默认设置，直接按“Next”按钮；第四步可以去掉“Docking toolbar”（浮动工具条）和“Printing and print preview”打印选项，按“Next”按钮；第五步选“As a statically linked library”，把 MFC 库作为静态连接库，使可执行文件能够在没有安装 VC 的计算机上运行，按“Next”按钮，按“Finish”按钮，按“OK”按钮。

（2）建立对话框

翻到 Resource View 页，展开资源树，在“Dialog”上点右键，选“Insert Dialog”；调整对话框资源的大小，在新添的对话框上点右键，选“Class Wizard…”（类向导），按“OK”按钮，同意为新添的对话框建立类，给这个新的对话框类起一个名字，如 DLG，按“OK”按钮，再按“OK”按钮。

（3）调用对话框

翻到“File View”页，展开文件树，双击“DLG. cpp”，复制“#include " DLG. h"”，双击“CarView. cpp”，在一串包含头文件语句的后面拷入刚才复制的“# include " DLG. h"”，在构造函数 CCarView 中插入：

```
DLG D1;D1.DoModal();exit(0);
```

按“!”，编译、连接、运行程序，出现对话框。

不直接采用基于对话框的工程，而选择在单文档框架中调用对话框，是为了扩展方便。

2. 在对话框上绘制小车

在对话框资源上点击右键，选“Class Wizard…”（类向导），翻开“Message Maps”页，在 Project 工程窗口中为“Car”，Class name 类窗口中为“DLG”，Object IDs 对象标识窗口中选中“DLG”的情况下，在 Messages 消息窗口中选中“WM_PAINT”，按“Add Function”（添加函数）按钮，按“Edit Code”（编辑代码）按钮，在 OnPaint 函数的 TODO 标记的下一行插入：

```
dc.Rectangle(100,100,140,130);  //画矩形，作为车身
dc.Ellipse(105,130,115,140);    //画椭圆，作为车轮
dc.Ellipse(125,130,135,140);    //画椭圆，作为另一个车轮
```

按“!”，编译、连接、运行程序，灰色的对话框中出现一辆白色的小车。

3. 让小车左右移动

1）翻到“File View”页，展开文件树，双击“DLG. h”，在类定义中的 public 语句的下一行插入：

```
int x1, y1;
```

2）双击“DLG. cpp”，在构造函数 DLG 的最后插入：

x1 = 100; y1 = 100;

3）把 OnPaint 中的绘图语句改成：

```
dc.Rectangle(x1,y1,x1 +40,y1 +30);
dc.Ellipse(x1 +5,y1 +30,x1 +15,y1 +40);
dc.Ellipse(x1 +25,y1 +30,x1 +35,y1 +40);
```

4）在对话框资源的左边添一个“Button1”按钮，用右键点击这个按钮，选“Properties”，翻开“General”页，把 Caption 窗口中的“Button1”换成“向左”；双击这个按钮，按“OK”按钮，同意为其建立名为“OnButton1”的消息响应函数；在这个函数中插入：

```
x1 = x1 -20;Invalidate();
```

Invalidate 函数的作用是刷新屏幕，它会自动调用 OnPaint 函数，在新的位置上重新绘制图形。

5）在对话框资源的右边添一个“Button2”按钮，用右键点击这个按钮，选“Properties”，翻开“General”页，把 Caption 窗口中的“Button2”换成“向右”；双击这个按钮，按“OK”按钮，同意为其建立名为“OnButton2”的消息响应函数；在这个函数中插入：

```
x1 = x1 +20;Invalidate();
```

按“!”，编译、连接、运行程序，按“向左”按钮小车向左移动一步，按“向右”按钮小车向右移动一步。

4. 让小车上下移动

让小车上下移动和左右移动的原理相同，只是需要改变纵坐标而已。

1）在对话框资源的上边添一个“Button3”按钮，用右键点击这个按钮，选“Properties”，翻开“General”页，把 Caption 窗口中的“Button3”换成“向上”；双击这个按钮，按“OK”按钮，同意为其建立名为“OnButton3”的消息响应函数；在这个函数中插入：

```
y1 = y1 -20;Invalidate();
```

2）在对话框资源的下边添一个“Button4”按钮，用右键点击这个按钮，选“Properties”，翻开“General”页，把 Caption 窗口中的“Button4”换成“向下”；双击这个按钮，按“OK”按钮，同意为其建立名为“OnButton4”的消息响应函数；在这个函数中插入：

```
y1 = y1 +20;Invalidate();
```

按“!”，编译、连接、运行程序，按“向上”按钮小车向上移动一步，按“向下”按钮小车向下移动一步。

5. 让小车从屏幕另一边出来

当小车移动到对话框的边缘，比如最左边，再按“向左”按钮，小车就会被移出对话框，我们可以通过修改程序，让小车在这种情况下从对话框的另一边出来。只需把“向左”按键的消息响应函数 OnButton1 的内容修改一下即可：

```
void DLG::OnButton1() //“向左”按钮的消息响应函数
{
    //TODO: Add your control notification handler code here
    CRect rect;
    GetClientRect(&rect); //得到客户区的大小,不包括标题栏
    x1 = x1 -20;
```

```
    if( x1 < -20) x1 = rect. right - 20;
    Invalidate( );
}
```

同理修改“向右”、“向上”和“向下”按钮的消息响应函数:

```
void DLG::OnButton2( ) //“向右”按钮的消息响应函数
{
    //TODO: Add your control notification handler code here
    CRect rect;
    GetClientRect( &rect); //得到客户区的大小,不包括标题栏
    x1 = x1 +20;
    if( x1 > rect. right) x1 = -20;
    Invalidate( );
}

void DLG::OnButton3( ) //“向上”按钮的消息响应函数
{
    // TODO: Add your control notification handler code here
    CRect rect;
    GetClientRect( &rect); //得到客户区的大小,不包括标题栏
    y1 = y1 - 20;
    if( y1 < -20) y1 = rect. bottom - 15;
    Invalidate( );
}

void DLG::OnButton4( ) // “向下”按钮的消息响应函数
{
    // TODO: Add your control notification handler code here
    CRect rect;
    GetClientRect( &rect); //得到客户区的大小,不包括标题栏
    y1 = y1 +20;
    if( y1 > rect. bottom) y1 = -15;
    Invalidate( );
}
```

按“!”,编译、连接、运行程序,当小车移动到对话框的最左边时,再按“向左”按钮,小车就会从对话框的右边出来。当小车移动到对话框的最右边时,再按“向右”按钮,小车就会从对话框的左边出来。向上和向下也是这样,小车终于完全在我们的掌控之中了。

6. 让小车响应方向键

用鼠标不停地点击按钮挺麻烦的,能不能用键盘上的上、下、左、右键来代替呢?答案是肯定的。在对话框资源上点击右键,选“Class Wizard…”(类向导),翻开“Message

Maps”页，在Project工程窗口中为“Car”，Class name类窗口中为“DLG”，Object IDs对象标识窗口中选中“DLG”的情况下，在Messages消息窗口中选中“WM_KEYDOWN”，按“Add Function”（添加函数）按钮，按“Edit Code”（编辑代码）按钮，在OnKeyDown函数的TODO标记的下一行插入：

```
if(nChar = =37) OnButton1(); //左 37
if(nChar = =39) OnButton2(); //右 39
if(nChar = =38) OnButton3(); //上 38
if(nChar = =40) OnButton4(); //下 40
```

按“!”，编译、连接、运行程序，按动键盘上的方向按钮时小车并不移动，而是“焦点”在几个按键之间来回移动。这是由于对话框窗口没有得到“焦点”，不能把按键的消息传给相应的消息响应函数OnKeyDown的缘故。这时需要重载消息预处理函数。

在对话框资源上点击右键，选“Class Wizard…”（类向导），翻开“Message Maps”页，在Project工程窗口中为“Car”，Class name类窗口中为“DLG”，Object IDs对象标识窗口中选中“DLG”的情况下，在Messages消息窗口中选中“PreTranslateMessage”，按“Add Function”（添加函数）按钮，按“Edit Code”（编辑代码）按钮，在PreTranslateMessage函数的TODO标记的下一行插入：

```
SendMessage(pMsg -> message,pMsg -> wParam,pMsg -> lParam);
return 0;
//return CDialog::PreTranslateMessage(pMsg);
```

注释掉原来的return返回语句。

按“!”，编译、连接、运行程序，怎么样？能用键盘上的方向键控制小车的移动了吧！比用鼠标左键不停地点击按钮要快捷得多了吧？像不像一个游戏软件？看来开发一个游戏软件也不是什么太难的事情。

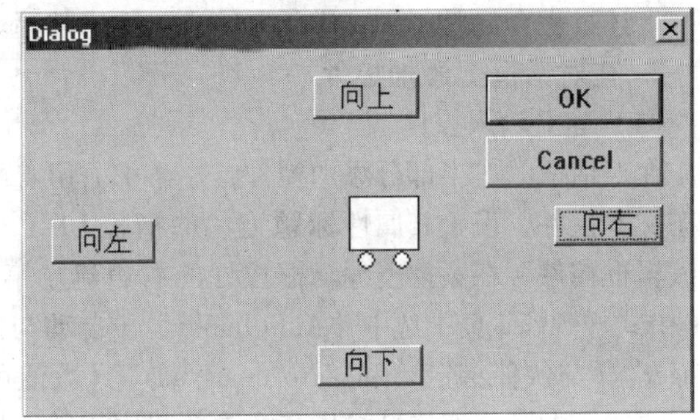

图7-7 小车程序动画界面

小车程序动画界面如图7-7所示。

7.5 机械原理四杆机构运动仿真

四杆机构是典型的平面连杆机构，广泛应用于各种机器和仪表中。下面的程序应用计算机仿真技术，用解析法进行四杆机构运动位置的计算，并以动画图形的形式显示在屏幕上。能够直观地演示四杆机构的组成条件、具有曲柄的条件、机构运动死点的情况、传动角的大致情况和机构的运动轨迹情况。

1. 建立对话框界面

（1）建立单文档框架

启动VC++6.0，在“File”文件菜单中选“New…”（新建），在“Projects”工程页中选“MFC AppWizard [exe]”，在Location位置窗口中选好存工程文件夹的位置，在Project

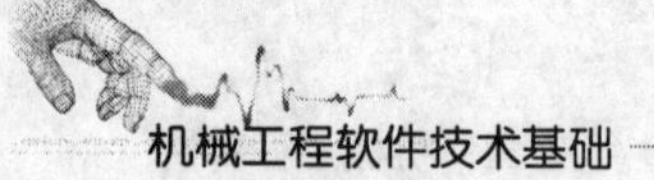

name 名称窗口中输入工程的名称，如 FourBar。

在向导的第一步选单文档界面，按“Next”按钮；第二步和第三步均取默认设置，直接按“Next”按钮；第四步可以去掉“Docking toolbar”（浮动工具条）和“Printing and print preview”打印选项，按“Next”按钮；第五步选“As a statically linked library”，把 MFC 库作为静态连接库，使可执行文件能够在没有安装 VC 的计算机上运行，按“Next”按钮，按“Finish”按钮，按“OK”按钮。

（2）建立对话框

翻到“Resource View”页，展开资源树，在“Dialog”上点击右键，选“Insert Dialog”；调整对话框资源的大小，在新添的对话框上点击右键，选“Class Wizard…”（类向导），按“OK”按钮，同意为新添的对话框建立类，给这个新的对话框类起一个名字，如 DLG，按 OK 按钮，再按“OK”按钮。

（3）调用对话框

翻到工程的“File View”页，展开文件树，双击“DLG. cpp”，复制“#include " DLG. h"”，双击“FourBarView. cpp”，在一串包含头文件语句的后面拷入刚才复制的“#include " DLG. h"”，并在构造函数 CFourBarView 中插入：

```
DLG D1;      D1. DoModal( );      exit(0);
```

按“!”，编译、连接、运行程序，出现对话框。

上述过程会经常用到，应反复练习，熟练掌握。

2. 在对话框上添加控件

（1）建立输入控件

在对话框的右半部分添加控件，左半部分留着画图。从上到下建立控件，先建立第一个静态文本控件，设置其属性标题为“曲柄长 L1（mm）”，在静态文本控件的右边建立第一个编辑框控件，在紧挨着编辑框控件的右边建立第一个纺锤形按钮控件，在其属性 Properties 中式样 Styles 页中选中“Auto buddy”（自动与前一个控件建立伙伴关系）、“Set buddy integer”（与伙伴绑定）和“No thousands”（数值可以超过 1000）这三个选项。以此类推，为需要输入的五个四连杆机构基本参数建立相应的静态文本框、编辑框和纺锤形控件，排成一竖列，如图 7-9 中右半部分所示。注意：必须一组一组地做，否则对应关系会弄乱！

（2）建立分组框

为了美观起见，可以用一个分组框 Group Box 把输入的五组控件圈起来，设置分组框属性 Properties 中的标题为：“四杆机构基本参数”。

3. 定义变量并与控件建立联系

（1）定义编辑框和“spin”按钮变量

在对话框空白处点击鼠标右键，选择类向导 Class Wizard…，翻到成员变量“Member Variables”页，分别为五个编辑框建立名为 m_L1、m_L2、m_L3、m_L4、m_A1 数值型（Value）双精度型（double）的变量。然后分别为五个纺锤形“spin”按钮 IDC_SPIN1、IDC_SPIN2、IDC_SPIN3、IDC_SPIN4、IDC_SPIN5 建立名为 m_spin1、m_spin2、m_spin3、m_spin4、m_spin5 的 CSpinButtonCtrl 控制型（control）的变量，别忘了按“OK”按钮。

（2）建立对话框的初始化函数

再调用类向导 Class Wizard…，翻到“Message Maps”消息页，在 Project 工程窗口中为

“FourBar”，Class name 类窗口中为“DLG”，Object IDs 对象标识窗口中选中“DLG”的情况下，在 Messages 消息窗口中选中“WM_INITDIALOG”，按“Add Function”（添加函数）按钮，按“Edit Code”（编辑代码）按钮，在 OnInitDialog 函数的 TODO 标记的下一行插入：

```
m_spin1. SetRange (1, 400);
m_spin2. SetRange (1, 400);
m_spin3. SetRange (1, 400);
m_spin4. SetRange (1, 400);
m_spin5. SetRange (-720, 720);
```

（3）建立全局变量

在 OnPaint 函数前一行定义全局变量：

```
double m=90, m1=40, m2=200, m3=100, m4=200;
```

并在 DLG. cpp 文件中插入数学函数的头文件“#include "math. h"”，否则运行时报错。

4. 计算角度和坐标

（1）求对角线 BD 的长度 d

在△ABD 当中，根据余弦定理 $d^2=L_1^2+L_4^2-2L_1*L_4\cos(\pi-i)$，可以求出 d：

$$d=\mathrm{sqrt}(L_1^2+L_4^2-2*L_1*L_4\cos(\pi-i))$$
$$=\mathrm{sqrt}(L_1^2+L_4^2+2*L_1*L_4\cos(i))$$

（2）求角度 j_1（∠ADB）

还是在△ABD 当中，根据余弦定理 $L_1^2=L_4^2+d^2-2L_4*d\cos(j_1)$，可以求出 j_1：

$$j_1=\mathrm{acos}((L_4^2+d^2-L_1^2)/(2*L_4*d))$$

（3）求角度 j_2（∠BDC）

在△BCD 中，根据余弦定理 $L_2^2=d^2+L_3^2-2dL_3\cos(j_2)$，可以求出 j_2：

$$j_2=\mathrm{acos}((d^2+L_3^2-L_2^2)/(2*d*L_3))$$

从而　　　　　　　　∠ADC = j = j1 + j2。

（4）求 B 点和 C 点的坐标

首先定义 A 点的坐标 x_A、y_A 为基准点，则有：

$x_B=x_A-L_1\cos(i)$，$y_B=y_A+L_1\sin(i)$，$x_D=x_A+L_4$，$y_D=y_A$，$x_C=x_D-L_3\cos(j)$，$y_C=y_D+L_3\sin(j)$。

A、B、C、D 各点如图 7-8 所示。

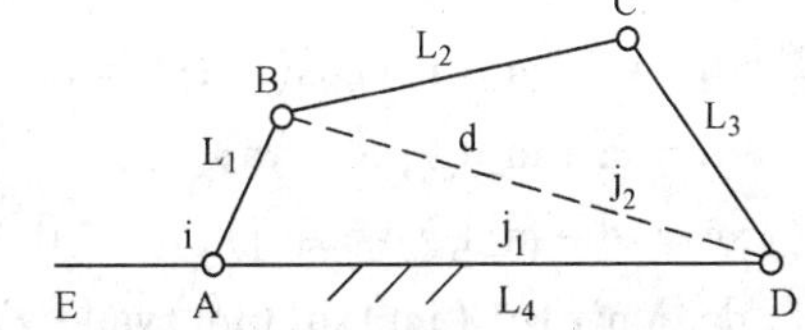

图 7-8　四杆机构解析法计算

5. 添加代码动态绘制图形

（1）建立绘图函数

在对话框空白处点击鼠标右键，选择类向导 Class Wizard…，翻到“Message Maps”消息页，在 Project 工程窗口中为“FourBar”，Class name 类窗口中为“DLG”，Object IDs 对象标识窗口中选中“DLG”的情况下，在 Messages 消息窗口中选中“WM_PAINT”，按“Add Function”（添加函数）按钮，按“Edit Code”（编辑代码）按钮，在“OnPaint”函数的 TODO 标记的下一行插入代码：

```
double xa=100,ya=150,xb,yb,xc,yc,xd,yd;
double i,d,j1,j2,j;
```

```
CRect rect;
GetClientRect(&rect); //得到客户区的大小,不包括标题栏
dc.Rectangle(rect);  //绘制对话框白底色
UpdateData(true);     //读取编辑框数据
if(m_A1 >360)
{
    m_A1 =1;  UpdateData(false); //刷新编辑框数据
}
else if(m_A1 < -360)
{
    m_A1 = -1; UpdateData(false); //刷新编辑框数据
}
i = m_A1 * 3.1416/180.0;
d = sqrt(m_L1 * m_L1 + m_L4 * m_L4 + 2.0 * m_L1 * m_L4 * cos(i));
if( fabs( (m_L3 * m_L3 + d * d - m_L2 * m_L2)/(2 * m_L3 * d) ) >1 )
{ //退回可行参数状态
    m_A1 = m; m_L1 = m1; m_L2 = m2; m_L3 = m3; m_L4 = m4;
    i = m_A1 * 3.1416/180.0;
    d = sqrt(m_L1 * m_L1 + m_L4 * m_L4 + 2 * m_L1 * m_L4 * cos(i));
    UpdateData(false); //刷新编辑框数据
}
j1 = acos((m_L4 * m_L4 + d * d - m_L1 * m_L1)/(2 * m_L4 * d));
j2 = acos((m_L3 * m_L3 + d * d - m_L2 * m_L2)/(2 * m_L3 * d));
if((m_A1 > =0&&m_A1 < =180)||(m_A1 > = -360&&m_A1 < = -180)) j = j1 + j2;
else j = j2 - j1;
xb = xa - m_L1 * cos(i);yb = ya - m_L1 * sin(i); //y 坐标相反
xd = xa + m_L4;yd = ya;
xc = xd - m_L3 * cos(j);yc = yd - m_L3 * sin(j); //y 坐标相反
dc.MoveTo((int)xa,(int)ya); //把笔移到 A 点
dc.LineTo((int)xd,(int)yd); //画 AD 杆 L4
dc.LineTo((int)xc,(int)yc); //画 DC 杆 L3
dc.LineTo((int)xb,(int)yb); //画 CB 杆 L2
dc.LineTo((int)xa,(int)ya); //画 BA 杆 L1
dc.Ellipse((int)xa -3,(int)ya -3,(int)xa +3,(int)ya +3); //画出 A 点
dc.Ellipse((int)xb -3,(int)yb -3,(int)xb +3,(int)yb +3);//画出 B 点
dc.Ellipse((int)xc -3,(int)yc -3,(int)xc +3,(int)yc +3); //画出 C 点
dc.Ellipse((int)xd -3,(int)yd -3,(int)xd +3,(int)yd +3);//画出 D 点
m = m_A1; m1 = m_L1; m2 = m_L2; m3 = m_L3; m4 = m_L4;//保存可行参数
```

(2) 建立消息响应函数

在对话框空白处点击鼠标右键，选择类向导 Class Wizard…，翻到"Message Maps"消息页，在 Project 工程窗口中为"Fourbar"，Class name 类窗口中为"DLG"，Object IDs 对象标识窗口中选中"IDC_EDIT1"的情况下，在 Messages 消息窗口中选中"EN_CHANGE"，按"Add Function"（添加函数）按钮，按"Edit Code"（编辑代码）按钮，在"OnChange-Edit1"函数的 TODO 标记的下一行插入：

```
Invalidate ( ); //刷新显示
```

以此类推，为每一个 EDIT 编辑框控件建立相同的消息响应函数。

把"OK"按钮改造成"还原"按钮，插入：

```
m =90,m1 =40,m2 =200,m3 =100,m4 =200;
m_A1 =m;m_L1 =m1;m_L2 =m2;m_L3 =m3;m_L4 =m4;
UpdateData(false); //刷新编辑框数据
Invalidate();          //刷新显示
```

(3) 试运行

按"!"，编译、连接、运行程序，现在只要用鼠标单击纺锤形"spin"按钮的上下箭头，不但编辑框的输入参数会变化，图形也会同步变化。四杆机构运动仿真界面如图 7-9 所示。

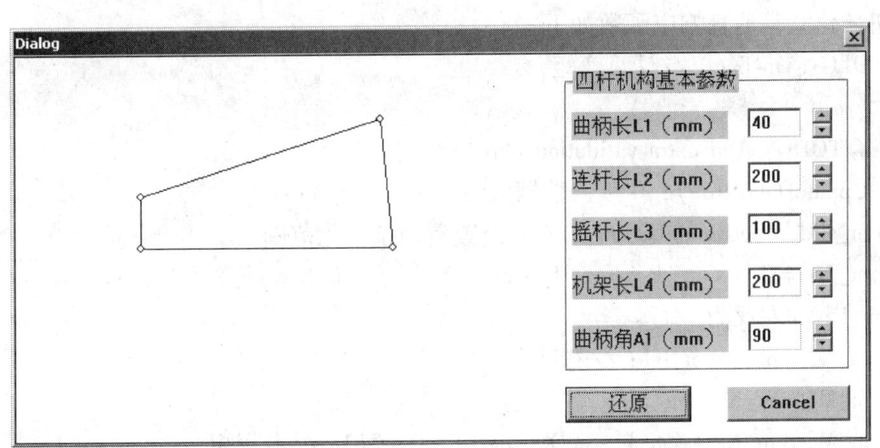

图 7-9 四杆机构运动仿真界面

7.6 桥式起重机主梁弯矩影响线绘制

1. 数学（力学）模型

桥式起重机的主梁可以简化成一根长为跨度 L 的简支梁。小车在主梁上运行，假设左右车轮的轮压相等，左右车轮的轮压之和为 P，小车的轮距为 L1，小车左侧车轮距主梁左端的距离为 X。在不考虑主梁自重的情况下，主梁左端和右端的支撑反力分别为 N1 和 N2，小车左侧车轮和右侧车轮下方主梁所受弯矩分别为 M1 和 M2。根据简单的力学计算有：

N1 =0.5 * P * (L - X)/L +0.5 * P * (L - X - L1)/L

N2 = P - N1

M1 = N1 * X

M2 = N2 * (L - X - L1)

2. 静态对话框界面

1）启动 VC ++6.0，建立名为 Moment 的单文档静态连接库工程，插入类名为 DLG 的对话框。在 MomentView. cpp 中调用对话框。

2）在对话框的左上方安排四组输入变量的提示静态文本框和编辑框，定义四个整型变量：桥机跨度 m_L，小车轮距 m_L1，小车载荷 m_P，小车位置 m_X。在对话框的右上方安排四组输出变量的提示静态文本框和编辑框，定义四个双精度型变量：左反力 m_N1，右反力 m_N2，左弯矩 m_M1，右弯矩 m_M2。

3）在对话框的构造函数中给输入变量赋初值：

```
m_L =22;
m_L1 =2000;
m_P =650;
m_X =10;
```

4）把"OK"按钮和"Cancel"按钮移到对话框的下边。把"OK"按钮改造成"计算"按钮，建立其消息响应函数如下：

```
void DLG::OnOK() //计算弯矩
{
    //TODO: Add extra validation here
    UpdateData(true); //读入数据
    m_slider. SetRange(0,m_L); //设置滑动条变化范围
    m_N1 =0.5 * m_P * (m_L - m_X)/m_L +0.5 * m_P * (m_L - m_X - m_L1 *
0.001)/m_L; //左反力
    m_N2 = m_P - m_N1; //右反力
    m_M1 = m_N1 * m_X; //左弯矩
    m_M2 = m_N2 * (m_L - m_X - m_L1 * 0.001); //右弯矩
    UpdateData(false); //显示数据
//CDialog::OnOK();
}
```

此时已经可以静态计算简支梁两端的支撑反力和梁在小车左右车轮下由小车载荷引起的弯矩值了。(可以先注释掉 OnOK 中与滑动条有关的语句)

3. 动态影响线对话框界面

为了观察动态的影响线，需要安排滑动条控件和一系列消息响应函数。

1）在对话框的中间贯通安排一个滑动条，定义控制型变量 m_slider。

2）定义初始化对话框函数如下：

```
BOOL DLG::OnInitDialog() //初始化对话框
{
    CDialog::OnInitDialog();
```

```
    //TODO: Add extra initialization here
    m_slider.SetRange(0,m_L); //设置滑动条变化范围
    m_slider.SetTicFreq(1);     //设置刻度间隔
    m_slider.SetPos(m_X);       //数据传递给滑动条

    return TRUE; //return TRUE unless you set the focus to a control
                 //EXCEPTION: OCX Property Pages should return FALSE
}
```

3）定义用户鼠标拖动滑动条的消息响应函数如下：

```
void DLG::OnCustomdrawSlider1(NMHDR * pNMHDR, LRESULT * pResult) //鼠标拖动滑动条
{
    //TODO: Add your control notification handler code here
    UpdateData(true);                  //读入数据
    m_X = m_slider.GetPos();           //数据传给变量
    UpdateData(false);                 //显示数据
    if(m_X > m_L - 0.001 * m_L1)       //防止小车右侧过界
    {
        m_X = m_X - 1;
        UpdateData(false);             //显示数据
    }

    * pResult = 0;
}
```

4）定义对话框绘图函数如下：

```
void DLG::OnPaint() //绘图
{
    CPaintDC dc(this); //device context for painting

    // TODO: Add your message handler code here
    CRect rect;
    GetClientRect(&rect); //得到客户区的大小,不包括标题栏
    OnOK();               //计算弯矩
    UpdateData(true);     //读入数据
    int xa = 20,ya = 350,xb = rect.right - 20,yb = ya,x1,y1,x2,y2;
    double kx = xb/m_L,ky = 0.05;  // xb 和 kx 的算法实现了窗口尺寸自适应
    x1 = xa + (int)(m_X * kx);y1 = ya - (int)(m_M1 * ky); // 计算左轮弯矩图坐标
    x2 = xa + (int)((m_X + m_L1 * 0.001) * kx);y2 = ya - (int)(m_M2 * ky); // 计算右轮弯矩图坐标
```

```
    dc. MoveTo(xa,ya);
    dc. LineTo(x1,y1);
    dc. LineTo(x2,y2);
    dc. LineTo(xb,yb);
    dc. LineTo(xa,ya);
    UpdateData(false); // 显示数据

    // Do not call CDialog::OnPaint() for painting messages
}
```

5）定义用户鼠标拖动滑动条时释放鼠标键时的消息响应函数如下：

```
void DLG::OnReleasedcaptureSlider1(NMHDR * pNMHDR, LRESULT * pResult) // 鼠标放开
{
    // TODO: Add your control notification handler code here
    Invalidate(); // 刷新屏幕

    * pResult = 0;
}
```

6）定义用户用方向按键移动滑动条时抬起键的消息响应函数如下：

```
void DLG::OnKeyUp(UINT nChar, UINT nRepCnt, UINT nFlags) // 键抬起
{
    // TODO: Add your message handler code here and/or call default
    UpdateData(true);          // 读入数据
    m_slider. SetPos(m_X);  // 变量传给滑动条
    UpdateData(false);         // 显示数据
    Invalidate();              // 刷新屏幕
    CDialog::OnKeyUp(nChar, nRepCnt, nFlags);
}
```


7）建立消息预处理函数如下：

```
BOOL DLG::PreTranslateMessage(MSG * pMsg) // 消息预处理
{
    // TODO: Add your specialized code here and/or call the base class
    SendMessage(pMsg -> message,pMsg -> wParam,pMsg -> lParam);
    return CDialog::PreTranslateMessage(pMsg);
}
```

桥式起重机主梁弯矩影响线程序运行效果如图 7-10 所示。

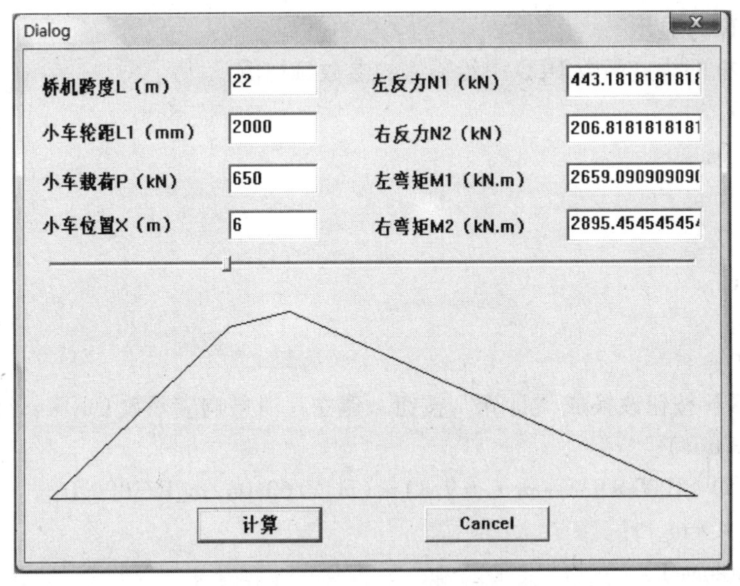

图7-10 桥式起重机主梁弯矩影响线程序运行效果

7.7 桥式起重机起升机构电动机功率计算

1. 对话框界面

1）启动VC++6.0，建立名为CranePower的单文档静态连接库工程，插入类名为DLG的对话框，在CranePowerView.cpp文件中插入对话框头文件：

```
#include "  DLG.h"
```

并在构造函数CCranePowerView中调用该对话框：

```
DLG D1;
D1.DoModal();
exit(0);
```

2）在对话框资源的空白处点击鼠标右键，选属性“Properties”，翻到“General”页，把标题“Caption”改为“桥式起重机起升机构电动机功率计算”。

3）适当扩大对话框，把“OK”按钮和“Cancel”按钮移到下边，建立如图7-11所示输入、输出参数的静态文本框，编辑框，用“Class Wizard…”建立控件变量，见表7-1。

表7-1 界面编辑框控件表

静态文本框提示名称	ID号	变 量 名	变 量 类 型	输入输出性质
额定起重量Q（t 吨）	IDC_EDIT1	m_Q	double	输入
吊具自重G（kg 公斤）	IDC_EDIT2	m_G	double	输入
起升速度V（m/min 米/分）	IDC_EDIT3	m_V	double	输入
总机械效率E（0.8～0.9）	IDC_EDIT4	m_E	double	输入
功率系数K（0.75～0.85）	IDC_EDIT5	m_K	double	输入
计算净功率Pj（kW 千瓦）	IDC_EDIT6	m_Pj	double	输出
应选电机功率Pjc（kW 千瓦）	IDC_EDIT7	m_Pjc	double	输出

2. 功率计算与显示

1）在对话框的构造函数 DLG 中给输入的参数赋初值：

```
m_Q = 50.0;
m_G = 100.0;
m_V = 10.0;
m_E = 0.8;
m_K = 0.8;
m_Pj = 0.0;
m_Pjc = 0.0;
```

2）把“OK”按钮改换成“计算”按钮，建立其消息响应函数 OnOK，插入：

```
UpdateData(true);
m_Pj = (m_Q * 1000 * 9.8 + m_G * 9.8) * (m_V/60.0)/m_E/1000.0;
m_Pjc = m_K * m_Pj;
UpdateData(false);
```

别忘了注释掉原来的“CDialog::OnOK();”语句。

3. 计算书文件输出

在“计算”按钮与“Cancel”按钮之间增加一个“输出”按钮，建立其消息响应函数，插入：

```
FILE *fp;
fp = fopen("Output.txt","w");
fprintf(fp,"      起重机起升机构电动机功率计算:\n\n");
fprintf(fp,"已知:额定起重量 Q = %.2f(t 吨)\n",m_Q);
fprintf(fp,"      吊具自重 G = %.2f(kg 公斤)\n",m_G);
fprintf(fp,"      起升速度 V = %.2f(m/min 米/分)\n",m_V);
fprintf(fp,"      总机械效率 E = %.2f\n",m_E);
fprintf(fp,"      功率系数 K = %.2f\n",m_K);
fprintf(fp,"\n 求:起升净功率和电动机配用功率\n");
fprintf(fp,"\n 解:\n");
fprintf(fp,"Pj = (1000Q + G) ×9.8 × (V/60)/E/1000\n");
fprintf(fp,"   = (1000 ×%.2f + %.2f) ×9.8 × (%.2f/60)/%.2f/1000\n",
    m_Q,m_G,m_V,m_E);
fprintf(fp,"   = %.2f(kW)\n",m_Pj);
fprintf(fp,"Pjc = K×Pj\n");
fprintf(fp,"   = %.2f×%.2f\n",m_K,m_Pj);
fprintf(fp,"   = %.2f(kW)\n",m_Pjc);
fprintf(fp,"\n 答:应配用%.2f 千瓦以上的电机。\n",m_Pjc);
fclose(fp);
```

按“!”，编译、连接、运行程序。输入参数后先按“计算”按钮得到运算结果，再按“输出”按钮后可以在当前目录中得到一个文本文件“Oupt.txt”。

桥式起重机起升机构电动机功率计算程序界面如图 7-11 所示。输出内容略。

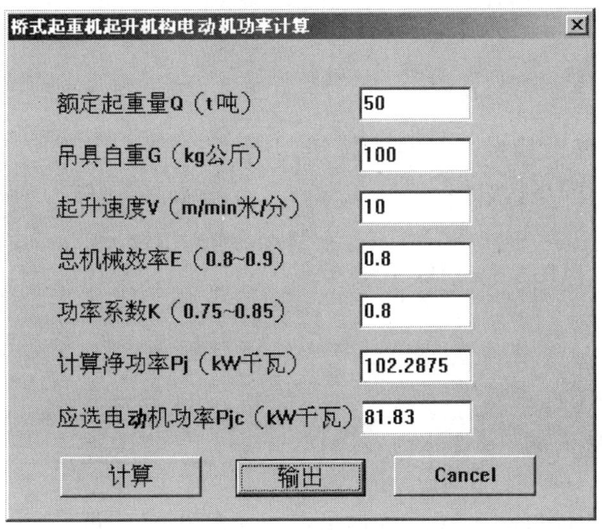

图7-11　桥式起重机起升机构电动机功率计算程序界面

7.8　桥式起重机起升机构减速器速比计算

1. 对话框界面

1）启动VC++6.0，建立名为CraneRatio的单文档静态连接库工程，插入类名为DLG的对话框，在CraneRatioView.cpp文件的构造函数中启动对话框。

2）在对话框资源的空白处点击鼠标右键，选属性“Properties”，翻到“General”页，把标题“Caption”改为“桥式起重机起升机构减速器速比计算”。

3）适当扩大对话框，把“OK”按钮和“Cancel”按钮移到下边，建立如图7-12所示输入、输出参数的静态文本框，编辑框，用Class Wizard…建立控件变量，见表7-2。

表7-2　界面编辑框控件表

静态文本框提示名称	ID号	变量名	变量类型	输入输出性质
起升速度Vq（m/min米/分）	IDC_EDIT1	m_Vq	double	输入
滑轮组倍率Im（双联钢绳/2）	IDC_EDIT2	m_Im	double	输入
卷筒计算直径D0（mm毫米）	IDC_EDIT3	m_D0	double	输入
电动机转速Nd（r.p.m转/分）	IDC_EDIT4	m_Nd	double	输入
开式齿轮速比Ik（无为1）	IDC_EDIT5	m_Ik	double	输入
减速器速比Ij	IDC_EDIT6	m_Ij	double	输出

2. 速比计算与显示

1）在对话框的构造函数DLG中给输入的参数赋初值：

```
m_Vq=7.5;
m_Im=3.0;
m_D0=414.0;
```

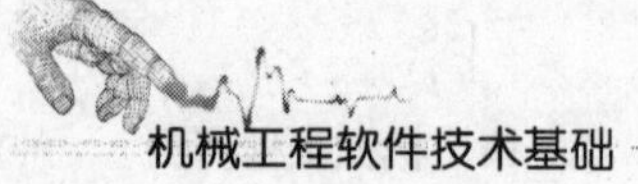

m_Nd =715.0;

m_Ik =1.0;

m_Ij =0.0;

2）把“OK”按钮改换成“计算”按钮，建立其消息响应函数 OnOK,，插入：

```
UpdateData(true);
m_Ij = m_Nd * 3.1416 * (m_D0/1000.0)/
(m_Vq * m_Im * m_Ik);
UpdateData(false);
//CDialog::OnOK();
```

别忘了注释掉原来的“CDialog:: OnOK();”语句。

减速器速比计算程序界面如图 7-12 所示。

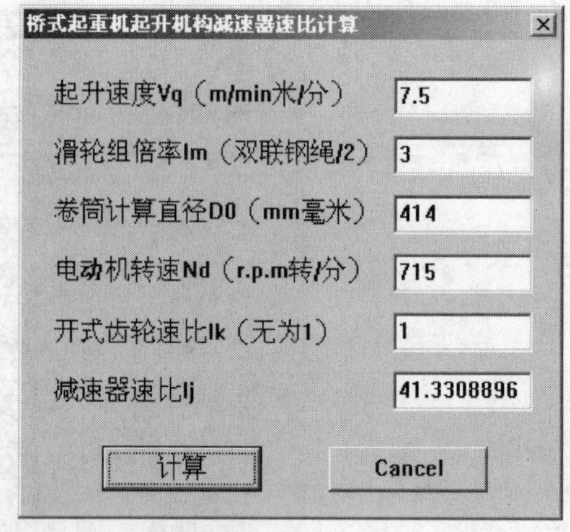

图 7-12 减速器速比计算程序界面

7.9 叉车发动机功率计算

对话框经常用于 Windows 操作系统平台下程序的输入输出界面。但是对话框毕竟是一种交互式的操作界面，只适合于输入少量数据和输出个别参考结果。下面这个例子，我们将设法以设计计算书的格式把计算过程输出到一个文本文件当中，以便使计算结果更加详细、客观、透明、可永久保存、好引用、可核查。

1. 对话框界面

启动 VC ++6.0，建立名为 Power 的单文档静态连接库工程，插入类名为 DLG 的对话框，在 PowerView. cpp 文件中插入对话框头文件“#include " DLG. h"”，并在构造函数 CPowerView 中调用该对话框。

在对话框资源的空白处点击鼠标右键，选属性“Properties”，翻到“General”页，把标题“Caption”改成“叉车发动机功率计算”。

适当扩大对话框，建立下列输入、输出参数的静态文本框、编辑框：

1）限速影响系数 Beda（≈1.1）

2）附件功率系数 Kf（1.1~1.2）

3）高档动力因素 Dvmax（0.04~0.12）

4）最大车速 Vmax（一般为 20km/h）

5）额定起重量 Q（N）

6）叉车自重 G（N）

7）传动效率 E（机械 0.85，液力 0.7）

8）发动机计算功率 Pej（kW）

2. 功率计算与显示

给每个编辑框定义相应的数值型（Value）双精度（double）变量 m_Beda、m_Kf、m_Dvmax、m_Vmax、m_Q、m_G、m_E、m_Pej。在对话框的构造函数 DLG 中给输入参数的变量分别赋初值：

```
m_Beda = 1.1;
m_Kf = 1.2;
m_Dvmax = 0.08;
m_Vmax = 20.0;
m_Q = 50000.0;
m_G = 75000.0;
m_E = 0.85;
```

把“OK”按钮改换成“计算”按钮，把“Cancel”按钮改换成“退出”按钮。建立“计算”按钮的消息响应函数 OnOK，插入：

```
UpdateData(true);
m_Pej = m_Beda * m_Kf * m_Dvmax * m_Vmax * (m_Q + m_G)/(3600.0 * m_E);
UpdateData(false);
```

注释掉原来的“CDialog::OnOK();”语句。

3. 计算书文件输出

增加一个按钮，起名为“输出”，建立其消息响应函数，插入：

```
FILE *p1;
p1 = fopen("Output.txt","w");
fprintf(p1,"      叉车发动机功率计算:\n");
fprintf(p1,"Pej  = β × Kf × Dvmax × Vmax × (Q + G)/(3600 × η) \n");
fprintf(p1,"     = %.2f × %.2f × %.3f × %.1f × (%.0f + %.0f)/(3600 × %.2f) \n",
    m_Beda,m_Kf,m_Dvmax,m_Vmax,m_Q,m_G,m_E);
fprintf(p1,"     = %.2f(kW) \n",m_Pej);
fclose(p1);
```

按“!”，编译、连接、运行程序。输入参数后先按“计算”按钮得到运算结果，再按“输出”按钮后可以在当前目录中得到一个文本文件“Output.txt”，默认参数时的内容如下：

叉车发动机功率计算：

Pej = β × Kf × Dvmax × Vmax × (Q + G)/(3600 × η)

= 1.10 × 1.20 × 0.080 × 20.0 × (50000 + 75000)/(3600 × 0.85)

= 86.27(kW)

叉车发动机功率计算程序界面如图7-13所示。

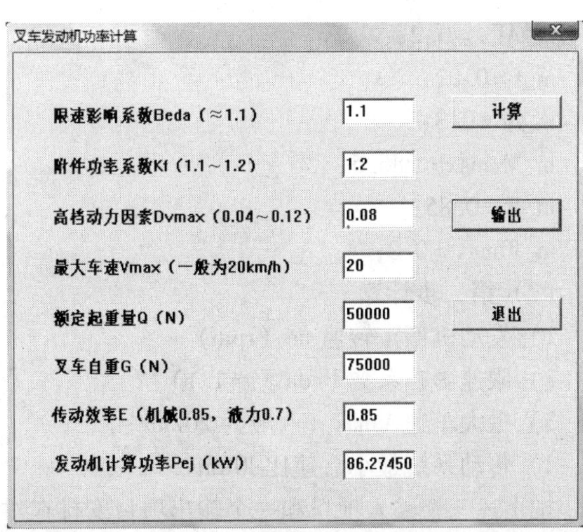

图7-13 叉车发动机功率计算程序界面

7.10 叉车传动系统速比计算

工程问题的设计方案往往不是唯一的，而是具有多种设计方案。叉车变速箱的速比既取决于设计车速、设计爬坡度、发动机转速、驱动轮直径等参数，又取决于驱动桥速比、轮边减速器的速比等结构要素。因此，工程问题的设计求解通常不采用解数学方程式的方法，而是采用试凑的方法、折中的方法、妥协的方法，从许多不同的参数组合当中选择最佳的设计方案。这种设计工作的特点也应该体现到设计计算程序当中，使设计具有一定的灵活性，以适应不同的使用要求。那种只能得到唯一解的设计计算程序，解决不了实际问题。

下面通过求叉车变速箱速比的例子，体会一下设计程序的特点。

1. 对话框界面

（1）第一步计算

1）额定起重量 Q（N）

2）叉车自重 G（N）

3）最大爬坡度 Alfa（正切值，0.2）

4）滚动阻力系数 f（0.02）

5）车轮的滚动半径 rg（m）

6）发动机额定扭矩 Memax（N·m）

7）传动效率 E（机械 0.85，液力 0.7）

8）传动系统最大总速比 I0max

把上述七个输入项目和一个输出项目安排在对话框 DLG 的左半边。插入八个静态文本框和八个编辑框。定义八个变量并在构造函数 DLG 中分别赋初值：

m_Q = 50000.0;

m_G = 75000.0;

m_Alfa = 0.2;

m_f = 0.02;

m_rg = 0.3;

m_Memax = 286.5;

m_E = 0.85;

m_I0max = 0.0;

（2）第二步计算

1）发动机额定转速 ne（rpm）

2）限速影响系数 Beda（≈1.1）

3）最大车速 Vmax（一般为 20km/h）

4）传动系统最小总速比 I0min

把上述三个输入项目和一个输出项目安排在对话框的右半边上部。插入四个静态文本框和四个编辑框。定义四个变量并在构造函数 DLG 中分别赋初值：

m_ne = 3000.0;

m_Beda = 1.1;

m_Vmax = 20.0;

m_I0min = 0.0;

(3) 第三步计算

1) 主传动速比 Iz (一级 3 ~7, 二级 10 ~12)

2) 轮边减速器速比 Iw (1 或 2 ~6)

3) 变速箱最大速比 Imax (最低档)

4) 变速箱最小速比 Imin (最高档)

把上述两个输入项目和两个输出项目安排在对话框的右半边下部。插入四个静态文本框和四个编辑框。定义四个变量并在构造函数 DLG 中分别赋初值:

```
m_Iz = 4.833;
m_Iw = 2.0;
m_Imax = 0.0;
m_Imin = 0.0;
```

2. 按钮消息响应函数

在第一列参数的上方插入一个按钮,起名为"第一步计算",双击产生消息响应函数 OnButton1,插入代码:

```
UpdateData(true);
m_I0max = (m_Q + m_G) * (m_Alfa + m_f) * m_rg/(m_Memax * m_E);
UpdateData(false);
```

在第二列参数的上方插入一个按钮,起名为"第二步计算",双击产生消息响应函数 OnButton2,插入代码:

```
UpdateData(true);
m_I0min = 0.377 * m_ne * m_rg/(m_Beda * m_Vmax);
UpdateData(false);
```

在第三列参数的上方插入一个按钮,起名为"第三步计算",双击产生消息响应函数 OnButton3,插入代码:

```
UpdateData(true);
m_Imax = m_I0max/(m_Iz * m_Iw);
m_Imin = m_I0min/(m_Iz * m_Iw);
UpdateData(false);
```

3. 界面与使用

按"!",编译、连接、运行程序。

1) 输入第一列参数后按"第一步计算"按钮得到中间运算结果"传动系统最大总速比 I0max"。

2) 输入第二列参数后按"第二步计算"按钮得到中间运算结果"传动系统最小总速比 I0min"。

3) 输入第三列参数后按"第三步计算"按钮得到运算结果"变速箱最大速比 Imax (最低档)",和"变速箱最小速比 Imin (最高档)"。

看起来任务已经完成了。但是变速箱的速比通常是由两级齿轮减速产生的,有一个

“配齿”的过程，不可能正好满足计算的要求。那么修改后的变速箱最大与最小速比能否满足爬坡度和车速的要求呢？我们不妨再验算一下：

把“OK”按钮改换成“验算”按钮，把“Cancel”按钮改换成“退出”按钮。建立“验算”按钮的消息响应函数 OnOK，插入：

```
UpdateData(true);
m_Vmax = 0.377 * m_ne * m_rg/(m_Beda * m_Imin * m_Iz * m_Iw);
m_Alfa = m_Memax * m_E * m_Imax * m_Iz * m_Iw/(m_Q + m_G)/m_rg - m_f;
UpdateData(false);
```

用来专门对爬坡度和车速进行验算。

按“!”，编译、连接、运行程序。现在可以根据情况调整变速箱最大与最小速比，并验算爬坡度和车速是否满足要求。当然，改变变速箱最大与最小速比后传动系统最大与最小总速比也会发生变化，我们可以再按一下“第一步计算”和“第二步计算”的按钮……怎么样？明白了吧？反正是三组数据反复改，四个按钮来回按，直到获得满意的设计方案为止。而且在这个过程当中既不用纸和笔，也不用计算器，挺方便的吧？这就是计算机辅助设计。

图 7-14 所示为叉车传动系统速比计算程序界面。

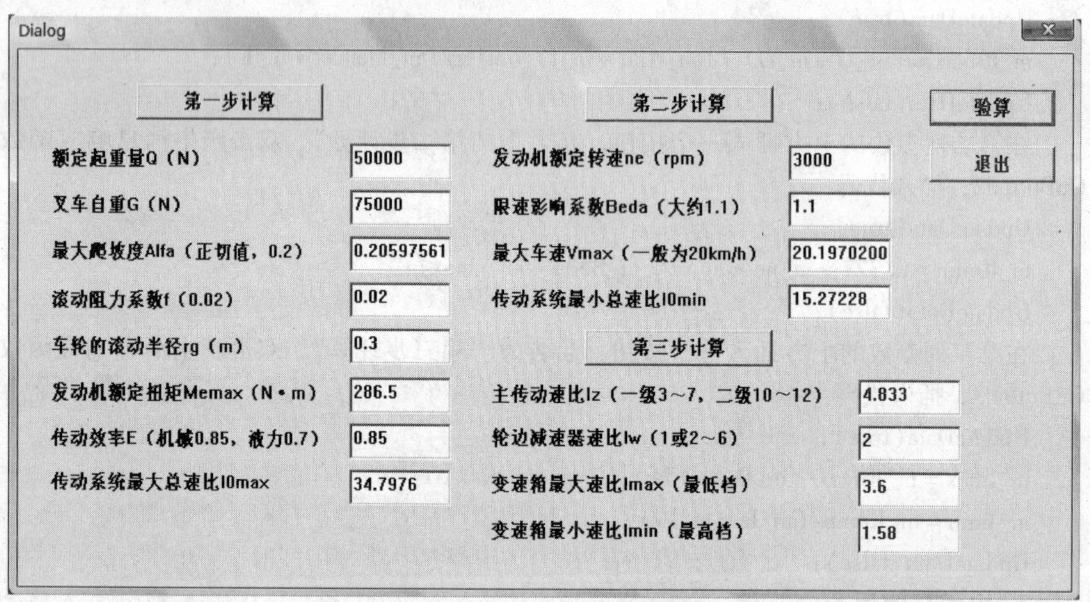

图 7-14　叉车传动系统速比计算程序界面

附 录

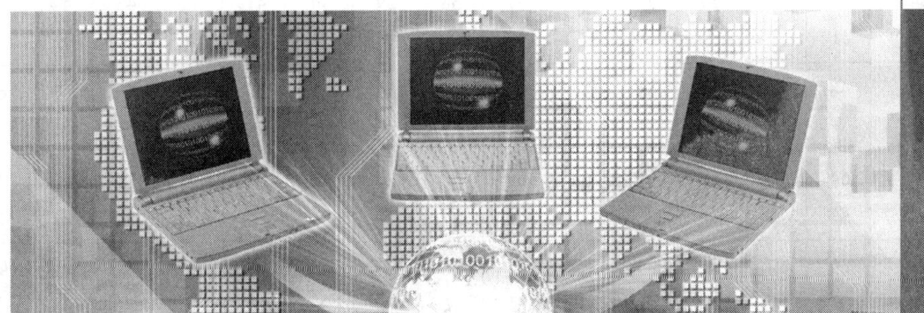

附录 A　ASCII 码表

表 A　ASCII 码表

（American Standard Code for Information Interchange 美国信息交换标准码）

<table>
<tr><td>低位
高位</td><td>0
0000</td><td>1
0001</td><td>2
0010</td><td>3
0011</td><td>4
0100</td><td>5
0101</td><td>6
0110</td><td>7
0111</td><td>8
1000</td><td>9
1001</td><td>A
1010</td><td>B
1011</td><td>C
1100</td><td>D
1101</td><td>E
1110</td><td>F
1111</td></tr>
<tr><td>0
0000</td><td>0
NUL</td><td>1
SOH</td><td>2
STX</td><td>3
ETX</td><td>4
EOT</td><td>5
ENQ</td><td>6
ACK</td><td>7
BEL</td><td>8
BS</td><td>9
HT</td><td>10
LF</td><td>11
VT</td><td>12
FF</td><td>13
CR</td><td>14
SO</td><td>15
SI</td></tr>
<tr><td>1
0001</td><td>16
DEL</td><td>17
DC1</td><td>18
DC2</td><td>19
DC3</td><td>20
DC4</td><td>21
NAK</td><td>22
SYN</td><td>23
ETB</td><td>24
CAN</td><td>25
EM</td><td>26
SUB</td><td>27
ESC</td><td>28
FS</td><td>29
GS</td><td>30
RS</td><td>31
US</td></tr>
<tr><td>2
0010</td><td>32
SP</td><td>33
!</td><td>34
"</td><td>35
#</td><td>36
$</td><td>37
%</td><td>38
&</td><td>39
'</td><td>40
(</td><td>41
)</td><td>42
*</td><td>43
+</td><td>44
,</td><td>45
-</td><td>46
.</td><td>47
/</td></tr>
<tr><td>3
0011</td><td>48
0</td><td>49
1</td><td>50
2</td><td>51
3</td><td>52
4</td><td>53
5</td><td>54
6</td><td>55
7</td><td>56
8</td><td>57
9</td><td>58
:</td><td>59
;</td><td>60
<</td><td>61
=</td><td>62
></td><td>63
?</td></tr>
<tr><td>4
0100</td><td>64
@</td><td>65
A</td><td>66
B</td><td>67
C</td><td>68
D</td><td>69
E</td><td>70
F</td><td>71
G</td><td>72
H</td><td>73
I</td><td>74
J</td><td>75
K</td><td>76
L</td><td>77
M</td><td>78
N</td><td>79
O</td></tr>
<tr><td>5
0101</td><td>80
P</td><td>81
Q</td><td>82
R</td><td>83
S</td><td>84
T</td><td>85
U</td><td>86
V</td><td>87
W</td><td>88
X</td><td>89
Y</td><td>90
Z</td><td>91
[</td><td>92
\</td><td>93
]</td><td>94
^</td><td>95
_</td></tr>
<tr><td>6
0110</td><td>96
`</td><td>97
a</td><td>98
b</td><td>99
c</td><td>100
d</td><td>101
e</td><td>102
f</td><td>103
g</td><td>104
h</td><td>105
i</td><td>106
j</td><td>107
k</td><td>108
l</td><td>109
m</td><td>110
n</td><td>111
o</td></tr>
<tr><td>7
0111</td><td>112
p</td><td>113
q</td><td>114
r</td><td>115
s</td><td>116
t</td><td>117
u</td><td>118
v</td><td>119
w</td><td>120
x</td><td>121
y</td><td>122
z</td><td>123
{</td><td>124
|</td><td>125
}</td><td>126
~</td><td>127
DEL</td></tr>
</table>

注：十进制码 = 高位 ×16 + 低位，例如，A 的十进制码 = 4 ×16 + 1 = 65，z 的十进制码 = 7 ×16 + 10 = 122，表中给出的是前 128 个标准码，未给出后 128 个扩展码。

附录 B　常用键码表

表 B　常用键码表

ASCII 值	对 应 键	说 明	ASCII 值	对 应 键	说 明
8	Backspace	退格键	32	Space	空格键
9	Tab	制表键	33	PgUp	向上翻页
13	Enter	回车键	34	PgDn	向下翻页
16	Shift	上档键	35	End	结束键
17	Ctrl	控制键	36	Home	起始键
20	Caps Lock	大写锁	37	←	向左
27	Esc	退出键	38	↑	向上

（续）

ASCII 值	对 应 键	说 明	ASCII 值	对 应 键	说 明
39	→	向右	113	F2	F2 功能键
40	↓	向下	114	F3	F3 功能键
45	Insert	插入键	115	F4	F4 功能键
46	Delete	删除键	⋮		
112	F1	F1 功能键	123	F12	F12 功能键

注：使用方法：建立按键的消息响应函数 OnKeyDown（UINT nChar，UINT nRepCnt，UINT nFlags），第一个参数 nChar 就是返回的键码。

附录 C TC2.0 常用库函数表

VC ++6.0 兼容大部分 TC2.0 的库函数，下面分类列出了部分常用的 C 语言函数。现在都在 Windows 平台上做界面，因此没有列出 C 语言的屏幕图形函数。

表 C-1 数学函数表(#include "math.h")

函 数 原 型	函 数 功 能	说 明
double acos（double x）	反余弦	x 应在 -1 到 1 范围内
double asin（double x）	反正弦	x 应在 -1 到 1 范围内
double atan（double x）	反正切	
double atan2（double x，double y）	（x/y）的反正切	
double cos（double x）	余弦	x 的单位为弧度
double cosh（double x）	双曲余弦	
double exp（double x）	e^x	
double fabs（double x）	绝对值	
double floor（double x）	不大于 x 的最大整数	
double fmod（double x，double y）	整除（x/y）的余数	
double frexp（double val，int *eptr）	返回尾数，2 的指数 eptr	返回值在 0.5 到 1 之间
double log（double x）	ln（x）	以自然对数为底的对数
double log10（double x）	$\log_{10}$（x）	以 10 为底的对数
double modf（double val，int *iptr）	返回小数，整数 iptr	
double pow（double x，double y）	x^y	
double sin（double x）	正弦	x 的单位为弧度
double sinh（double x）	双曲正弦	
double sqrt（double x）	平方根	x 应大于 0
double tan（double x）	正切	x 的单位为弧度
double tanh（double x）	双曲正切	

注：必须包含 math.h 头文件，否则运算错误。

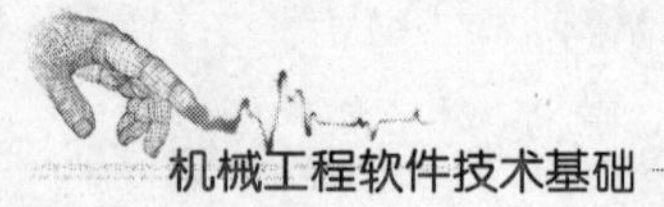

表 C-2 键盘输入和屏幕输出函数表(#include "stdio. h")

函数原型	函数功能	说明
void clrscr (void)	清除文本模式窗口	#include " conio. h"
int getch (void)	从键盘读入一个字符，无显示	可起暂停，按任意键继续的效果 #include " conio. h"
char * getpass (char * prompt)	读一个口令	最多 8 位，#include " conio. h"
int printf (char * format, argument, …)	向屏幕格式化输出	%3d 整数 3 位, %5. 1f 整数 3 位小数 1 位, %s 字符串
int scanf (char * format, agument, ...)	从键盘格式化输入	%d 整型输入, %f 浮点型输入

表 C-3 字符和字符串函数表

函数原型	函数功能	说明	包含文件
double atof (char * nptr)	转换字符串为浮点型数		stdlib. h
int atoi (char * nptr)	转换字符串为整型数		stdlib. h
long atol (char * nptr)	转换字符串为长整型数		stdlib. h
char * itoa (int value, char * str, int radix)	转换整型数为字符串	radix 根，如 10	stdlib. h
char * ltoa (int value, char * str, int radix)	转换长整型数为字符串		stdlib. h
int sprintf (char * str, char * format, argument, …)	格式化输出到字符串	类似于屏幕输出的 printf	sdtio. h
char * strcat (char * str1, char * str2)	把 str2 接到 str1 后面		string. h
int strcmp (char * str1, char * str2)	比较 str1 和 str2	相同时返回 0	string. h
char * strcpy (char * str1, char * str2)	把 str2 拷贝到 str1 中	返回 str1	string. h
char * strncpy (char * str1, char * str2, int maxlen)	把 str2 中的给定字节数复制到 str1 中		string. h
unsigned strlen (char * str)	统计 str 中的字符个数	不包括终止符'\0'	string. h
int toascii (int c)	转换字符为 ASCII 格式		ctype. h

注：TC2. 0 中整型变量和字符型变量可以通用。

表 C-4 文件和接口输入输出函数表(#include "stdio. h")

函数原型	函数功能	说明
int fclose (FILE * fp)	关闭 fp 指向的文件	成功返回 0
int feof (FILE * fp)	检测文件是否结束	没有遇到文件结束符返回 0
int fgetc (FILE * fp)	从文件读入一个字符	返回读入的字符
char fgets (char * str, int n, FILE * fp)	读入 1 行最多 n - 1 个字符	
FILE * fopen (char * filename, char * mode)	打开文件	mode:"r"读,"w"写,"a"附加
int fprintf (FILE * fp, char * format, argument, …)	向文件格式化输出	类似于屏幕输出的 printf
int fputc (char ch, FILE * fp)	向文件写一个字符	
int fputs (char * str, FILE * fp)	向文件写一个字符串	
int fscanf (FILE * fp, char * format, agument, ...)	从文件格式化输入	类似于键盘输入的 scanf
int fseek (FILE * fp, long offset, int fromwhere)	移动文件指针	0 文件开始，1 当前位置，2 文件末尾

（续）

函数原型	函数功能	说　明
int inport (int portid)	从硬件端口读	#include "dos. h" 从 portid 端口读入一个字节
void outport (int portid, int value)	向硬件端口写	把字节 value 写到端口 portid
void rewind (FILE * fp)	把文件指针置于开头	

表 C-5　动态存储分配函数表(#include "sdtlib. h")

函数原型	函数功能	说　明
void * calloc (unsigned n, unsigned size)	分配一块 n 项乘以 size 字节的内存	返回新分配块的指针
void free (void * ptr)	释放 prt 指向的内存	ptr 块的首地址
void * malloc (unsigned size)	分配 size 字节的内存	返回新分配块的指针
void * realloc (void * ptr, unsigned newsize)	重新分配内存	返回新分配块的指针

表 C-6　其他函数表

函数原型	函数功能	说　明
void delay(unsigned milliseconds)	程序暂停若干毫秒	#include "dos. h"
void getdate(struct * dateblk) date 结构体:int da_year; // 年	取系统日期 char da_mon; // 月	#include "dos. h" char da_day; // 日

void gettime(struct * timep)
time 结构体:
char ti_hour; // 时
	取系统时间
	char ti_min; // 分
	char ti_sec; // 秒,
		char ti_hund; // 百分秒
		#include "dos. h"
		VC 下不能用

int execl (char * path, char * arg0, arg1, ···, argn, NULL)	装入并运行其他程序 子进程覆盖父进程	arg0 重复 path,结尾要 NULL #include "process. h"
void exit(int status)	终止程序	status 返回给父进程
struct tm * localtime (long * clock); struct tm:int tm_sec; int tm_min;	把系统时间(秒)转换 int tm_hour;	int tm_mday; int tm_mon; int tm_year; #include "time. h"
void nosound(void)	关闭 PC 扬声器	#include "dos. h"
int rand(void)	随机数发生器 0 - 32767	#include "stdlib. h"
int random(int num)	随机数发生器	0 - (num - 1),#include "stdlib. h"
void randomize(void)	初始化随机数发生器	#include "stdlib. h"、"time. h"
unsigned sleep(unsigned seconds)	暂停若干秒	#include "dos. h"
void sound(unsigned frequency)	以指定频率打开 PC 扬声器	#include "dos. h" 别忘了关闭,否则一直响
int spawnl(int mode, char * path, char * arg0, arg1, ···, argn, NULL)	创建并运行子进程 mode:P_WAIT 父等子 P_NOWAIT 父子同时	arg0 重复 path,结尾要 NULL #include "process. h" P_OVERLAY 子覆盖父
void srand(unsigned seed)	初始化随机数发生器 如 srand(time(NULL));	#include "stdlib. h" #include "time. h"
int system(char * command)	发出一个 DOS 命令 调用命令处理器	接受空格与参数,目录用"\\" 或"/",#include "stdlib. h"

（续）

函数原型	函数功能	说　明

long time(long *clock)
取得系统时间(秒)
#include "time. h"
	struct tm *today;
	long l_time;
	time(&l_time);
	today = localtime(&l_time);
		today -> tm_year + 1900,
		today -> tm_mon + 1,
		today -> tm_mday, today -> tm_sec
		today -> tm_hour, today -> tm_min

附录D　VC ++6.0常用函数表

表 D-1　公共类函数表

函数原型	函数功能	说　明
int AfxMessageBox (LPCTSTR lpszText, UNINT nType, UINT nIDHelp)	消息框	AfxMessageBox(str); 输出字符串 str
void GetClientRect(tagRECT *rect)	得到客户区大小,不含标题栏	CRect rect; rect. right, rect. bottom

void Invalidate (BOOL)	使无效	Invalidate(true); // 刷新屏幕
		Invalidate(false); // 保留轨迹

InvalidateRect(CRect(int x1, int y1, int x2, int y2));	刷新区域	刷新一个矩形区域

int UpdateData (BOOL)	更新数据	UpdateData(true); // 读入数据
		UpdateData(false); // 显示数据

struct tm *today; long l_time; time(&l_time);	取系统时间 today = localtime(&l_time);	today -> tm_hour, today -> tm_min; today -> tm_sec);

表 D-2　对话框类函数表(CDialog 对话框类的对象可以使用)

函数原型	函数功能	说　明
BOOL Create (unsigned short *, CWnd *)	创建非模式对话框	非模式对话框不具有独占性,它可以与调用它的父进程同时运行
int DoModal(void)	创建模式对话框	模式对话框具有独占性,调用它的父进程处于等待状态

表 D-3　绘图类函数表(在 OnDraw 或 OnPaint 中使用)

函数原型	函数功能	说　明
BOOL Arc(int x1, int y1, int x2, int y2, int x3, int y3, int x4, int y4)	画圆弧	在指定矩形(x1, y1, x2, y2)中画弧,起点(x3, y3),终点(x4, y4)
BOOL Ellipse(int x1, int y1, int x2, int y2)	画椭圆	在指定矩形中画内切正椭圆
BOOL LineTo(int x, int y)	画线到	从当前点画直线到指定点
CPoint MoveTo(int x, int y)	移动到	把笔移到指定点,不画图
BOOL Rectangle(int x1, int y1, int x2, int y2)	画矩形	给出矩形对角线上两点的坐标
BOOL TextOut(int x, int y, const CString &str)	输出文本	在指定点显示字符串

表 D-4 文件类函数表

函 数 原 型	函 数 功 能	说 明
BOOL Open (LPCTSTR lpszFileName, UINT nOpenFlags, CFileException * pError = NULL)	打开文件	Open(“In. txt”,CFile::modeRead) Open(“Out. txt”,CFile::modeWrite) 或 CFile::modeCreate|CFile::modeWrite
void Close(void)	关闭文件	
BOOL ReadString(CString &rString)	读字符串	可用返回值判断文件是否结束
void WriteString(LPCTSTR lpsz)	写字符串	若用 CString 写需增加" \r\n"

注：CStdioFile 类的对象可以使用二进制和文本流式带缓冲文件。

表 D-5 CString 类函数表

函 数 原 型	函 数 功 能	说 明
void Empty(void)	清空字符串内容	
void Format(LPCTSTR lpszFormat,...)	给对象格式化赋值,类似 sprintf	lpszFormat 格式控制字符串 \r 回车,\n 换行,\t 制表符 Tab
void Format(UINT nFormatID,...)	不要把对象本身放到参数中去	nFormatID 字符串标识符
int GetLength( )	得到字符串的长度	
int Insert(int nIndex, LPCTSTR pstr)	插入字符串	nIndex 索引位置
int Insert(int nIndex, TCHAR ch)		nIndex 大于长度时插到末尾
运算符 =	给对象赋新值	
运算符 +	连接两个字符串	

表 D-6 BSTR 类函数表( )

函 数 原 型	函 数 功 能	说 明
SysAllocString	创建并初始化串	BSTR bstrStatus = ::SysAllocString(L" Some text");
SysAllocStringByteLen	创建一个 0 结尾特定长度的串	
SysAllocStringLen	创建特定长度串	
SysFreeString	释放现有串空间	
SysReAllocString	改变串大小和值	
SysReAllocStringLen	改变现有串大小	
SysStringByteLen	返回串字节数	
SysStringLen	返回串长度	

注：Basic STRing，多用于为 COM/OLE 接口函数传递参数。

表 D-7 标准输入输出函数表(#include "iostream. h",DOS 下的,不提倡使用)

函 数 原 型	函 数 功 能	说 明
cin >> v	从键盘输入值送给变量 v 不限数据类型	cout << "Input x = "; cin >> x; 显示:Input x = 3. 14 (3. 14 是输入的)
cout << exp	在屏幕上输出表达式 exp 的值 不限数据类型	double x = 3; cout << "x = " << x << "\n"; 显示:x = 3

（续）

函数原型	函数功能	说明
freopen("text. txt", "w", stdout); cout << "this will be in a text file" << endl;	把标准输出重定向到 text. txt 文件	#include "fstream. h" 内容会写入 text. txt 文件
freopen("in. txt","r",stdin);	把标准输入重定向到 in. txt 文件	数据文件中每行放一个数据

附录E VC ++6.0 常用运算符

表E VC ++6.0 常用运算符

运算符	功能	使用说明
::	作用域分辨	Class name:: member
.	成员选择	Object. member
:	继承	Class name1: Class name0
[ ]	下标	Pointer [expr]
( )	函数调用	Expr (expr list)
++	自加	常用在循环语句当中
!	非	! expr
&	取地址	&expr
*	指针	* expr
( )	强制类型转换	(type) expr
%	取模（求余）	expr1 % expr2

附录F VC ++6.0 常用控件表

表F VC ++6.0 常用控件表

图标	控件名称	说明
	Select 选择	这并不是一个控件，只是使鼠标处于“选择”某个资源或“选择”控件工具条上某个控件的状态
	Picture 图片	1）插入资源位图：菜单 Insert/Resource…/选 Bitmap/按 Import/浏览选图片/按 Import 2）显示位图：画控件/右键点击控件/Properties/Type 中选 Bitmap/Image 中选 IDB_BITMAP1（根据情况）/关闭即可 注意：不能改变图片的大小，也不能接受除位图以外的其他格式
Aa	Static Text 静态文本框	一般在对话框窗体中用作固定提示，需要时也可改变内容 画控件/右键点击控件/Properties/在 Caption 中输入要显示的文字/关闭即可 注意：若要为其定义变量，把 ID 由 IDC_STATIC 改成 IDC_STATIC1，就能在 Class Wizard…类向导中定义变量了

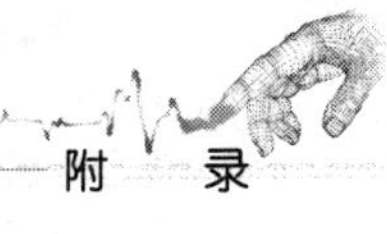

（续）

图 标	控件名称	说 明
	Edit Box 编辑框	在对话框窗体中用作输入、输出变量的小窗口 画控件/右键点击对话框空白处/选 Member Variables 页/双击 IDC_EDIT1（或 IDC_EDIT2 等）/变量名 Member variable name 取 m_EDIT1（或其他）/种类 Category 选Value/类型 Variable type 选 double/按“OK”按钮/再按“OK”按钮。（当然也可以定义成 int、CString 或控制型变量） 注意：在对话框的构造函数中可以赋初值 在对话框内部使用编辑框变量时，其前、后要加 UpdateData（true）和 UpdateData（false）
	Group Box 分组框	在对话框中画一个带标题的方框，把控件成组地分隔开，起修饰界面的作用 画控件/右键点击控件的边缘/Properties/在 General 页的 Caption 中输入标题/关闭即可
	Button 按钮	接受用户的命令，定义消息响应函数进行相应的处理 画按钮/右键点击按钮/Properties/在 General 页的 Caption 中输入按钮的名称/双击按钮/同意消息响应函数的名称为 OnButton1（或其他）/按“OK”按钮
	Check Box 复选框	有选择性输入的功能，可以多选，本身带有项目名称提示文本 画按钮/右键点击按钮/Properties/在 General 页的 Caption 中输入项目名称/可通过定义布尔变量或消息响应函数传达选项 设置 SetCheck（），获取 GetCheck（）。（控制型时）
	Radio Button 单选按钮	有选择性输入功能，只能单选，本身带有项目名称提示文本 画按钮/右键点击按钮/Properties/在 General 页的 Caption 中输入项目名称，给第一个按钮选上 Group，定义整型变量，如 m_Radio1（不论有几个单选按钮，只定义这一个变量）/可通过变量传达选项：-1 未选，0 第一个选项，1 第二个选项，2 第三个选项，…。也可以通过消息响应函数传达选项。或设置 SetCheck（），获取 GetCheck（） 可以在对话框构造函数中赋初值给出默认选项
	List Box 列表框	可用来进行一些文本条目（如地址、名称）的选择性输入。 画控件（高度窄时会有上、下按钮）/给控件 IDC_LIST1 定义 ClisBox 控制型变量m_list/建立对话框的初始化函数 OnInitDialog，插入： m_list. InsertString(0,"北京市"); m_list. InsertString(1,"上海市"); m_list. InsertString(2,"重庆市"); m_list. InsertString(3,"辽宁省"); m_list. InsertString(4,"河北省"); m_list. InsertString(5,"山西省"); m_list. InsertString(6,"深圳市"); 给“OK”按钮建立消息响应函数 OnOK，插入： char temp[100]; m_list. GetText(m_list. GetCurSel(),temp); AfxMessageBox(temp); 运行程序，可以看到选择的效果

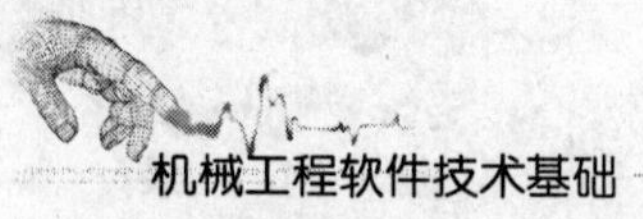

（续）

<table>
<tr><th>图　标</th><th>控件名称</th><th>说　明</th></tr>
<tr><td></td><td>Combo Box
组合框</td><td>是编辑框和列表框的组合，既能选择列表框中已有的条目，又能输入列表框中没有的条目，用于文本条目的输入与显示
画控件（高度方向上的宽窄不可调，会自动产生下拉式按钮）/给控件 IDC_COMBO1 定义 CComboBox 控制型变量 m_combo1/右键点击控件/在 Properties 的 Data 页输入列表框条目，用 Ctrl + Enter 来换行/可以去掉 Styles 中的 Sort 排序选项/给“OK”按钮建立消息响应函数 OnOK，插入：
CString temp;
m_combo1. GetWindowText(temp) ;
AfxMessageBox(temp) ;
运行程序，可以看到选择或自行输入条目的效果
注意：若运行时显示不出已输入的列表框内容，在编辑状态按下组合框右侧向下的三角形，把控件高度调高即可</td></tr>
<tr><td></td><td>Vertical Scroll Bar
垂直滚动条</td><td>原用于滚动显示超过窗口范围的文本或图像内容，现在许多控件如 Edit Box 本身就可以带滚动条，因此用处已不太大了
也可以用于取得一个数，该功能类似于 Slider 滑动条
1）画控件，定义成控制型 CScrollBar 变量 m_VS
2）建立消息响应函数 OnInitDialog，插入：
m_VS. SetScrollRange(1,20) ;
m_VS. SetScrollPos(10) ;
3）建立消息响应函数 OnVScroll，插入：（Object IDs 是 DLG）
UINT nCurrentPos;
switch(nSBCode)
{
case SB_LINEUP:
nCurrentPos = (pScrollBar -> GetScrollPos( )) - 1;
pScrollBar -> SetScrollPos(nCurrentPos) ;
break;
case SB_LINEDOWN:
nCurrentPos = (pScrollBar -> GetScrollPos( )) + 1;
pScrollBar -> SetScrollPos(nCurrentPos) ;
break;
case SB_PAGEUP:
nCurrentPos = (pScrollBar -> GetScrollPos( )) - 5;
pScrollBar -> SetScrollPos(nCurrentPos) ;
break;
case SB_PAGEDOWN:
nCurrentPos = (pScrollBar -> GetScrollPos( )) + 5;
pScrollBar -> SetScrollPos(nCurrentPos) ;
break;
case SB_THUMBPOSITION:
nCurrentPos = nPos;
pScrollBar -> SetScrollPos(nCurrentPos) ;
break;</td></tr>
</table>

（续）

图　标	控件名称	说　明

	Vertical Scroll Bar
	垂直滚动条
		default:
		break;
		}
		4）建立消息响应函数 OnOK 得到当前控件值，插入：
		CString str;
		str. Format("VS = %d",m_VS. GetScrollPos());
		AfxMessageBox(str);
		//CDialog::OnOK();
		别忘了注释掉上面这一句

	Horizontal Scroll Bar 水平滚动条	类似于垂直滚动条
	Spin 纺锤形按钮	形状像旋转着的纺纱用的纱锭，又称“旋转按钮”、“上下按钮”或“微调按钮”。常需要一个“伙伴”控件，如编辑框整型或控制型变量 m_ EDIT1 配合，用来改变编辑框的数值 先绘制编辑框，然后在编辑框右边附近画控件/右键点击 Spin 控件/Properties/在 General 中设置 Group，Styles 中设置 Auto buddy，Set buddy integer 可实现与编辑框 Edit Box 的绑定，数字连续变化/在 Styles 中设置 No thousands，可以使编辑框中的数字过千，对齐方式 Alignment 有 Unattached 独立，Left 靠左，Right 靠右，运行时有效/在对话框资源上右键选 Class Wizard/在 Member Variables 中，把 IDC_SPIN1 定义成 CSpinButtonCtrl，m_SPIN1/给对话框（DLG）建立初始化函数 OnInitDialog，添加： m_SPIN1. SetRange（0，100）；// 确定按钮上下限 注意： 1）必须一组一组地做，否则对应关系会弄乱！ 2）m_EDIT1 可以在对话框的构造函数中赋初值，如 50。 3）若要跟踪参数的变化，可以用类向导 Class Wizard 为消息“UDN_DELTAPOS”建立响应函数 OnDeltaposSpin1，在其中调用相应的处理函数即可

	Progress
	进度条
		用来表示程序运行的进度（俗称加速条）：
		1）画控件/定义变量 m_ PROGRESS1，控制型 Control，进度条类 CProgressCtrl
		2）给对话框（DHK）建立初始化函数 OnInitDialog，添加：
		m_PROGRESS1. SetRange32(0,100); // 设置进度条范围
		m_PROGRESS1. SetStep(1);　　// 设置进度条步长
		m_PROGRESS1. SetPos(0);　　// 设置进度条初始值
		3）演示时可添加一个按钮及其消息响应函数 OnButton1，插入：
		m_ PROGRESS1. StepIt（）; // 使进度条移动
		4）实际使用时在程序中调用上述语句使进度条移动即可

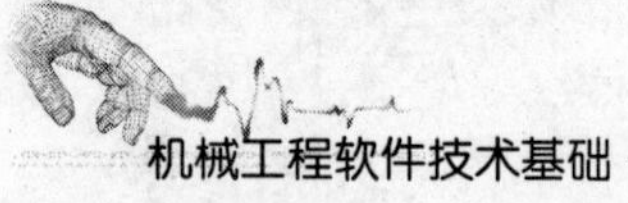

（续）

图　标	控件名称	说　明
	Slider 滑动条	也称轨道条，与编辑框整型变量 m_EDIT1 配合，可改变其数值： 1）画控件/右键点击控件/Properties/在 Styles 页选中刻度标记 Tick marks 和自动刻度 Auto ticks/建立控制型变量 m_SLIDER1 2）给对话框（DHK）建立初始化函数 OnInitDialog： 类向导 ClassWizard…， Object IDs：DHK， Messages：WM_INITDIALOG， 按“Add Functions”，按“Edit Code”，添加： m_SLIDER1. SetRange(0,100)；// 设置滑动条变化范围 m_SLIDER1. SetTicFreq(10)；// 设置刻度间隔 m_SLIDER1. SetPos(m_EDIT1)；// 数据传递给滑动条 3）建立滑动条的消息响应函数 OnCustomdrawSlider1： Object IDs:IDC_SLIDER1, Messages:WM_CUSTOMDRAW, 按“Add Functions”,按“Edit Code”,添加: UpdateData(true)；// 读入数据 m_EDIT1 = m_SLIDER1. GetPos()；// 数据传给变量 UpdateData(false)；// 显示数据 4）建立数据驱动滑动条的消息响应函数 OnChangeEdit1： Object IDs:IDC_EDIT1, Messages:EN_CHANGE, 按 Add Functions,按 Edit Code,添加: UpdateData(true)； m_SLIDER1. SetPos(m_EDIT1)；// 数据传递给滑动条 UpdateData(false)； 注意：m_EDIT1 可以在对话框的构造函数中赋初值，如 50

	Hot Key
	热键
		该控件是一个窗口，看起来像一个编辑框，能够接受用户输入的组合键，并显示成文本表示形式。以下建立调用记事本的热键
		1）在单文档框架下建立对话框 DLG
		2）加编辑框，定义成 CString 型变量 m_Path，静态说明“调用”
		3）画热键控件，定义成控制型变量 m_HotKey，静态说明“热键”
		4）建立对话框的初始化函数 OnInitDialog，插入：
		char Path[100]；
		GetWindowsDirectory(Path,100)；// 获取 Windows 路径
		strcat(Path,"\\notepad. exe")；// 添加被调用程序
		m_Path = Path；
		UpdateData(false)；// 显示完整路径
		5）把“OK”按钮改换成“设置热键”，双击该按钮，在 OnOK 中插入：
		WORD virtualcode,modifiers；// 热键虚拟码和标志符
		m_HotKey. GetHotKey(virtualcode,modifiers)；// 获得键码
		// 设置热键 ID = 100
		if (! RegisterHotKey(this -> m_hWnd,100,modifiers,virtualcode))

（续）

图 标	控件名称	说 明

	Hot Key
	热键
		MessageBox（" 热键设置错误，可能重复了！"）；
		else
		MessageBox（" 热键设置成功！"）；
		别忘了注释掉原来的最后一句“CDialog::OnOK()；”
		6）手工加入热键消息，在 DLG. cpp 的消息循环中插入：
		ON_MESSAGE(WM_HOTKEY,OnHotKey)
		7）手工在 DLG. h 的构造函数中插入热键消息响应函数的说明：
		afx_msg void OnHotKey(WPARAM wParam,LPARAM lParam)；
		8）手工在 DLG. cpp 的最后中插入热键消息响应函数的定义：
		void DLG::OnHotKey(WPARAM wParam,LPARAM lParam)
		{
		if (wParam = =100)
		{
		UpdateData(TRUE)；
		ShellExecute(this->m_hWnd, "open", m_Path, NULL, NULL, SW_SHOW)；
		}
		}
		9）现在可以编译、连接、运行了。但只接受 Ctrl + 热键的形式

	List Control
	列表视图
		又称列表控件，按一定顺序显示一系列带图标的字符串，可以有大图标、小图标、列表、详细信息四种显示模式。用户可以添加新的项，也可以控制显示模式
		1）在单文档框架下建立对话框 DLC
		2）把 OK 和 Cancel 按钮移到下边，绘制 List Control 控件
		3）定义控制型变量 m_List，属性 View：Report，其他不变
		4）建立对话框的初始化函数 OnInitDialog，插入：
		m_List. SetBkColor(255)；
		m_List. InsertColumn(0,"地址",LVCFMT_LEFT,70)；// 表头第 1 项
		m_List. InsertColumn(1,"邮编",LVCFMT_LEFT,70)；// 表头第 2 项
		m_List. InsertColumn(2,"区号",LVCFMT_LEFT,70)；// 表头第 3 项
		m_List. InsertItem(0,"北京市")； // 第 1 行第 1 列
		m_List. SetItemText(0,1,"100000")；// 第 1 行第 2 列
		m_List. SetItemText(0,2,"010")； // 第 1 行第 3 列
		m_List. InsertItem(1,"上海市")； // 第 2 行第 1 列
		m_List. SetItemText(1,1,"200000")；// 第 2 行第 2 列
		m_List. SetItemText(1,2,"021")； // 第 2 行第 3 列
		m_List. InsertItem(2,"太原市")； // 第 3 行第 1 列
		m_List. SetItemText(2,1,"030000")；// 第 3 行第 2 列
		m_List. SetItemText(2,2,"0351")； // 第 3 行第 3 列
		5）为列表控件建立消息响应函数 OnItemchangedList1，插入：
		for(int i =0;i < m_List. GetItemCount();i ++) // 遍历整个列表视图
		{ // 获取选中行
		if(m_List. GetItemState(i,LVIS_SELECTED) = =LVIS_SELECTED)

（续）

图　标	控件名称	说　明

	List Control
	列表视图
		{ // 获取该行各列信息
		CString str = m_List. GetItemText(i,0);
		CString str1 = m_List. GetItemText(i,1);
		CString str2 = m_List. GetItemText(i,2);
		AfxMessageBox(str + ":邮编" + str1 + ",区号" + str2);
		}
		}

	Tree Control
	树形视图（控件）
		用来显示一系列项目的层次关系，如磁盘文件目录。如果有子项的话，用户单击树形控件中的项目可以展开或收缩其子项目
		1）在单文档框架下建立对话框 DLG
		2）下移“OK”、“Cancel”按钮，左、右放 Tree Control、List Control 控件
		3）定义控制型变量 m_Tree、控制型变量 m_List
		4）在对话框头文件 DLG. h 中插入：
		HICON m_hIcon;
		HTREEITEM m_hRoot;
		CImageList m_ImageList;
		void GetLogicalDrives(HTREEITEM hParen);
		void GetDriveDir(HTREEITEM hParent);
		void AddSubDir(HTREEITEM hParent);
		CString GetFullPath(HTREEITEM hCurrent);
		5）在对话框文件 DLG. cpp 后面插入：
		// 获取驱动器
		void DLG::GetLogicalDrives(HTREEITEM hParent)
		{
		size_t szAllDriveStrings = GetLogicalDriveStrings(0,NULL);
		char * pDriveStrings = new char[szAllDriveStrings + sizeof(_T(""))];
		GetLogicalDriveStrings(szAllDriveStrings,pDriveStrings);
		size_t szDriveString = strlen(pDriveStrings);
		while(szDriveString > 0)
		{
		m_Tree. InsertItem(pDriveStrings,hParent);
		pDriveStrings += szDriveString + 1;
		szDriveString = strlen(pDriveStrings);
		}
		}
		// 添加子项
		void DLG::GetDriveDir(HTREEITEM hParent)
		{
		HTREEITEM hChild = m_Tree. GetChildItem(hParent);
		while(hChild)
		{
		CString strText = m_Tree. GetItemText(hChild);
		if(strText. Right(1) != "\\") strText += _T("\\");

（续）

图 标	控件名称	说 明

	Tree Control
	树形视图（控件）
		strText += "*.*";
		CFileFind file;
		BOOL bContinue = file.FindFile(strText);
		while(bContinue)
		{
		bContinue = file.FindNextFile();
		if(file.IsDirectory() && ! file.IsDots())
		m_Tree.InsertItem(file.GetFileName(),hChild);
		}
		GetDriveDir(hChild);
		hChild = m_Tree.GetNextItem(hChild,TVGN_NEXT);
		}
		}
		// 添加子目录
		void DLG::AddSubDir(HTREEITEM hParent)
		{
		CString strPath = GetFullPath(hParent);
		if(strPath.Right(1) != "\\\\") strPath += "\\\\";
		strPath += "*.*";
		CFileFind file;
		BOOL bContinue = file.FindFile(strPath);
		while(bContinue)
		{
		bContinue = file.FindNextFile();
		if(file.IsDirectory() && ! file.IsDots())
		m_Tree.InsertItem(file.GetFileName(),hParent);
		}
		}
		// 获取树项目全根径
		CString DLG::GetFullPath(HTREEITEM hCurrent)
		{
		CString strTemp;
		CString strReturn = "";
		while(hCurrent != m_hRoot)
		{
		strTemp = m_Tree.GetItemText(hCurrent);
		if(strTemp.Right(1) != "\\\\") strTemp += "\\\\";
		strReturn = strTemp + strReturn;
		hCurrent = m_Tree.GetParentItem(hCurrent);
		}
		return strReturn;
		}
		6）建立对话框的初始化函数 OnInitDialog，插入：
		m_ImageList.Create(32,32,ILC_COLOR32,10,30);

（续）

<table>
<tr><th>图　标</th><th>控件名称</th><th>说　明</th></tr>
<tr><td>[icon]</td><td>Tree Control
树形视图(控件)</td><td>
<pre>
    m_List. SetImageList(&m_ImageList,LVSIL_NORMAL) ;
    DWORD dwStyle = GetWindowLong(m_Tree. m_hWnd, GWL_STYLE) ;
    dwStyle | = TVS_HASBUTTONS | TVS_HASLINES | TVS_LINESATROOT;
    SetWindowLong(m_Tree. m_hWnd,GWL_STYLE,dwStyle) ;
    m_hRoot = m_Tree. InsertItem("我的电脑") ;
    GetLogicalDrives(m_hRoot) ;
    GetDriveDir(m_hRoot) ;
    m_Tree. Expand(m_hRoot,TVE_EXPAND) ;
</pre>
试运行，在树形窗口中有磁盘目录了。
7）建立展开事件的消息响应函数 OnItemexpandedTree1，插入：
<pre>
    TVITEM item = pNMTreeView -> itemNew;
    if(item. hItem = = m_hRoot) return;
    HTREEITEM hChild = m_Tree. GetChildItem(item. hItem) ;
    while(hChild)
    {
        AddSubDir(hChild) ;
        hChild = m_Tree. GetNextItem(hChild,TVGN_NEXT) ;
    }
</pre>
试运行，在树形窗口中可以展开子目录了。
8）建立选中事件的消息响应函数 OnSelchangedTree1，插入：
<pre>
        m_List. DeleteAllItems( ) ;
        TVITEM item = pNMTreeView -> itemNew;
        if(item. hItem = = m_hRoot) return;
        CString str = GetFullPath(item. hItem) ;
        if(str. Right(1) ! = "\\") str + = "\\";
        str + = "*. *";
        CFileFind file;
        BOOL bContinue = file. FindFile(str) ;
        while(bContinue)
        {
            bContinue = file. FindNextFile( ) ;
            if(! file. IsDirectory( ) && ! file. IsDots( ))
            {
                SHFILEINFO info;
                CString temp = str;
                int index = temp. Find("*. *") ;
                temp. Delete(index,3) ;
                SHGetFileInfo(temp + file. GetFileName( ), 0, &info, sizeof(&info),
    SHGFI_DISPLAYNAME | SHGFI_ICON) ;
                int i = m_ImageList. Add(info. hIcon) ;
                m_List. InsertItem(i,info. szDisplayName,i) ;
            }
        }
</pre>
试运行，在列表控件窗口也有文件图标的显示了
</td></tr>
</table>

（续）

图 标	控件名称	说 明

	Tab Control
	标签控件
		标签控件又称“选项卡控件”或“属性表控件”，鼠标点不同的标签，调用不同的对话框，起类似菜单的作用。每个子对话框（属性页）上可以包含许多控件，用来输入大量数据（属性）
		1）建立标准 MFC 单文档静态连接库框架 TabCtrl
		2）建立标准对话框 DLG1，在 TabCtrlView. cpp 中添加头文件 DLG1. h，在构造函数中插入：
		DLG1 D1;
		D1. DoModal ( );
		exit (0);
		3）绘制 Tab Control 控件（大一点，要包容子对话框），为控件定义控制型变量 m_Tab1，把 OK 和 Cancel 按钮移到下面
		4）再建立 3 个对话框，DLG2、DLG3、DLG4，无边框（Border：None，小一点，被包容），每个的起始点（X Pos，Y Pos）均定为（10，20），Styles 选 Child，可以在各对话框上面放一些有特征的控件
		5）建立对话框 DLG1 的初始化函数 OnInitDialog，插入：
		TC_ITEM m_ITEM;
		m_ITEM. mask = TCIF_TEXT;
		m_ITEM. pszText = "矩形";
		m_Tab1. InsertItem(0,&m_ITEM);
		m_ITEM. pszText = "圆形";
		m_Tab1. InsertItem(1,&m_ITEM);
		m_ITEM. pszText = "三角形";
		m_Tab1. InsertItem(2,&m_ITEM);
		6）在对话框 DLG1. h 中添加头文件 DLG2. h、DLG3. h、DLG4. h，在类定义中插入：
		DLG2 D2;
		DLG3 D3;
		DLG4 D4;
		7）建立对话框 DLG1 的显示窗口函数 OnShowWindow，插入：
		D2. Create(IDD_DIALOG2,m_Tab1. GetActiveWindow());
		D2. ShowWindow(SW_SHOW);
		D3. Create(IDD_DIALOG3,m_Tab1. GetActiveWindow());
		D3. ShowWindow(SW_HIDE);
		D4. Create(IDD_DIALOG4,m_Tab1. GetActiveWindow());
		D4. ShowWindow(SW_HIDE);
		8）建立控件 m_ Tab1 变化的消息响应函数 OnSelchangeTab1，插入：
		switch(m_Tab1. GetCurSel())
		{
		case 0:D2. ShowWindow(SW_SHOW);
		break;
		case 1:D3. ShowWindow(SW_SHOW);
		break;
		case 2:D4. ShowWindow(SW_SHOW);
		break;
		}

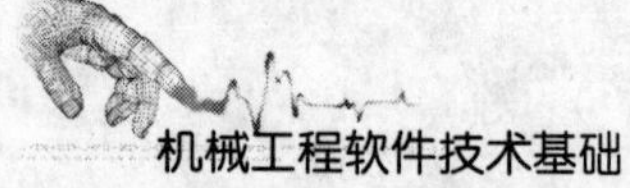

（续）

图　标	控件名称	说　明

	Tab Control
	标签控件
		9）建立控件 m_Tab1 正在变化的消息响应函数 OnSelchangingTab1，插入：
		switch(m_Tab1. GetCurSel())
		{
		case 0：D2. ShowWindow(SW_HIDE)；
		break；
		case 1：D3. ShowWindow(SW_HIDE)；
		break；
		case 2：D4. ShowWindow(SW_HIDE)；
		break；
		}

	Animate 动画	播放无声的非压缩的 AVI 视频动画：画控件/为 IDC_ANIMATE1 定义 CAnimateCtrl 控制型变量 m_avi； 1）导入资源：菜单 Insert/Resource…/按 Import/所有文件/浏览选影片/按 Import/资源类型：AVI/OK/记下资源 ID 号； 2）建立一个按钮，在其消息响应函数中加入： m_avi. Open（IDR_ AVI1）；// 打开 avi 资源 m_avi. Play（0，-1，-1）；// 播放 avi 资源 3）在 OK 和 Cancel 的消息响应函数中加入： m_avi. Close（）； 4）其他函数：Create（），Seek（），Stop（）

	Rich Edit
	富文本编辑框
		也称“多格式文本编辑框”或“高级编辑框”，是采用 RTF（Rich Text File，富文本文件）格式的编辑框
		1）建立标准 MFC 单文档静态连接库框架 Rich
		2）建立标准对话框 DLG，属性中选上 Menu 菜单：IDR_ MAINFRAME。在 RichView. cpp 文件中添加头文件 DLG. h，在构造函数中插入：
		DLG D1；
		D1. DoModal（）；
		exit（0）；
		3）把“OK”和“Cancel”按钮移到下面，绘制 Rich Edit 控件，属性中选中 Mutilinne 和 Vertical scroll 这一列的四个选项。为控件定义控制型变量 m_Rich，在 Rich Edit 控件上方绘制三个 Combo Box 控件，分别用静态文本框说明为“字体”、“颜色”、“字号”。定义成控制型变量 m_Combo1，m_Combo2，m_Combo3。在属性 Data 中分别填入“宋体，隶书，黑体，华文行楷”；“红色，绿色，蓝色，黄色”；“10，12，14，16”。输入时用 Ctrl + Enter 来换行
		4）在 Rich. cpp 文件的 InitInstance 函数中插入：（非常重要）
		AfxInitRichEdit（）；// 初始化 Rich Edit 控件
		5）建立对话框 DLG 的初始化函数 OnInitDialog，插入：
		CString strTemp；
		long nStart，nEnd；// 定义光标的起点和终点
		m_Rich. GetSel(nStart，nEnd)；// 取得光标的起点和终点
		if(nStart = = nEnd)
		{

（续）

<table>
<tr><th>图　标</th><th>控件名称</th><th>说　明</th></tr>
<tr><td>ab</td><td>Rich Edit
富文本编辑框</td><td>strTemp. Format(_T("光标在%d"), nStart); // 将 nStart 格式化并存放在 strTemp 中
AfxMessageBox(strTemp); // 输出光标位置
}
else
{
strTemp = strTemp. Mid(nStart) - strTemp. Mid(nEnd); // 得到 richedit 选中的内容
m_Rich. GetWindowText(strTemp); // 将内容传递给变量 m_rich
}
CHARFORMAT cf; // 定义一个 CHARFORMAT 的结构体变量
ZeroMemory(&cf,sizeof(CHARFORMAT)); // 清空 CHARFORMAT
cf. cbSize = sizeof(CHARFORMAT); // 指定结构体大小
cf. dwMask = CFM_FACE|CFM_COLOR|CFM_SIZE; // 激活字设置
cf. dwEffects = 0; // 取消字符效果
strcpy(cf. szFaceName,_T("宋体")); // 设置字体
cf. crTextColor = RGB(255,0,0); // 文字颜色
cf. yHeight = 16 * 16; // 文字高度
m_Rich. SetSelectionCharFormat(cf); // 得到区域字符格式
m_Combo1. SetCurSel(0); // 设置初始值
m_Combo2. SetCurSel(0);
m_Combo3. SetCurSel(0);
6）建立第一个组合框的消息响应函数 OnSelchangeCombo1，插入：
int index = m_Combo1. GetCurSel();
CHARFORMAT cf1;
CString str;
m_Combo1. GetLBText(index,str);
ZeroMemory(&cf1,sizeof(CHARFORMAT));
cf1. cbSize = sizeof(CHARFORMAT);
cf1. dwMask = CFM_FACE;
cf1. dwEffects = 0;
strcpy(cf1. szFaceName,_T(str)); // 设置字体
m_Rich. SetSelectionCharFormat(cf1);
7）建立第二个组合框的消息响应函数 OnSelchangeCombo2，插入：
int index1 = m_Combo2. GetCurSel();
CHARFORMAT cf2;
ZeroMemory(&cf2, sizeof(CHARFORMAT));
cf2. cbSize = sizeof(CHARFORMAT);
cf2. dwMask = CFM_COLOR; // 激活字体颜色设置
cf2. dwEffects = 0;
switch(index1)
{
case 0:
cf2. crTextColor = RGB(255,0,0); // 文字颜色
break;</td></tr>
</table>

（续）

<table>
<tr><th>图　标</th><th>控件名称</th><th>说　明</th></tr>
<tr><td>ab</td><td>Rich Edit
富文本编辑框</td><td>case 1:
　　cf2. crTextColor = RGB(0,255,0); // 文字颜色
　　break;
case 2:
　　cf2. crTextColor = RGB(0,0,255); // 文字颜色
　　break;
case 3:
　　cf2. crTextColor = RGB(255,255,0); // 文字颜色
　　break;
}
m_Rich. SetSelectionCharFormat(cf2);
8）建立第三个组合框的消息响应函数 OnSelchangeCombo3，插入：
int index2 = m_Combo3. GetCurSel();
CHARFORMAT cf3;
ZeroMemory(&cf3,sizeof(CHARFORMAT));
cf3. cbSize = sizeof(CHARFORMAT);
cf3. dwMask = CFM_SIZE; // 激活字号设置
cf3. dwEffects = 0;
cf3. yHeight = (16 + 2 * index2) * (16 + 2 * index2); // 设置字号
m_Rich. SetSelectionCharFormat(cf3);
试运行，现在已经可以输入文本并定义字体、颜色与字号了。
9）去掉除“文件”，“帮助”之外的菜单，去掉文件菜单中除“打开”，“另存为”之外的项目，在对话框中建立 ID_ FILE_ OPEN 的消息响应函数，插入：
// 显示文件打开对话框
CFileDialog dlg(TRUE, "SQL", " *. txt",
　　OFN_HIDEREADONLY|OFN_OVERWRITEPROMPT,
　　"Text Files(*. txt) | *. txt|SQL Files(*. sql) | *. sql|All Files(*. *) | *. *||");
if (dlg. DoModal()! =IDOK) return;
// 获取文件的绝对路径
CString sFileName = dlg. GetPathName();
// 打开文件
CStdioFile out;
out. Open(sFileName, CFile::modeRead);
CString sSql = "",s;
// 读取文件
Do
{
　　out. ReadString(s);
　　sSql = sSql + s + (char)10;
} while (out. GetPosition()! = out. GetLength());
out. Close();
m_Rich. SetWindowText(sSql);</td></tr>
</table>

（续）

<table>
<tr><th>图 标</th><th>控件名称</th><th>说 明</th></tr>
<tr><td></td><td>Rich Edit
富文本编辑框</td><td>10）在对话框中建立 ID_FILE_SAVE_AS 的消息响应函数，插入：
// 显示文件保存对话框
CFileDialog dlg(FALSE, "SQL", "*.txt",
OFN_HIDEREADONLY|OFN_OVERWRITEPROMPT,
"Text Files(*.txt)|*.txt|SQL Files(*.sql)|*.sql|All Files(*.*)|*.*||");
if (dlg.DoModal()! =IDOK) return;
// 获取文件的绝对路径
CString sFileName = dlg.GetPathName();
CStdioFile out;
// 打开文件
out.Open(sFileName, CFile::modeCreate | CFile::modeWrite);
// 保存文件
CString sSql;
m_Rich.GetWindowText(sSql);
out.WriteString(sSql);
out.Close();
至此，完成了读取和保存文件的功能。但字体的格式并未得到保存</td></tr>
<tr><td></td><td>Date Time Picker
日期/时间采集器</td><td>又称“日期/时间选择器”，外观类似组合框
1）建立标准 MFC 单文档静态连接库框架 DateTime
2）建立标准对话框 DLG。在 DateTimeView.cpp 文件中添加头文件 DLG.h，在构造函数中插入：
DLG D1;
D1.DoModal();
exit(0);
3）绘制日期/时间控件，属性 Format 选 Long Date，不选 Use spin Control，建立控制型变量 m_DateTime。
4）把“OK”按钮改换成“显示日期”，建立其消息响应函数 OnOK，插入：
CString DateNum;
m_DateTime.GetWindowText(DateNum);
AfxMessageBox(DateNum);
//CDialog::OnOK();
别忘了注释掉上一句
5）若想显示时间，把控件属性 Format 选 Time 即可</td></tr>
<tr><td></td><td>Month Calendar
日历控件</td><td>日历控件，显示一个月历
1）建立标准 MFC 单文档静态连接库框架 Month
2）建立标准对话框。在 MonthView.cpp 的构造函数中调用
3）绘制控件，大小刚好显示月历即可，建立控制型变量 m_Month
4）把“OK”按钮改换成“显示日期”，建立其消息响应函数 OnOK，插入：
CTime Date;
m_Month.GetCurSel(Date);
CString strTemp = Date.Format("%Y 年%m 月%d 日%A");
AfxMessageBox(strTemp);</td></tr>
</table>

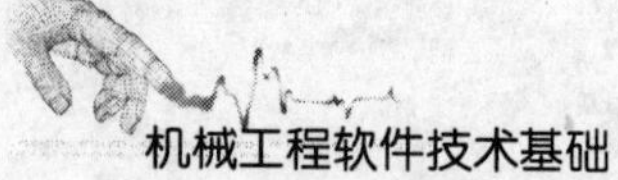

（续）

图　标	控件名称	说　明

	Month Calendar
	日历控件
		//CDialog::OnOK();
		别忘了注释掉上一句
		5）添一个“显示时间”按钮，建立其消息响应函数 OnButton1，插入：
		CTime Time;
		m_Month. GetCurSel(Time);
		CString strTemp = Time. Format("%H时%M分%S秒");
		AfxMessageBox(strTemp);

	IP Address
	IP 地址控件
		是 IP 地址这种特殊格式字符串的输入控件，外观类似编辑框
		1）建立标准 MFC 单文档静态连接库框架 TabCtrl
		2）建立标准对话框 DLG，在 TabCtrlView. cpp 中添加头文件 DLG. h，在构造函数中插入：
		DLG D1;
		D1. DoModal();
		exit(0);
		3）绘制 IP Address 控件，为控件定义控制型变量 m_IPAdd
		4）建立 OK 按钮的消息响应函数 OnOK，插入：
		CString IPCode;
		m_IPAdd. GetWindowText(IPCode);
		AfxMessageBox(IPCode);
		输入四段地址后按“OK”按钮可以看到效果

	Custom Control 用户自定义控件	（略）

	Extended Comb Box
	扩展组合框
		在普通组合框的基础上支持图像列表
		1）建立标准 MFC 单文档静态连接库框架 ExtCombo
		2）建立标准对话框 DLG，在 TabCtrlView. cpp 中添加头文件 DLG. h，在构造函数中插入：
		DLG D1;
		D1. DoModal();
		exit(0);
		3）绘制 Extended Comb Box 控件，为其定义控制型变量 m_ExtCombo
		注意：若运行时显示不出已输入的列表框内容，在编辑状态按下组合框右侧向下的三角形，把控件高度调高即可
		4）单击菜单 Insert/Resurce…/Bitmap/New，双击工程 Resurce View 页 Bitmap 下的 IDB_BITMAP1，弹出位图编辑器，选择中间的编辑区，按回车键在弹出的“Bitmap Properties”对话框中输入 Width 宽 48，Height 高 16，Colors 颜色 16，用选色工具和画实心椭圆的工具绘制绿、红、蓝三个圆形色块
		5）在工程 Class View 页中展开 ExtCombo class，右击 DLG 对话框类，选择“Add Member Variable”，在弹出“Add Member Variable”的对话框中添加 CImageList 类型的变量 m_ImageList
		6）建立对话框的初始化函数 OnInitDialog，插入：
		// 定义 CString 类数组 subject 存放课程

（续）

图　　标	控件名称	说　　明

	Extended Comb Box
	扩展组合框
		CString subject[5] = {"数值分析","英语","自然辩证法",
		　　"有限元分析","面向对象程序设计"};
		CString str;
		int nItem; // 定义表示行号的整形变量
		// 定义 COMBOBOXEXITEM 结构体变量 cbi
		COMBOBOXEXITEM cbi;
		// 创建控件所使用的图像列表
		m_ImageList. Create(IDB_BITMAP1,16,3,RGB(0,0,0));
		// 设置控件所使用的图像列表
		m_ExtCombo. SetImageList(&m_ImageList);
		cbi. iSelectedImage = 2; // 用蓝色表示选中
		cbi. mask = CBEIF_IMAGE|CBEIF_INDENT|CBEIF_OVERLAY|
		// 激活图像、文本等设置
		CBEIF_SELECTEDIMAGE|CBEIF_TEXT;
		for(int i = 0;i < =4;i ++)
		{
		　　if(i < =2)
		　　{
		　　　　cbi. iImage = 0; // 用绿圈表示公共基础课
		　　}
		　　else
		　　{
		　　　　cbi. iImage = 1; // 红圈表示专业课
		　　}
		　　cbi. iItem = i; // 初始化当前行号
		　　str. Format(_T(subject[i]), i); // 为该行输入格式化文本
		　　cbi. pszText = (LPTSTR)(LPCTSTR)str; // 设置当前行文本指针
		　　cbi. cchTextMax = str. GetLength(); // 获得当前行文本长度
		　　// 将设置好的当前当前项放入 nItem 变量中
		　　nItem = m_ExtCombo. InsertItem(&cbi);
		　　ASSERT(nItem = = i); // 将当前文本放入对应行中
		}
		7）把“OK”按钮改换成“显示信息”，建立其消息响应函数 OnOK，插入：
		int ndex = m_ExtCombo. GetCurSel(); // 获取当前项所在行号
		CString str1;
		m_ExtCombo. GetLBText(ndex,str1); // 获取当前项文本
		AfxMessageBox(str1); // 显示当前行文本
		//CDialog::OnOK();
		别忘了注释掉上一句

注：控件如果选了 Tabstop 属性，程序运行时可以按“Tab”键使焦点移动到这个控件上。

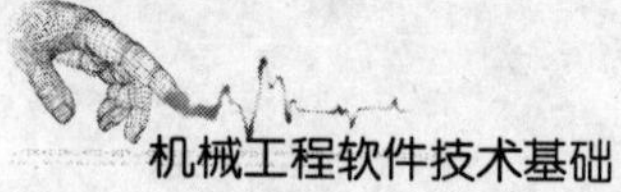

附录G VC ++6.0 常用ActiveX控件表

表G VC ++6.0 常用ActiveX控件表

控件名称	说明
Microsoft Forms 2.0 Image 微软窗体2.0图形控件	用于显示位图图片 1）建立标准MFC单文档静态连接库框架Image 2）建立标准对话框DLG，在ImageView.cpp中添加头文件DLG.h，在构造函数CImageView中插入： DLG D1; D1.DoModal(); exit(0); 3）在对话框DLG空白处点击右键，选Insert ActiveX Control…/选Microsoft Forms 2.0 Image/调整控件的大小、位置/在插入的控件上点击右键/Properties翻开All页，在Picture处浏览一张位图（事先拷入当前工程的目录中），按“打开”按钮/在PictureSizeMode处有0 - Clip剪裁，1 - Stretch拉伸，3 - Zoom缩放选项 优点：不需要写任何代码，大小可调 缺点：仍只能接受位图
Windows Media Player Windows媒体播放器	用于播放VCD影片 1）建立标准MFC单文档静态连接库框架VCDPlay 2）建立标准对话框DLG，在VCDPlayView.cpp中添加头文件DLG.h，在构造函数CVCDPlayView中插入： DLG D1; D1.DoModal(); exit(0); 3）在对话框DLG空白处点击右键，选Insert ActiveX Control…/选Windows Media Player（在很后面）/调整控件的大小、位置/在插入的对象上点击右键/Properties翻开“常规”页，在“文件名”处浏览一个VCD文件（选“所有文件”，事先复制到当前工程目录中，按“OK”按钮）/去掉所有路径，只留下文件名 优点：不需要写任何代码，选项可以在Properties中调整 缺点：没有打开文件的界面，只能播放一首VCD 注意：与Windows的版本有关系，XP系统时用： All页/在File Name中/填入VCD文件名 添加文件浏览功能： 1）在对话框DLG空白处点右键，选类向导Class Wizard/翻到Member Variables页/为控件建立控制型变量（同意将控件插入工程，会自动增加许多文件）m_Play 2）建立“OK”按钮的消息响应函数，插入代码： CFileDialog dlg(TRUE, NULL, "*.*", OFN_FILEMUSTEXIST, "Active Streaming Format(*.asf)|*.asf|" "Audio Video Interleave Format(*.avi)|*.avi|"

（续）

控件名称	说 明

Windows Media Player
Windows 媒体播放器
	"RealAudio/RealVideo(*. rm)| *. rm|"
	"Wave Audio(*. wav)| *. wav|"
	"MIDI File(*. mid)| *. mid|"
	"所有文件(*. *)| *. *||");
	if (dlg. DoModal( ) = = IDOK)
	{
	m_Play. SetUrl(dlg. GetPathName( )); // 传递媒体文件到播放器(Vista 系统)
	}
	3) 注释掉原来的 CDialog:: OnOK ();
	
	注意：与 Windows 的版本有关系，XP 系统时用：
	m_ Play. SetFileName (dlg. GetPathName ()); // 传递媒体文件到播放器（XP 系统）

附录 H　常用 C++编程技术网址

表 H　常用 C++ 编程技术网址

网站名称	网 址
CSDN 中国领先的 IT 技术社区	http://www.csdn.net/
中国 IT 实验室	http://www.chinaitlab.com/
常用 C++网址	http://z610.javaeye.com/blog/351858
孙鑫 vc 视频教程	http://www.codeguru.cn/VC%26MFC/sunxinvc/
C 函数实例参考手册	http://www.codeguru.cn/CPP/CExample/
MFC 实例参考手册	http://www.codeguru.cn/VC&MFC/MFCExample/
高质量 C++/C 编程指南	http://www.codeguru.cn/cpp/AdvanceC++-CProgramGuide
各大网站 - 编程技术网址	http://www.cnblogs.com/f4f16/archive/2006/07/23/457617.html
VC 知识库	http://www.vckbase.com/
酷网学院	http://www.qqgb.com/Program/VC/
msdn Visual Studio 开发中心	http://msdn.microsoft.com/zh-cn/library/cc468268（VS.71）.aspx
源码爱好者	http://www.codefans.net/

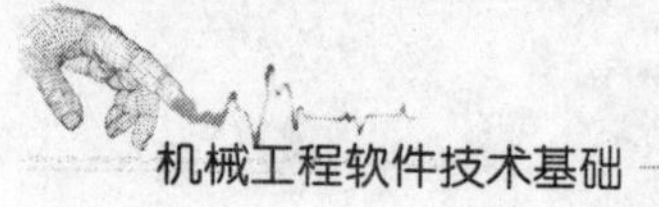

附录I VC ++6.0 常见出错信息

表I VC ++6.0 常见出错信息

英文出错信息	含　义
syntax error	语法错误。检查拼法、大小写、空格、相近字形
error C2146 : syntax error : missing ';' before identifier 'xxx'	缺失分号。多半是前一行漏写了分号
error C2065 : 'xxx' : undeclared identifier	未定义的变量名、函数名等标识符。变量一律先定义后使用。使用数学函数要包含头文件 math. h
error C2371 : 'xxx' : redefinition	重复定义。能局部化的变量尽量局部化
LINK : fatal error LNK1168 : cannot open Debug/… for writing Error executing link. exe.	在上次程序运行未关闭的情况下，再次编辑运行程序时出现该连接错误。关闭上次运行的程序即可
error LNK2001 : unresolved external symbol " …" Error executing link. exe.	在有函数申明，而无函数定义的情况下，出现该连接错误
error C2124 : divide or mod by zero	被零除。要注意运算保护
fatal error C1083 : Cannot open include file : 'xxx' : No such file or directory	找不到包含文件。复制到当前工程或设置包含路径
error C2001 : newline in constant	检查是否漏了双引号，双引号是否配对，是否把双引号" 写成了单引号'
fatal error C1004 : unexpected end of file found	文件意外结束。检查花括号是否配对
error C2018 : unknown character 'xxxx'	一般是出现了中文字符。如分号，括号。检查注释/＊ ＊/或//
" xxx" 指令引用的" xxx" 内存。该内存不能为" read"。	运行错误。可能是文件不存在或打不开，数组超界使用，指针发生错误等
warning C4244 : ' argument ' : conversion from ' double 'to 'int ', possible loss of data	参数从双精度转化为整型，可能丢失数据。可以采用强制类型转换
warning C4700 : local variable ' xxx ' used without having been initialized	局部变量被引用而没有赋初值。作为参数时一定要先赋初值
warning C4101 : 'xxx' : unreferenced local variable	未被使用的局部变量。不要定义多余的变量

注意：编程难免出错，书上的程序会发生印刷错误，正确的程序在录入时也会出错。如果有一大堆错误，不要害怕，双击“Output”窗口中的第一条错误，使光标定位到源程序出错的行。根据出错信息修改完第一个错误后，重新编译，有可能后续的错误就消失了。这是因为一处错误可能引起多条出错信息。警告（warning）不影响编译，可以暂时不管。当然严格来说，警告也可能隐含着问题，最好也全部改正。良好的排列层次结构（缩进和对齐）有助于发现程序中的错误。

附录J 编 程 技 巧

1. 输入保护

输入时应该对所输入数据的范围，是否允许零值、负值，是否在所涉及函数的定义域内进行检查，以免在运算时发生问题。

当采用对话框作为输入界面时，有些控件具有限定输入内容的作用。比如“Edit Box”

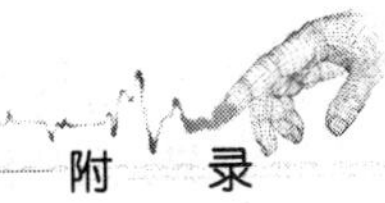

编辑框，如果被定义成整型或双精度型数值变量，将不接受字符型输入，系统会自动提示“请键入一个数”，并撤销错误的输入，返回原来的输入状态。

当采用“上下按钮”（旋转按钮）配合编辑框整型变量作为输入手段时，可以设置数据的变化范围：

m_SPINd1. SetRange(2,50)； // 确定按钮的上下限为 2 ~ 50

当采用“Slider”滑动条输入时，也可以设置数据的变化范围：

m_SLIDER1. SetRange(0,100)；// 设置滑动条变化范围为 0 ~ 100

选择式输入。若采用菜单、“Radio Button”单选按钮、“List Box”列表框、甚至“Button”按钮来进行输入时自然只能在有限的选项当中选择，不用担心超出范围或非法输入。

2. 运算保护

软件（或程序）应该有较高的可靠性，或称为健壮性、鲁棒性，不论遇到任何异常情况，都不发生系统崩溃——自行退出、返回到操作系统、甚至死锁的状态。

1）除法运算要格外小心，不要发生被零除错误。

2）开平方运算要格外小心，避免发生负数开平方的错误。

3）调用反三角函数时要格外小心，比如反正弦和反余弦的自变量范围是 -1 ~ 1。

4）数组的使用要格外小心，下标不要超界，否则会发生无法预见的错误。在 C 和 C ++ 语言中数组的下标是从 0 开始的。定义一个数组：int a [3]，只能使用 3 个下标变量 a [0]、a [1] 和 a [2]，而不能使用 a [3]，这一点和 VB 不一样。

5）指针的使用要格外小心，能用数组的情况下不要用指针。在使用指针时，若存在问题，往往在编译和连接时并不报错，运行时直接造成系统崩溃或死锁。

6）要注意释放系统资源，如内存、文件指针等。尤其当程序中有循环时更要格外注意。虽然 Windows 系统可以采用硬盘空间来模拟内存，使我们近乎能使用无限的内存，但是诸如文件句柄、堆、栈等资源只要有一项耗尽，程序就会崩溃，类似于木桶理论。所以我们还是要十分珍惜各种系统资源。

7）使用 switch—case 语句时要注意设置默认项。

8）要规范程序的入口、出口，循环要用 continue 语句跳过，用 break 语句跳出；函数要用 return 返回；只能正常进入或退出程序，而不能用 goto 语句跳入或跳出某个程序结构，如函数、循环语句的循环体、条件语句中的复合语句等。

9）使用磁盘文件、数据库时要格外小心，会出现文件不存在、只读、结束等异常。

10）采用异常处理，使用 try—catch 语句，请参考有关书籍。

3. 打开文件保护

无论是打开文件用于读或者写，或者创建一个文件，都需要保护，因为磁盘上可能没有这个文件，也可能磁盘处于只读状态而无法创建文件。如果不加保护，遇到上述情况时程序会莫名其妙地退出或死锁。加了保护以后，再遇到上述情况，则会显示一条信息。

```
FILE  * fpin; // 输入文件指针
char FileName[100] = {"Data. txt"}; // 文件名
if((fpin = fopen(FileName,"r")) = = NULL) // 打开文件用于输入
{
    char temp[100]; // 临时字符数组
```

```
    sprintf(temp,"Cannot open file < %s >",FileName); // 装配输出信息
    AfxMessageBox(temp); // 输出错误信息
    exit(1); // 退出程序并向调用者返回出错编号 1
}
```

另外在读文件的时候，如果已经读到了文件的末尾，就不能再读了。到达文件末尾的标记是 feof 函数，未到结尾处时返回 0。下面这个循环语句的作用是：从文件 fp1 中读，直到文件结尾处。

```
for(;feof(fp1)==0;) // 循环读文件
{
    fgets(ch1,122,fp1); // 从文件 fp1 中读入 1 行最多 121 个字符,放入 ch1 中
}
```

4. 控件自绘和系统文件的调用

VC ++6.0 中的控件除了可以在对话框资源上“绘制”外，也可以通过语句由程序“自己绘制”在主框架界面上。下面的例子是在主框架界面上“自绘”几个按钮，完成一定的功能。

1）启动 VC ++6.0，建立单文档静态连接库的程序框架 SelfDraw。

2）在 SelfDrawView. h 中的构造函数中添加三组按钮的定义：

```
protected:
    CButton m_Button1;
    void CreateB1(int ix,int iy);
    void OnB1();

    CButton m_Button2;
    void CreateB2(int ix,int iy);
    void OnB2();

    CButton m_Button3;
    void CreateB3(int ix,int iy);
    void OnB3();
```

3）定义 IDC_B1 的标识码

选择菜单 View/ID = Resource Symbols…/New，Name 中填入 IDC_B1，Value 中接受系统给出的数值，如 101，按“OK”按钮，按“Close”按钮。

如此定义 IDC_B2 和 IDC_B3 的标识码为 102 和 103。

该定义存放在 Resource. h 文件中，可以观看，最好不要手工修改。

4）在 SelfDrawView. cpp 文件的最后添加三组六个函数：

```
void CSelfDrawView::CreateB1(int ix,int iy) // 创建第一个按钮
{
    m_Button1.Create("记事本",WS_VISIBLE|WS_CHILD|WS_BORDER,
        CRect(ix,iy,ix+100,iy+25),this,IDC_B1);
```

```
}
void CSelfDrawView::OnB1() // 第一个按钮的消息响应函数
{
    char Path[100];
    GetWindowsDirectory(Path,100); // 获取 Windows 路径
    strcat(Path,"\\notepad.exe"); // 添加被调用程序
    ShellExecute(this->m_hWnd, "open", Path, NULL, NULL, SW_SHOW);
}
void CSelfDrawView::CreateB2(int ix,int iy) // 创建第二个按钮
{
    m_Button2.Create("谷歌搜索",WS_VISIBLE|WS_CHILD|WS_BORDER,
        CRect(ix,iy,ix+100,iy+25),this,IDC_B2);
}
void CSelfDrawView::OnB2() // 第二个按钮的消息响应函数
{
    char Path[100];
    strcpy(Path,"http://www.google.cn"); // 添加网址
    ShellExecute(this->m_hWnd, "open", Path, NULL, NULL, SW_SHOW);
}
void CSelfDrawView::CreateB3(int ix,int iy) // 创建第三个按钮
{
    m_Button3.Create("资源管理器",WS_VISIBLE|WS_CHILD|WS_BORDER,
        CRect(ix,iy,ix+100,iy+25),this,IDC_B3);
}
void CSelfDrawView::OnB3() // 第三个按钮的消息响应函数
{
    char Path[100];
    GetWindowsDirectory(Path,100); // 获取 Windows 路径
    strcat(Path,"\\explorer.exe"); // 添加被调用程序
    ShellExecute(this->m_hWnd, "open", Path, NULL, NULL, SW_SHOW);
}
```

5）在 SelfDrawView.cpp 中的消息循环中添：

```
ON_COMMAND(IDC_B1,OnB1)
ON_COMMAND(IDC_B2,OnB2)
ON_COMMAND(IDC_B3,OnB3)
```

6）在 CSelfDrawView.cpp 中建立 OnCreate 函数，点击鼠标右键，选“Class Wizard”：Project：SelfDraw；Class Name：CSelfDrawView；Object IDs：CSelfDrawView；Messages：WM_CREATE。按“Add Function”按钮，按“Edit Code”按钮，添加语句：

```
CreateB1 (100, 100); // 调用创建第一个按钮的函数
```

CreateB2（100，150）；// 调用创建第二个按钮的函数

CreateB3（100，200）；// 调用创建第三个按钮的函数

7）按“！”按钮编译、连接、运行，分别试一下三个按钮，效果如何？

5. 修改窗体属性

（1）改变对话框的标题名称

对话框的默认标题名称是“Dialog”，用右键点击对话框资源空白处，选“Properties”属性，修改“Caption”标题即可改变对话框的标题名称。

（2）改变对话框的其他属性

在对话框属性的“Styles”页，选中“Title bar”，“System menu”，“Minimize box”和“Maximize box”这四个选项，对话框会出现像普通 Windows 程序窗口一样的标题栏和最小化“－”、最大化“□”、关闭“×”这三个小按钮。

在“General”页的 Menu 窗口中单击那个向下的小三角，选中 IDR_MAINFRAME，运行时会出现单文档主框架的菜单。

我们也可以建立自己的菜单。在工程的资源页，右键点击 Menu，选 Insert Menu，会出现 IDR_MENU1，双击打开，在菜单位置右键点击，选属性 Properties，给出标题 Caption。依次设计出自己的所有菜单项及其子项。然后在对话框属性“General”页的 Menu 窗口中就可以选中自己的菜单 IDR_MENU1 了。当然要使用这个菜单还需要在菜单资源相应的子项上点击右键，选类向导 Class Wizard…，弹出一个对话框，同意选一个现有类“Select an existing class”，按“OK”按钮，在类列表“Class list”中选中对话框的类 DLG（当初定义对话框的那个名字），按“Select”按钮。选对象标识“Object IDs”为 ID_MENUITEM32771，消息“Messages”为单击 COMMAND，按“Add Function…”按钮，同意消息响应函数的名称为 OnMenuitem32771，按“OK”按钮，按“Edit Code”按钮，填入代码，如 AfxMessageBox("第一菜单第一子项")；。这样就可以响应自己的菜单了。定义其余的菜单项时不会再出现选择类的问题，直接定义消息响应函数就可以了。

（3）改变单文档界面的标题名字

建立单文档工程 TestWindowName，翻开左侧中部资源区，点开“String Table”，双击 IDR_MAINFRAME，Caption 是一个很长的字符串，如：“TestWindowName\n\nTestWi\n\n\nTestWindowName. Document\nTestWi Document”，可抽象为

工程名 1\n\n 工程名 2\n\n\n 工程名 1. Document\n 工程名 2 Document

其中工程名 1 是原名，工程名 2 是截取原名的前六个字符。程序运行时窗口左上角显示的名称为“无标题－TestWindowName”。改动这个字符串就能改变窗口的名称。效果见表 J。

表 J　改变主框架名称的效果

标　题	说　明	效　果
工程名 1\n\n 工程名 2…	原标题	无标题－工程名 1
显示名\n 工程名 1\n\n 工程名 2…	在前面加“显示名\n”	显示名－工程名 1
工程名 1\n 显示名\n 工程名 2…	把显示名插入第 1 个工程名后面的两个换行符之间	工程名 1－显示名

(4) 修改“关于”对话框版权信息

主框架“帮助”菜单下的“关于…”信息在“关于”对话框中。翻开左侧中部 ResourcView 资源区，在 Dialoge 中双击 IDD_ABOUTBOX，可直接修改版权界面。

(5) 打开文本格式的资源文件

有时我们需要打开资源文件 *.rc，而当双击该文件时会自动转到资源页。可以在任何程序文件编辑状态下搜索一个资源文件中的字符串，如“帮助”，然后双击搜索结果，弹出一个对话框，按“确定”，自然就打开了文本格式的资源文件。

该文件很长，你会发现对话框上所有控件的信息都在里面，有时我们可以编辑该文件，使控件整齐，但一般情况下不要手工改动。

(6) 使单文档界面在启动时最大化

在“xxx.cpp”文件的 BOOL CxxxApp::InitInstance() 函数中修改下列语句即可：

```
//    m_pMainWnd->ShowWindow(SW_SHOW); // 标准大小
      m_pMainWnd->ShowWindow(SW_SHOWMAXIMIZED); // 最大化
```

6. 恢复自动提示功能

有时 VC ++ 会丧失自动提示的功能，这时只需先退出 VC ++ 系统，删除扩展名为 ncb 的文件，双击扩展名为 dsw 的文件再次启动 VC ++ 系统即可。

7. 显示菜单项或使其变灰

有时程序的运行必须有一定的次序，先执行完某项操作，然后才能执行另一项操作。在没有执行前一项操作的情况下，应该禁止后一项操作对应的菜单项，即使其变灰。方法是：

1) 在菜单资源上用右键点击所要控制的菜单子项，选类向导。

2) 把类调到 View，IDs 调到所要控制的菜单子项，消息调到 UPDATE_COMMAND_UI。

3) Add Function，Edit Code。

4) 该函数在鼠标按动该列根菜单时被调用，内容可为：

```
void CZXHView::OnUpdateMenuitem52(CCmdUI * pCmdUI)
{
    // TODO: Add your command update UI handler code here
    if(Ctrl <0)
        pCmdUI->Enable(false);
    else
        pCmdUI->Enable(true);
}
```

其中 Ctrl 是一个整型公共变量，其值可由上一个子菜单项的执行来控制。

8. 在状态栏显示菜单项的提示信息

单文档主框架窗口最下边是状态栏。系统菜单项会在状态栏中显示提示信息。可以模仿：

1) 现有的菜单项是有提示信息的，记下来，查找，在 *.rc 资源文件中有，如

```
STRINGTABLE DISCARDABLE
BEGIN
    ID_APP_ABOUT            "显示程序信息,版本号和版权\n关于"
```

```
    ID_APP_EXIT                 "退出应用程序;提示保存文档\n 退出"
END
```

2）模仿其格式，建立一个新的段落即可，如：

```
STRINGTABLE DISCARDABLE
BEGIN
    ID_MENUITEM8_1          "计算载荷"
    ID_MENUITEM8_2          "计算应力"
    ID_MENUITEM8_3          "输出文件"
END
```

3）直接在菜单图形资源状态下，用右键单击某菜单项，选“Properties”，在“Prompt”框中填入提示信息，这种方法更简单、安全。

9. 建立菜单快捷键

单文档主框架窗口中系统菜单的许多子项是有快捷键（热键）的。可以模仿：

1）直接在菜单图形资源状态下，用右键单击某现成的菜单项，如“文件”，选“Properties”，在“Caption”框中为“文件（&F）”，可响应热键 Alt + F，仿造即可。

2）菜单子项“Properties”的“Caption”框中为“新建（&N）\tCtrl + N”，也可以同样仿造。

3）若与某个系统热键重复，会失效，换一个热键即可。

10. 调试函数

Windows 下的输入输出比较繁琐，如果要在调试程序时输出某个中间变量的数值，会比较麻烦。这时可以编写一个利用消息框输出的调试函数：

```
void test(char Name[],double Value)
{
    char temp[100];
    sprintf(temp,"%s%f",Name,Value);
    AfxMessageBox(temp);
}
```

图 J-1　调试函数输出的运行结果

放到程序的前面，甚至定义到类当中。调试程序时，如果需要输出 x1 的数值，只要插入语句：

```
test("x1 = ",x1);
```

即可。怎么样？挺方便的吧？调试函数输出的运行结果如图 J-1 所示。

参考文献

[1] 沈被娜，等．计算机软件技术基础［M］．3 版．北京：清华大学出版社，2000.

[2] 张海藩．软件工程导论［M］．3 版．北京：清华大学出版社，1998.

[3] 陈松乔，等．现代软件工程［M］．北京：清华大学出版社，2004.

[4] 叶新恩．Turbo C（2.0 版）使用和参考手册［M］．上海：上海科学普及出版社，1991.

[5] 吴金平，等．Visual C++6.0 编程与实践［M］．北京：中国水利水电出版社，2004.

[6] 谭浩强．C 程序设计［M］．北京：清华大学出版社，1991.

[7] 谭浩强．C++面向对象程序设计［M］．北京：清华大学出版社，2006.

[8] 谭浩强．C++面向对象程序设计题解与上机指导［M］．北京：清华大学出版社，2006.

[9] 李春葆，等．C++面向对象程序设计［M］．北京：清华大学出版社，2008.

[10] 同济大学数学教研室．高等数学：下册［M］．4 版．北京：高等教育出版社，1996.

[11] 颜庆津．数值分析［M］．3 版．北京：北京航空航天大学出版社，2006.

[12] 徐格宁．机械装备金属结构设计［M］．2 版．北京：机械工业出版社，2009.

[13] 陶元芳．叉车构造与设计［M］．北京：机械工业出版社，2010.

[14] 严蔚敏，等．数据结构［M］．2 版．北京：清华大学出版社，1992.

[15] 臧铁钢，等．软件工程［M］．北京：中国铁道出版社，2007.

《机械工程软件技术基础》

陶元芳　主编

读者信息反馈表

尊敬的老师：

您好！感谢您多年来对机械工业出版社的支持和厚爱！为了进一步提高我社教材的出版质量，更好地为我国高等教育发展服务，欢迎您对我社的教材多提宝贵意见和建议。另外，如果您在教学中选用了本书，欢迎您对本书提出修改建议和意见。

机械工业出版社教材服务网网址：http：//www. cmpedu. com

一、基本信息

姓名：________ 性别：_______ 职称：___________ 职务：________________________

邮编：________ 地址：____

任教课程：______________________ 电话：_____—__________ (H) _________ (O)

电子邮件：____手机：____________________

二、您对本书的意见和建议

（欢迎您指出本书的疏误之处）

三、您对我们的其他意见和建议

请与我们联系：

100037　机械工业出版社·高等教育分社　刘小慧　收

Tel：010-88379712，88379715，68994030（Fax）

E-mail：lxh9592@126. com